U0150301

高温高压油气试井关键参数预测模型、理论及算法

刘云强　王　芳　李冬梅　王　冲　唐世星 / 著

科 学 出 版 社

北　京

内 容 简 介

本书针对高温高压油气井的完井测试中的关键参数预测问题，运用机理分析法，以管理科学、工程力学、流体力学理论等为基础，在全面、系统地研究高温高压油气井特殊管柱特征和不同完井工况的基础上，建立管柱温度、压力、密度、流速等随井深变化的非线性模型及管柱变形量计算模型，形成满足现场需求的参数分析数学模型，为高效、安全地勘探与开发高温高压油气藏提供理论支持和技术支撑。

本书结构体系完整、理论联系实际，可供管理科学、石油与天然气工程、信息和计算科学等方向的研究人员阅读，也可供相关领域的教师、科研人员和工程技术人员参考。

图书在版编目(CIP)数据

高温高压油气试井关键参数预测模型、理论及算法/刘云强等著. —北京：科学出版社, 2020.5
 ISBN 978-7-03-060323-4

Ⅰ. ①高… Ⅱ. ①刘… Ⅲ. ①油气开采–试井–研究 Ⅳ. ①TE938

中国版本图书馆 CIP 数据核字(2018) 第 297480 号

责任编辑：叶苏苏／责任校对：彭　映
责任印制：罗　科／封面设计：墨创文化

科　学　出　版　社　出版
北京东黄城根北街 16 号
邮政编码：100717
http://www.sciencep.com

成都锦瑞印刷有限责任公司 印刷
科学出版社发行　各地新华书店经销
＊
2020 年 5 月第　一　版　开本: 720 × 1000　1/16
2020 年 5 月第一次印刷　印张: 15
字数: 300 000
定价: 149.00 元
(如有印装质量问题，我社负责调换)

本书编写人员

刘云强	四川农业大学管理学院	副教授
王　芳	四川农业大学管理学院	教授
李冬梅	四川农业大学管理学院	教授
王　冲	四川农业大学管理学院	教授
唐世星	承德石油高等专科学校	副教授

前　　言

　　油气井是人类勘探与开发地下油气资源必不可少的信息和物质渠道。随着石油天然气开采工作的开展，石油工业向着超深、高温高压方向发展。同时伴随着开发恶劣环境油气田（如高温高压 CO_2 油气田、高含 H_2S 油气田）的需要，油井开采的条件越来越趋于苛刻。高温高压油气井的完井测试在国内外一直都是一个技术难题，为了确保高温高压气井的正常生产，必须对井筒温度、压力、流体速度等参数进行深入研究。管柱受力分析是完井测试的应用基础理论之一，是确保完井测试成功的关键因素；同时，对改善采油设备的设计和油井加热方法以及地层参数计算和储油量评价等都有重要的指导意义。因此，该项目的研究在理论、技术和软件设计方面，难度大、复杂度高，是极具挑战性的国际前沿问题。

　　本书以工况为切入点，针对注入过程和生产过程，结合井筒的具体情况，建立注入、生产条件下的井筒流体控制方程组，方程组主要由各相质量方程、动量方程及能量方程组成，利用数值方法对方程组进行算法设计。结合工程中的实际完井，对高温高压油气井从注入到生产完成进行全过程模拟，可以得到井控过程的如下参数：环空井筒内任意一点任意时刻的温度、压力、各相体积分数分布、流动速度、流相密度等。

　　本书首先提出注入过程的井筒参数预测模型，用于解决注蒸汽采收稠油的井筒中流体参数沿程计算问题。然后根据井况特点，研究井筒中为单相流体或拟单相流体，利用牛顿定律和热力学第一定律对该流型进行数学物理模型建模。通过不同控制参数下求解情况直观地反映流体的流动规律和地层的传热特征，可为单相流高温高压油气试井工艺设计和生产动态分析提供技术依据。进一步考虑基于双相流的生产过程建模，主要是根据双流体模型的理论将液相和气相视为独立相态，同时考虑相间的相互作用。最后提出基于三相流的生产过程模型，用于解决井筒复杂流相流动行为，使预测结果更为精确。本书综合管理科学、流体力学、石油工程等交叉学科的理论与方法，对高温高压油气井试井关键参数预测和过程优化问题进行深入研究，设计相应的算法并进行分析讨论。提出针对注入与生产流程的稳态和瞬态模型，能够根据具体工况和需求对井筒中压力、温度、流体速度以及含率等关键参数进行数值预测，有重要的工程意义；同时，也将对多相流仿真理论研究起到积极的推动作用。

　　本书有三个方面的研究特色或创新点：第一，建立了自推的数值模型，与文献中现存模型所不同的是，提出的新模型在最大程度上减少对实验关联式的使用，这对探究井筒流体流动的物理本质具有十分重要的积极意义；第二，考虑流体流动的单相和双相流动，建立耦合模型，利用微分方程基本理论证明了解的存在性与唯一性，完善了双流体理论；第三，针对泡状流和环状流分别建立了稳态和瞬态的耦合微分模型，利用微分方程理论，讨论了模型的稳定性和解的唯一性。针对采用的算法，提出了合理的计算步长，保证了算法的精确性和效率性。

　　本书得到四川农业大学学科建设双支计划、四川省研究生教育改革创新团队、四川省教育厅"资源约束与农业可持续发展"科研创新团队 (项目编号: 18TD0009)，以及四川省学术和技术带头人后补助项目支助。本书是团队合作的结果，特别感谢作者的博士生导师徐玖平教授在作者参与项目期间给予的指导，作者受益终生。感谢吴泽忠、姚黎明、丁灿在作者写作过程中提供的诸多帮助，感谢作者的研究生权泉、朱佳玲和徐偲晨为本书所做的组织和协调工作。

　　由于作者水平有限，本书难免存在不足之处，望读者指正。

刘云强

2020 年 3 月

目　　录

第 1 章　绪论 ·· 1

　1.1　问题提出 ··· 1

　　1.1.1　背景 ·· 3

　　1.1.2　目的 ·· 5

　　1.1.3　意义 ·· 5

　1.2　本书概述 ··· 6

　　1.2.1　文献分析 ··· 6

　　1.2.2　研究现状 ··· 13

　1.3　本书框架 ··· 18

　　1.3.1　思路 ··· 18

　　1.3.2　内容 ··· 19

第 2 章　理论基础 ·· 21

　2.1　参数定义 ··· 21

　　2.1.1　流量 ··· 21

　　2.1.2　速度 ··· 21

　　2.1.3　滑动速度 ··· 22

　　2.1.4　相份额 ·· 23

　　2.1.5　混合物密度 ·· 24

　2.2　基础模型 ··· 24

　　2.2.1　均相流动模型 ··· 24

　　2.2.2　分相流动模型 ··· 26

　2.3　分析基础 ··· 27

　　2.3.1　常微分方程组基础理论 ·· 28

　　2.3.2　一阶拟线性双曲型方程组基础理论 ··· 29

　2.4　算法介绍 ··· 31

　　2.4.1　Runge-Kutta 算法 ··· 31

　　2.4.2　常用差分格式 ··· 32

第 3 章　注入过程关键参数预测模型和过程优化研究 ····················· 34

　3.1　问题描述 ··· 34

　　3.1.1　注入描述 ··· 34

　　　3.1.2　基本假定 ･･･ 35
　3.2　模型构建 ･･･ 35
　　　3.2.1　基于变温变压场的干度模型 ･････････････････････････････ 35
　　　3.2.2　变温变压场分析 ･･･ 38
　　　3.2.3　封闭条件 ･･･ 43
　3.3　算法设计 ･･･ 44
　3.4　油井应用 ･･･ 47
　　　3.4.1　完井描述 ･･･ 47
　　　3.4.2　趋势分析 ･･･ 48
　　　3.4.3　敏感性分析 ･･･ 50
　　　3.4.4　对比分析 ･･･ 56
　3.5　本章小结 ･･･ 56
第 4 章　生产过程单相气 (油) 流动关键参数预测模型和过程优化研究 ･･････ 57
　4.1　单相气 (油) 稳定流动关键参数预测模型 ･････････････････････ 57
　　　4.1.1　问题描述 ･･･ 57
　　　4.1.2　模型构建 ･･･ 58
　　　4.1.3　算法设计 ･･･ 62
　　　4.1.4　气井应用 ･･･ 64
　4.2　单相气 (油) 瞬变流动关键参数预测模型 ･････････････････････ 74
　　　4.2.1　问题描述 ･･･ 74
　　　4.2.2　模型构建 ･･･ 75
　　　4.2.3　算法设计 ･･･ 77
　　　4.2.4　气井应用 ･･･ 80
　4.3　本章小结 ･･･ 86
第 5 章　生产过程双相气液流动关键参数预测模型和过程优化研究 ･･･････････ 87
　5.1　流型描述 ･･･ 87
　　　5.1.1　流型划分 ･･･ 87
　　　5.1.2　流型预测 ･･･ 88
　5.2　气液双相稳定流动关键参数预测模型 ･････････････････････････ 88
　　　5.2.1　问题描述 ･･･ 88
　　　5.2.2　模型构建 ･･･ 89
　　　5.2.3　算法设计 ･･･ 91
　　　5.2.4　气井应用 ･･･ 93
　5.3　气液双相瞬变流动关键参数预测模型 ･････････････････････････ 97
　　　5.3.1　问题描述 ･･･ 97

　　　　5.3.2　模型构建 ··· 98
　　　　5.3.3　算法设计 ·· 103
　　　　5.3.4　气井应用 ·· 105
　　5.4　本章小结 ·· 107
第 6 章　生产过程油气水三相流动关键参数预测模型和过程优化研究 ······· 108
　　6.1　流型描述 ·· 108
　　　　6.1.1　流型划分 ·· 108
　　　　6.1.2　流型预测 ·· 109
　　6.2　油气水三相稳定流动关键参数预测模型 ····················· 110
　　　　6.2.1　问题描述 ·· 110
　　　　6.2.2　模型构建 ·· 110
　　　　6.2.3　算法设计 ·· 116
　　　　6.2.4　气井应用 ·· 118
　　6.3　油气水三相瞬变流动关键参数预测模型 ····················· 123
　　　　6.3.1　问题描述 ·· 124
　　　　6.3.2　模型构建 ·· 124
　　　　6.3.3　算法设计 ·· 132
　　　　6.3.4　气井应用 ·· 137
　　6.4　本章小结 ·· 140
第 7 章　总结与展望 ··· 141
附录 A　各章定理的数学形式证明及相关附录 ···························· 142
　　A.1　第 2 章相关附录 ·· 142
　　A.2　第 4 章定理的数学形式证明及相关附录 ······················ 144
　　　　A.2.1　耦合微分方程组模型解的存在性 ························· 144
　　　　A.2.2　C-S 模型 ·· 157
　　A.3　第 6 章定理的数学形式证明及相关附录 ······················ 157
　　　　A.3.1　耦合微分方程组 (6.16) 模型解的存在性 ·················· 157
　　　　A.3.2　Runge-Kutta 法的合理步长分析 ························· 167
附录 B　程序设计 ·· 169
参考文献 ·· 212

第1章 绪 论

进入 20 世纪 80 年代, 全世界的油气公司都转向了对恶劣环境进行油气勘探, 恶劣环境之一就是高温高压井, 高温高压井从钻井设计、钻井、测井、测试到试采都与普通井有很大区别。高温高压油气井的完井测试在国内外一直都是一个技术难题, 而完井测试的应用基础理论研究是确保完井测试成功的关键因素之一。在世界范围内, 油气井探井的建设费用占油气勘探总成本的 55%～80%, 开发井的建设费用占开发总成本的比例也越来越高 [1]。随着天然气勘探开发业务的快速发展, 向深层进军成为必然选择, 高温高压油气井也将越来越多。随着油气勘探开发向深层发展, 深层油气藏因埋藏深、压实、胶结和成岩作用强烈, 具有高温高压的特性。国内在新疆、四川等地发现了多口高温高压油气井, 国际上, 北美陆上和墨西哥湾大陆架也都发现了非常多的高温高压气藏, 但目前针对高温高压油气井的研究较少, 没有形成系统的理论体系。而关于油气井筒流体参数, 如温度、压力、速度、密度等涉及钻井井控理论以及井筒内水合物形成机制和预防。从高温高压油气田开发工艺技术上讲, 高温高压油气试井的关键参数预测是井控、钻井液计算、钻井设计、人工举升试油等工艺技术的理论基础。而在现有的技术和经济条件下, 从管柱下入井中开始, 管柱的受力与变形情况就不可能得到实时观测, 只能通过压力、温度、速度、密度、含率等数据利用理论模型预测各种工况下管柱的受力情况。因此, 研究高温高压油气钻探井筒中的关键参数预测问题很有必要, 对突破高温高压油气井钻探开发技术具有非常重要的意义。

1.1 问 题 提 出

根据美国国家石油委员会预测, 占美国全国总产量 12% 的天然气将产自深度超过 15000ft①的地层, 深度小于 10000ft 的天然气井数量将下降 [2]。在我国塔西南油田、川东油气田, 南海莺琼盆地等都存在着不同程度的高温、高压下的钻井与完井问题 [3]。随着石油工业勘探开发工作的深入, 尤其是我国勘探开发步伐的加快, 钻井深度越来越大, 井下情况越来越复杂。浅井、中深井所用的常规测试方法、工艺和技术已不能满足高温高压条件下的深井测试, 深井测试的效果常常不能令人满意, 甚至测试失败, 这些已严重影响了深部油气藏的及时发现和准确评价, 迫切

---

① 1ft = 3.048 × 10⁻¹m。

需要开展针对深井高温高压特点的测试研究工作,为此,进行测试管柱研究意义重大。深井的特殊性主要表现在以下三方面[1]。

(1) 高温:不同产量 (流速) 下,温度的分布有较大差异,不是简单的线性分布,温度梯度也不是常数。

(2) 高压:不同产量 (流速) 下,压力的分布有较大差异,流体的密度以及压力梯度不是常量,压力分布也不是简单的线性分布。

(3) 超深:随着管柱长度的增加,管柱的受力和变形对温度梯度、压力梯度、流体密度以及黏滞摩阻、油管与套管壁 (或井壁) 之间的库仑摩擦力等因素的敏感性也增大。

完井之后,对油气层进行的测试称完井测试,也称完井试油。井筒压力、温度、速度、密度等参数分布计算的精确程度直接影响深层气井产能评价、生产系统动态分析和生产优化。在测试时,用油管 (或钻杆) 将地层测试器下入待测层段,进行稳定试井,测得油气层的产量、温度、开井流动时间、关井测压时间,获得流动的流体样品和实测井底压力-时间曲线。根据获得的测试数据和其他资料进行分析、计算,可得到动态条件下地层和流体的各种特性参数,从而及时、准确地对产层作出评价[4]。高温高压油气井测试中,测试管柱要受到多种载荷的共同作用,由此产生的变形应力过大时,会损坏井下工具,导致测试失败,甚至发生事故。在高温高压环境下,测试管柱密封件的密封性能、工具安全系数都会降低,因此需要引进、研制高性能的井下工具,以保证安全、可靠地进行测试施工。同时,也要准确地计算测试管柱在各种工况下的应力情况和安全系数,了解在整个测试过程中管柱的安全性能,以保证有足够的可靠性和安全裕量。对于高温高压井,如果对管柱受力分析和计算不准确,极有可能发生油管断脱、封隔器失封、管柱无法起出等事故,甚至导致人员伤亡,造成巨大的损失。我国新疆、四川等探区的高温高压深井、定向井井下作业过程中已发生多起井喷、井毁等严重的井下作业事故。例如,柯深 1 井在完井测试设计阶段,因为对封隔器管柱在不同工况下的受力情况和变形情况分析计算不合理,在试生产过程中,管柱内压力急剧增加,管柱缩短量超过插管长度,造成插管抽出插管座而解封,最终致使该井报废,造成了巨大的经济损失。完井管柱的受力分析是保证油气井在测试、生产以及其他作业过程中安全的基础,特别是在高温高压深井和大位移井作业过程中,完井管柱内外流体压力、温度等因素变化大,可能使管柱产生较大的轴向变形,导致密封插管脱出密封筒或密封丝扣滑脱而造成脱封、漏封,也容易使管柱承受较大的弯曲应力,导致管柱破裂或发生永久性螺旋弯曲。对于定向井,可能在完井管柱和井壁之间产生较大的法向支撑力与摩擦阻力,导致完井管柱发生 "自锁" 现象等。

目前,油气井下压力、温度等关键参数的监测通常采用热电阻、热电偶及石英晶体等电子产品来实现,这些传感器虽然可获得高精度的单点测量结果,但在工程实践中石油工作者更希望得到井底、井筒中温度、压力场的动态分布，这就需要以机械方式在井筒中上下移动井下传感器，导致整个测量过程周期较长，测量精度也受到限制。更为严重的是，在高温、高压、腐蚀的油气井下环境中，电子产品的长期稳定性和可靠性极其有限。国内外石油业界的工程实践表明：井下温度每升高 18℃，电子产品的故障率就会增大 1 倍，即使全部采用军品级的电子元器件，也只能用于温度不超过 125℃ 的油气井中[5,6]。随着油田的不断开采，油气井的深度不断增加，井下温度和压力也相应升高，新的海上油气资源的勘探和开采温度也往往超出这一限度，稠油注气井的开采温度更是高达 300℃ 以上。由于无法对油气井的井下参量进行实时、高精度监测，堵蜡、入水、出沙等故障导致的关井现象时有发生，油气井的采收率仅为 30％ 左右，不仅造成资源浪费，而且生产费用偏高[7]。

　　鉴于此，对于一些高压油气井，有时很难进行井下工具测试的操作且设计困难，设备容易损坏以及成本巨大。因此切实可行的方法是采用理论分析手段对井筒关键参数分布进行预测，通过对完井测试过程中求产与放喷及关井工况下井筒流体压力、温度、速度、密度等分布规律的研究，建立能够满足现场需要的准确的数学预测模型，达到对整个测试生产过程实现安全、可控的目的。

1.1.1 背景

　　油气井是人类勘探与开发地下油气资源必不可少的信息和物质通道。油气井工程是围绕油气井的设计、建设、测量、使用与维护而实施的资金和技术密集型工程，它不仅是贯穿于油气勘探与开发全过程的关键环节，而且对地热、煤层气等地下资源的勘探与开发以及地球科学研究等领域均具有重要的实际意义。对管柱受力影响最大、最为突出的因素是管内流体温度、速度、密度、压力等。高温高压油气井井筒温度、压力、速度、流量等关键参数分布对高温高压气藏开发方案的制定和调整有着重要的意义。无论确定合理生产制度、规划产能，还是确定高温高压油气藏开发速度，都需要了解高温高压油气井井筒关键参数的动态变化。正确地把握油气井井筒以及流体物性分布，有利于进行气井生产系统动态分析和生产设施的优化设计。对于高温高压和含腐蚀性介质(如硫)气井，温度、压力的预测对预防钢材的氢脆断裂有着更为重要的意义[8]。国内现已进行过多口高温高压油气井的测试工作，但成功率很低，其原因除测试工具、测试装备不能满足要求外，测试设计工作也很不完善。而随着计算机科学技术的迅猛发展，数值模拟越来越成为试井工作研究的热点。过去几十年中关于油气井筒数值模拟研究已经取得了相当大的进展，但仍然有许多问题需要解决。

　　完井作业过程主要包括井下管柱作业、座封封隔器作业、射孔作业、注入作业、生产阶段、关井作业及解封封隔器七大工况，而受温度、压力、速度、密度等流体参数影响最大的是注入作业和生产阶段。对于稠油油藏一般采用热力开采，即把热流体注入油层，如注热水、蒸汽吞吐、蒸汽驱等，注入的热量使原油黏度降低，从而提高地层和油井中原油的流动能力，起到增产作用。高温蒸汽在油气井管柱内产生的热应力可能使套管产生屈服变形或断裂、注汽管柱发生屈曲等，严重影响了稠油开采的效益。鉴于上述情况，需要进行蒸汽吞吐井注采过程地层压力和井筒温热力参数计算研究，模拟在注蒸汽过程中井筒干度、温度，地层温度与压力的变化状况，实时掌握注入过程中各种参数变化的规律。进行优化设计，减少套管、油管因高温高压的损坏率，大幅度提高蒸汽吞吐井的热能利用率，实现油层的均匀吸汽，改善稠油油藏蒸汽吞吐开采效果，以便提出相应的热采施工参数和技术措施，为油井产能预测、生产系统优化设计提供科学的依据。

在生产阶段，由于本身井况不同，产出物含量不同。油、水和天然气是同时产出并以混合物的形式输送的。油、水和气之间具有不同的成分与不同的物理、化学性质，各相之间存在相互作用，使得混合物之间存在一个形状与分布在时间和空间上都不确定的相界面，因此多相流的流型具有多样性。根据流动介质的不同组合将其划分为气液双相流、油水双相流和油气水三相流。在传统节点系统数值模拟分析的过程中，井口温度作为初始条件输入，进而将流体温度简单地假设成线性分布（在传统的浅井，温度热损失较少，这样的假设是合理的）。通常将油、水的参数及密度折算成气相，一般采用气井压力预测方法如平均温度和平均偏差系数法[9]、Cullender-Smith 方法[10,11] 及 Aziz 方法[12]等。这些方法都忽略了井眼内流体组分随压力和温度的变化，均未考虑井眼内流体向地层传热及动能损失，没有考虑井眼压力和温度的相互影响。而在实际工程应用中，井口温度随油气井产量的改变而变化。如果把井口温度作为恒定量，往往会因井口温度估计不准而使参数预测存在误差，进而导致系统设计结果偏离实际情况。同时，不同深度处的传热介质及其物性发生变化，且井筒与地层之间存在热交换，会导致井筒流体温度呈非线性分布。将其考虑为线性分布，也导致系统设计结果与实际情况发生偏离。

除假设考虑不合理外，长期以来大量有关多相流的技术性计算都没有考虑流型的特征[13]。而最近的研究表明，考虑特定流型属性的处理将得到更精确的结果，流体动力系统处在不同的流型下，其动力学性质、相间质量及热量传递的差异很大，而且各相由于速度、含量、位置不同，相应的受力情况发生变化，造成实际建模不一致。如果采用同一模型将造成预测参数与实际工程状况差别较大，因此准确的结合不同井况、不同流型下的数值模拟亟待所求。

综上，针对油气井注入和生产过程，结合多相流体力学、工程力学，以机理分析、统计分析、系统优化和仿真为主要数学工具，建立不同工况、不同井况以及不同流型下温度、压力、速度、密度和含率等关键参数分布的数学模型。在现有的研究基础上，应用优化技术和算法对高温高压油气试井关键参数预测模型及其实际完井应用进行研究。

1.1.2 目的

对于高温高压深井, 由于地层具有很大的不确定性, 测试过程中, 油气产量、压力、温度等参数变化范围很大, 有时甚至超出预计的极限值, 加大了封隔器失封和管柱破坏的风险。因此, 在井下作业前, 有必要对测试参数分布进行有效分析, 从而判断井下工具和井下管柱的力学性能, 通过分析可合理地组合管柱, 选择合适的封隔器、井口及其他辅助工具, 并了解组合管柱在测试过程中的载荷、应力、变形情况, 了解井下工具和井下管柱的强度安全系数, 确定操作压力极限。通过对参数准备数据的预测, 实现高温高压油气藏勘探与开发三大目的。

(1) 安全。结合管柱力学模型, 对完井管柱在不同工况下的受力情况进行分析, 并进行强度校核和安全分析, 达到安全生产的目的。同时这也为开展完井管柱受力分析和优化设计研究打下基础, 从而提高高温高压油气井完井管柱的安全可靠性。

(2) 经济。在油气藏工程中精确描述油藏以及提高油采收率, 石油炼制中解决烃混合物的泡点、露点、汽化率问题等, 这些都需要准确的参数数据预测[14]。利用产能分析模型, 合理设计开发工艺流程, 优选生产方式, 提高油气产量, 指导气藏合理开采的开发标准。

(3) 可持续。动态监测油气层参数变化, 实现对开采工具的适时更新以及准确的工况技术选择, 从而达到 "二次开发" 的目的。

1.1.3 意义

一般来说, 油气藏普遍具有温度、压力、流体物性变化剧烈而频繁的典型特征。油气藏开发是由多个相关的物理场 (如温度场、渗流场、弹塑性地应力场) 组成的多场耦合体系。目前, 人们对油气藏的流体渗流、岩石地应力场、温度场变化规律的单因素重点研究都已经有了很大的进展, 但在各因素综合方面的研究还仅限于提出大量假设或仅进行经验性的推导, 忽视多场多因素之间的耦合效应是产生这一现象的重要原因。将渗流力学、流体力学、热力学结合起来, 建立油气藏多场耦合模型, 将会成为准确搞清热采油藏流以及热协同作用规律, 建立合理的开采工作模式的一项重要的基础性研究工作, 具有重要的理论意义和现实价值。

(1) 理论意义。针对油气井试井过程中复杂的相态变化和现在采用大量的经验公式与半经验公式存在适应性问题, 建立针对不同状态、流型的稳态和瞬态流动耦合模型, 讨论其对应微分方程组适定性问题, 并分析适应算法, 提出合理算法步长, 有效拓展流体力学和热力学相关理论。同时, 对该问题的探索对丰富系统控制论和复杂地层流体条件下进行过程优化等具有重要的意义。

(2) 现实价值。运用微分方程理论构建了油气井试井过程中的关键参数准确预测模型，讨论各种实用计算公式及其组合算法，为管理者提供控制依据，有利于对油气藏开发注入、生产全过程进行实时优化和监控。

1.2 本书概述

下面分别对高温高压多相流问题和注入问题的现有文献进行汇总分析，介绍它们的研究现状。

1.2.1 文献分析

为了更准确地把握高温高压油气井和数值模拟试井的研究现状与研究热点，选取了三个重要的数据库 (CNKI、SpringerLink、ScienceDirect)，应用 NoteExpress 2 对文献进行了系统的整理和回顾。在 SpringerLink 和 ScienceDirect 中，分别选取"(HTHP)+oil/gas well"、"multi phase flow + numerical model(simulation + prediction)"和"steam injection"作为检索词。为了保证较高的完备性，选取了在"Abstract"、"Title"和"Keywords"中出现检索词的文献。在 CNKI 中，分别选取"高温高压油气井""多相流和数值模拟"和"注蒸汽"为检索词。通过阅读标题与摘要来确定相关性，对所有文献进行初步删选整理，得到文献数量分布，见表 1.1。

表 1.1 文献数量分布 (单位：篇)

数据库	问题		
	高温高压油气井	多相流和数值模拟	注蒸汽
CNKI	175	96	712
SpringerLink	18	148	23
ScienceDirect	248	983	667
总计	441	1227	1402

下面对高温高压油气井、多相流和数值模拟、注蒸汽的文献进行梳理与分析。

1. 高温高压油气井

对于高温高压油气井问题，在对文献进行初步删选整理后得到了 441 篇参考文献，见图 1.1。

选择"文件夹统计信息"，分别对"年份""期刊"和"作者"进行统计，得到图 1.2~图 1.4。文献总体统计结果见表 1.2。

进一步地，为了得到高温高压油气井问题的研究热点，对"年份"进行了分析，从图 1.5 可以看出，对该问题的研究呈现逐年递增的趋势。尤其是 2001 年以来，共有 306 篇研究文献，占总文献的近 70%。

图 1.1   高温高压油气井问题文献汇总

图 1.2   高温高压油气井问题年份分布

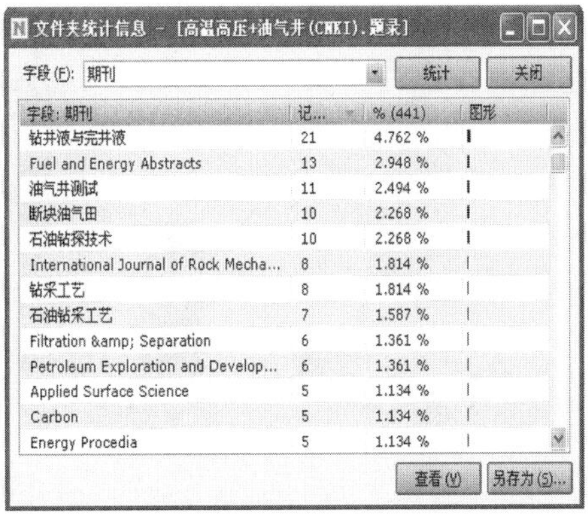

图 1.3   高温高压油气井问题期刊分布

图 1.4 高温高压油气井问题作者分布

表 1.2 高温高压油气井问题文献总体统计结果

	年份	期刊	作者
统计结果	1980 年以前: 5 篇 (1.134%)。 1981~1990 年: 22 篇 (4.99%)。 1991~2000 年: 108 篇 (24.516%)。 2001 年至今: 306 篇 (69.36%)	*Diamond and Related Materials*: 44 篇 (9.977%)。 《天然气工业》:24 篇 (5.442%)。 《钻井液与完井液》:21 篇 (4.762%)。 *Fuel and Energy Abstracts*: 13 篇 (2.948%)。 《油气井测试》:11 篇 (2.494%)	6 篇文献的作者:施太和。 5 篇文献的作者:Glisenti A; Kohn E;Mojtahedi W; 余维初;张智。 4 篇文献的作者: Caenn R;Darley H C H; Ito T;Kubovic M; 任呈强;刘道新;白真权。 3 篇文献的作者:Abbasuab R; Baled A;Debusenko A; Enick R;Li Z 等

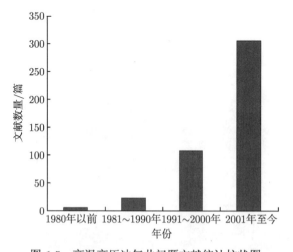

图 1.5 高温高压油气井问题文献统计柱状图

2. 多相流和数值模拟

对于多相流和数值模拟问题，在对文献进行初步删选整理后得到了 1227 篇参考文献，见图 1.6。

图 1.6　多相流和数值模拟问题文献汇总

类似地，进行统计分析后，得到图 1.7~图 1.9。文献总体统计结果见表 1.3。

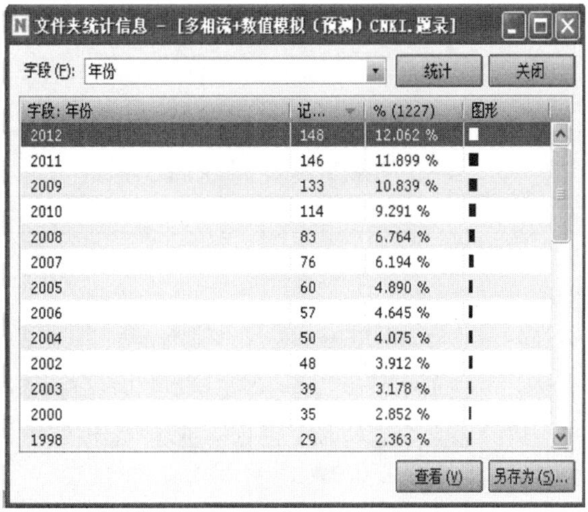

图 1.7　多相流和数值模拟问题年份分布

图 1.8　多相流和数值模拟问题期刊分布

图 1.9　多相流和数值模拟问题作者分布

表 1.3　多相流和数值模拟问题文献总体统计结果

	年份	期刊	作者
统计结果	1980 年以前: 16 篇(1.304%)。 1981~1990 年: 15 篇(1.222%)。 1991~2000 年: 166 篇(13.529%)。 2001 年至今: 1030 篇(83.945%)	*Chemical Engineering Science*: 182 篇(14.833%)。 *Journal of Computational Physics*: 60 篇(4.89%)。 *International Journal of Multiphase Flow*: 52 篇(4.238%)。 *Advances in Water Resources*: 46 篇(3.749%)。 *Journal of Contaminant Hydrology*: 41 篇(3.341%)	11 篇文献的作者: Kuipers J A M; Wu Y S。 9 篇文献的作者: Abriola L M; Lopes R J G; Quinta-Ferreira R M。 8 篇文献的作者: Yu A B。 7 篇文献的作者: Li J H; Pruess K。 6 篇文献的作者: Ge W; van Sint Annaland M; Zhang K

进一步地，为了得到多相流和数值模拟问题的研究热点，对"年份"进行了分析，从图 1.10 可以看出，对该问题的研究呈现逐年递增的趋势。

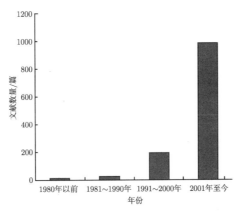

图 1.10　多相流和数值模拟问题文献统计柱状图

3. 注蒸汽

对于注蒸汽问题，在对文献进行初步删选整理后得到了 1402 篇参考文献，见图 1.11。

图 1.11　注蒸汽问题文献汇总

类似地，进行统计分析后，得到图 1.12～图 1.14。文献总体统计结果见表 1.4。

图 1.12　注蒸汽问题年份分布

图 1.13　注蒸汽问题期刊分布

图 1.14　注蒸汽问题作者分布

表 1.4 注蒸汽问题文献总体统计结果

	年份	期刊	作者
统计结果	1980 年以前: 50 篇 (3.55%)。 1981~1990 年: 102 篇 (7.242%)。 1991~2000 年: 384 篇 (27.264%)。 2001 年至今: 866 篇 (61.944%)	*Nuclear Engineering and Design*: 104 篇 (7.418%)。 *Diamond and Related Materials*: 44 篇 (3.138%)。 *Journal of Petroleum Science and Engineering*: 41 篇 (2.924%)。 *Geotherics*: 35 篇 (2.496%)。 《新疆石油科技》: 32 篇 (2.282%)	11 篇文献的作者: 王弥康。 8 篇文献的作者: Babadagli T; Hansen A P; 刘新福; 孙国成。 6 篇文献的作者: 姜泽菊; 孙建芳; 张毅; 李子丰。 5 篇文献的作者: Glisenti A; Khandwawala A I; Kohn E; 吴国伟; 安申法等。 4 篇文献的作者: Fink J K; Jordan W K; Lye S W; Song C H; 关文龙等

进一步地,为了得到注蒸汽问题的研究热点,对"年份"进行了分析,从图 1.15 可以看出,对该问题的研究呈现逐年递增的趋势。尤其是 2001 年以来,共有 866 篇研究文献,占总文献的近 62%。

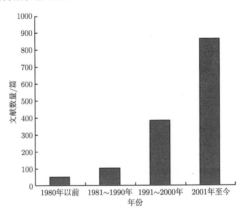

图 1.15 注蒸汽问题文献统计柱状图

1.2.2 研究现状

下面分别针对注入过程和生产过程对井筒关键参数预测数值模拟现有研究进行梳理,介绍它们的研究现状。

1. 注入过程

注入蒸汽主要是针对稠油气藏开发。稠油是石油烃类能源中的重要组成部分,具有比常规原油资源高达数倍的巨大潜力。如何更加经济有效地开发稠油资源成为 21 世纪面临的重大技术问题。蒸汽吞吐是稠油开发中的常用方法,也是我国目前主要的热力采油方法，大约有 80% 的稠油产量是靠蒸汽吞吐工艺获得的[15]。在蒸汽注入过程中，蒸汽压力和蒸汽温度应该足够高，以减少能量损失，提高原油采收率。但是，过高的注入压力可能引起地层破裂。注蒸汽的目的是提高（原油）采收率（EOR）。由于热损失的存在，干度会随着井深逐渐变小。一般来说，有很多因素会影响干度的变化，如注入压力、注入温度、注入速度等。不正确的完井设计或操作方法，都有可能影响井底干度。所以，获得准确的井底干度数值对于油藏管理和生产监督有着至关重要的作用。

在稠油注蒸汽热采过程中，井下温度高，介质复杂，生产过程动态资料的录取一直是油藏监测工作中的难题。以油藏数值模拟为手段，对蒸汽吞吐井弹性开采过程中注汽参数的敏感性进行了分析，结果表明周期注汽量、蒸汽干度和采液速度是影响蒸汽吞吐效果的主要因素[15]。

由于热损失和干度值的密切关系，在早期的研究中，研究者主要根据经验公式来判断干度值，而对于温度则利用测量或者实验的方法获取。Schlumberger 等给出了关于井筒温度测量的细节以及优劣[16]。但是，直到今天，由于相关材料的原因，可靠的测量工具依然没有研制出来。Willman 等用实验的方法研究了蒸汽驱对于油藏开发的效果机理，如黏度减小、热膨胀及蒸汽蒸馏等[17]。直到 20 世纪 60 年代，研究者开始利用数学模型的方法对注入过程进行建模。1962 年，Ramey 通过建立和使用更符合实际情况的简化的井筒传热模型，建立了井眼温度与深度和注入时间的函数关系式，它是在只有油管或套管内有流体流动，而地层没有流体流动的条件下建立起来的[18]，这就是著名的 Ramey 公式，迄今为止仍得到广泛应用。物理系统划分为流体、井筒、地层几部分。后面的模型基本沿用了相似的处理方法。Scatter 对此公式进行了细节完善[19]。Holst 和 Flock 通过加入注入压力、摩擦力及内能因素扩展了 Ramey 模型[20]。热损失计算模型的准确性在同时考虑了注入压力和注入干度后得到了改善，但是这个模型没有考虑到双相流滑脱和流型。Willhite 和 Dietrich 在 Ramey 的基础上给出了一个更为全面的热传导系数计算公式[21]。Shutler[22] 给出了一个二维三相流模型，考虑了水和气在流动过程中的质量交换，并且假设油相不可挥发，但是这个模型忽视了温度效应。Pacheco 在 Scatter 模型的基础上改进了注入压力损失忽略的假设，将压降的计算考虑为单相流行为[23]。Farouq Ali 给出了一个新的模型，综合考虑了标准双相流关系和双相滑脱以及流型因素。模型由一系列常微分和偏微分方程构成，并且通过有限差分得到数值解[24]。但是，它忽略了内能的变化和与外部环境的热交换。Fontanilla 和 Aziz（后者创立了著名的流体计算软件公司 CMG）发展了相应的多相垂直流数学模型与一系列的经验数据公式[25]。Hasan 和 Kabir 结合流体焓值和焦耳-汤姆孙效应给出了一个稳态的能量计算模型[26]。初始的偏微分方程组经过简化成常微分方程组，通过适当的边界条件能够轻松得到方程解。这个模型在后来得到广泛运用 [27-30]。Livescu 等给出了一个黑油非等温的多相流井筒模型 [31]。上述的模型将地层温度视为一个不随时间发生改变的常数。刘慧卿等用油藏数值模拟方法研究蒸汽吞吐井的流入动态,通过分析吞吐井的生产特征,设计出各动态参数的变化形式 [32],在对实井进行历史拟合的基础上,计算出不同注入和采出方案下的动态,并进行回归,得到流入动态关系。林日亿和梁金国通过使用目标函数,建立了稠油热采中井筒注汽优化模型,并用穷举法进行了求解 [33]。他们对蒸汽吞吐和蒸汽驱井筒注汽两种情况进行了实例计算与分析。结果表明,提高隔热管隔热性能,可以降低综合成本;降低注汽速率将会增加热损失,从而导致综合成本增大;随着隔热管管径的增加,隔热管造价将增加。中国石油天然气股份有限公司辽河油田分公司对典型的中深层巨厚块状气顶底水稠油油藏采油阶段的蒸汽吞吐开发后期管理策略进行了研究。它是一种针对低压、低产、低效益的油藏蒸汽吞吐的解决办法。针对这一状况讨论了蒸汽吞吐开发后期管理策略,但对稠油注蒸汽热采过程中井筒温度场分布规律研究较少 [34,35]。Bahonar 等采用数值非等温的多相流井筒模型模拟蒸汽和水混合流动,考虑五种不同的地层温度模型,但是忽略了摩擦力 [36,37]。

2. 生产过程

石油和天然气开采及输送过程是与多相流动密切相关的,在这一流动过程中,各相界面和相分布状况随着输送介质 (油、气、水) 比例、管线尺寸以及地形起伏的不同,形成了各种各样的流动型态,简称流型。不同的流型直接决定了多相流动的不同的流动特性。有关流动特性的研究也是多相流研究中的重要课题之一。

1) 单相流

对于某些气(油)井,井筒气流中液体(气体)含量是相当小的。这种低含量的液体(气体)与井筒中高气(油)流量并存,以雾状均匀地弥散在气体中。在这些条件下,气、液流动混合物可看成具有相应均匀流体性质的均匀单相流体。假设气、液混合物在井筒内的流动特性可以借助单相流动来描述,并假定在气-凝析油的状态下,井筒中拟均匀流体的性质可以认为与单相重新组合的烃流体的性质相同。水和气体质点以相同的速度移动。在此假设下,无论凝析油-气,还是水-气或三者的混合流体,都可看成一种混合的拟均匀流体。

平均温度和平均压缩系数代替实际温度和实际压缩系数的积分模型首先得到应用并推广 [38]。显然,这种平均值的方法会带来很大的误差。在这之后,Messer 等 [39] 和 Sukkar 等 [9] 给出了一种新的方法来计算井筒压力。他们假设气体温度为常数,用气体平均温度来代替。同时,编制了积分表来计算,但是计算过程十分烦琐。Shiu 和 Beggs 提出了求取 Ramey 公式中参数的改进方法 [40]。Cullender 和 Smith 将压力、温度、压缩系数都看作随井深变化的量。将井深一分为二,利用数值积分法进行求解。这就是著名的 Cullender-Smith 方法 (简称 C-S 方法), 该方法在气井关井压力分布的计算中广泛应用 [10]。Takacs 和 Guffey 采用统计试验中的因子设计分析方法, 回归了一个能最佳拟合给定气田井底压力数据的代数公式, 该公式可预测气井井底流压 [41]。但是他们所提出的方法也没有考虑到井筒截面突扩的情况, 且预测压力时需要多次迭代, 其预测结果与实测值之间存在较大偏差。同时, 很多文献主要针对单相流油气井进行温度和压力的预测计算, 而在实际的油气井中, 油气或气液双相流或多相流是比较常见的。由于气液双相流的形状十分复杂, 过去首先是通过实验方法来解决这个问题并提出相应的经验关系式。经验关系式是从气液双相流的概念出发, 使用因次分析方法, 得到反映气液双相流流动过程的简化数学模型 (其中包括一些无因次参数), 然后根据实验结果确定模型中的系数, 流体按均相混合物处理, 得到均相流模型 (特殊的单相模型)。目前, 比较常用的经验公式有 Duns-Ros 方法 [42]、Hagedorn-Brown 方法 [43]、Orkiszewski 方法 [43]、Aziz-Govier 方法 [44]、Beggs-Brill 方法 [45]、Mukherjee-Brill 方法 [46]。在温度预测中, 一般的单相流模型都沿用了 Ramey 模型。1978 年, Herrera 等编制了计算井筒热损失的程序, 结果表明, 在一定的条件下, 热损失可高达 22% [47]。Dikken 通过考虑井筒与油藏之间的关系, 利用管壁摩擦计算压降, 但是忽略了进入流体混合后造成的压力损失 [48]。Ozkan 等研究了压降公式, 但是没有给出具体的摩阻关系 [49]。Marett 等在上面的方法中进行了改进, 加入了加速压降, 但是依然没有考虑混合压降损失 [50]。Su 等的方法较全面地考虑了压降各因素, 从四方面进行考虑 [51]。王鸿勋和李平考虑了井筒中原有积液与井筒、水泥环及地层的热交换, 提出了井筒不稳态传热数值计算方法与计算程序 [52]。近 20 年, 机理耦合模型被引入计算, 更多的参数 (压力、温度、速度等) 被观测。不同的研究者做了很多研究 [53-56]。

2) 双相流

经验关系式的优点是实用、方便, 一般只要将所得的经验关系式用在与原始实验数据相类似的情况下, 都可以得到相当满意的结果。但如果不加选择地将经验关系式用于其他条件下, 将产生不可靠的结果。进入 20 世纪 80 年代, 石油工业的发展要求石油工程师更好地了解气液双相技术, 北极地区和海上开发作业费用的增加证明增加研究经费是值得的。通过美国、挪威、法国和英国的国际性协议, 几百万美元已投入气液双相流研究中 [14]。

早期的研究中, 主要是用实验的方法来分析双相流流型。双相流流型的辨识是双相流分析中的中心问题, 是数值理论分析的基础。这方面的综述工作参见于文献 [57]。Oglesby [58] 观测到了 14 种流型, 而同期的其他研究者一般是 3 种或 4 种流型 [59,60]。直到 20 世纪 90 年代, 随着仪器和技术的更新, 不同的流型参数能够被测量得更加准确 [61-66]。各国研究者认为加深对气液双相流的认识需采用理论和实际相结合的途径。即从双相流的基本方程出发,求得描述这一流动工程的函数关系式,然后用实验方法确定出函数关系式中的经验系数。为此设计并制造了可测量最重要参数的高级实验及测试设备,改进了个人计算机数据采集系统的硬件和软件,可采集到更高质量的数据[67–71]。双相流是最常见的流体形式,广泛存在于石油生产中的中后期,对双相流特征的了解和预测已经成为近年的研究热点,数值仿真被证明是研究双相流有效的方法。数据分析使我们对气液双相流复杂的物理机理有更深的认识,这种认识使研究人员更好地建立描述气液双相流过程的稳定机理模型[72–74]。结合文献[42]、[75]和[76],已开展的三相流压降理论研究可归结为两个方向:一是在准确分析油水混合液物性的基础上,套用气液双相流压降相关理论,开展三相流压降理论研究;二是建立双流体和三流体力学模型,从力学理论的角度分析三相流压降理论。利用基本双相流模型,学者在很多方面展开了应用[77–83]。Hasan 等在双相流数值模型研究中做出了卓越工作[28–30,84,85]。在实际管路运行中,各种条件的影响使管道内不同位置内的参数很难达到稳定值。如果需要准确模拟管道的变化情况,应该采用瞬态流动模型进行分析。而瞬态流动的研究开展较晚,同时要找到一个描述工艺参数时域特性的关系极为困难。因此,对瞬态模拟来讲,要想获得准确的仿真结果,必须了解多相流动的机理。大部分的瞬态双流体模型出现在核工业中[86,87],主要关心核动力设施瞬间冷却的参数变化。近些年来,由于石油工业的需要,一些瞬态双流体模型发展起来[88–94]。瞬变模型可以模拟各种随时间变化的工况,但是数值计算容易出现不稳定性,且需要占用大量的机时和内存。

3) 三相流

油气水三相混输广泛地应用于石油、化工及其他相关的行业中,尤其在油田开采过程中和采用油气水三相混输的管道上,其流动特性研究成果可以优化管道设计,降低管道造价,确保管道的安全运行,对实际工程具有重要意义。与双相流类似,三相流研究的一个重要部分也是在流型的辨识上。Sobocinski 研究了油气水三相流,发现在低流量下三相分层流动,而在高流量下出现了分散流动,因而提出了划分三相流型的观点[95]。随后,对三相流型的划分进行了大量研究并取得了较快的进展。Açikgöz 等学者发布了油气水三相流流型和体积含气率的研究成果。根据油基和水基的不同,他们提出并划分了 10 种流型[96]。Lee 等论述了其在油气水三相方面的研究结果,包括流型、压降、分层流液膜厚度和段塞频率等内容[97,98]。另外还发现,用于气液双相流的 Taitel-Dukler 流型划分法,不能预测三相的流型变化[99]。三相流与气液双相流相比,随着油相的增加,段塞流在较低的液速下出现,而环状流在较高的气速下出现,这明显地反映了液相的组成对流型过渡的影响。周云龙等发表了油气水三相流流型的研究成果。试验中利用压降变化判断液相是油包水(W/O)型还是水包油(O/W)型,并在保持气相流量和液相总流量不变的条件下，增加了含水率，使流型从 W/O 型转变到 O/W 型[100]。

在三相流数值模拟研究中，一般有三种处理方法。第一种处理方法是将油气水看成均匀混合物质，这样可以直接沿用单相流模型，取得近似参数结果[53,101]。显然，这种处理方法误差较大，并且不能考察各相之间的物性系数和相关关系。第二种处理方法是将气相作为单独相，而将水和油相作为均匀混合相，采用双流体模型进行建模，得到相关参数模拟解[102-104]。第三种处理方法是分别对油气水相建立连续性方程、动量方程和能量方程，且考虑气液相间的摩擦阻力以及动量传递对流动过程的影响，因此这种模型可以较好地反映三相流动过程，是目前公认的最精确的模型之一。但由于模型较为复杂，方程的形式随流动状态的发展而变化，在有些条件下方程的特征值会出现复根，数值计算稳定性差，因此仍需要研究完善其数值解法，近些年许多学者致力于这方面的研究，也做了相当多的工作。Taitel 等[105]给出了针对三相分层流的含率和压降预测模型，但是针对热传递的过程讨论较少。扩展的速度分量应用于计算壁面剪切力，但是这个模型中没有考虑温度参数。Bonizzi和 Issa[106]给出了一个针对水平管的三相分层流模型。Cazarez 等[102]针对三相重油泡状流给出了基于一维瞬态双流体理论的模型，但是针对热传递的过程讨论较少。

1.3 本书框架

本书以高温高压试井过程为研究对象，主要针对关键参数预测进行研究，以微分方程模型为框架，在现有研究的基础上，综合运用微分理论与优化技术，包括适定性条件、算法合理步长区间以及算法流程优化，对高温高压油气井关键参数预测与优化问题展开研究。

1.3.1 思路

经过对高温高压油气试井全过程参数预测，包括对微分方程理论及相关优化算法的文献进行梳理，形成了如下的研究思路。

高温高压油气井完井管柱在试井过程中压力、温度、流速、含率等变化迅速，难以利用工具进行测量。以流体力学、空气动力学、非稳态热传导理论等为基础，在全面、系统地研究流体机理和不同完井工况的基础上，建立不同过程下井筒关键参数预测的耦合数学模型，以微分方程求解方法为手段，形成管柱参数预测分析模型，开发面向对象的完井管柱过程优化设计软件，为高效、安全地勘探、开发高温高压油气藏提供技术支撑。

本书首先给出理论基础，以便为后面的各章奠定基础。然后对包括注入、生产的油气试井全过程进行研究。在高温高压气井注入过程中，分析蒸汽注入时气液双相流状态下,压力、温度随井深变化而变化的形成机理,建立蒸汽干度、温度、压力耦合的微分方程组。考虑生产过程中流体多相流行为,建立压力、温度、密度、流速的耦合微分方程组模型。结合每个过程相关特点和关键参数,分别建立稳态和瞬态耦合模型。利用微分方程数值算法,进行优化求解。为了使方程和算法的应用范围更具有普适性,研究了微分方程组模型的适定性问题以及算法步长的区间。利用相关试井数据,验证模型的应用实例。

1.3.2 内容

本书内容包括绪论、理论基础、注入过程关键参数预测模型和过程优化研究、生产过程单相气 (油) 流动关键参数预测模型和过程优化研究、生产过程双相气液流动关键参数预测模型和过程优化研究、生产过程油气水三相流动关键参数预测模型和过程优化研究以及总结与展望七个章节。具体内容如图 1.16 所示。

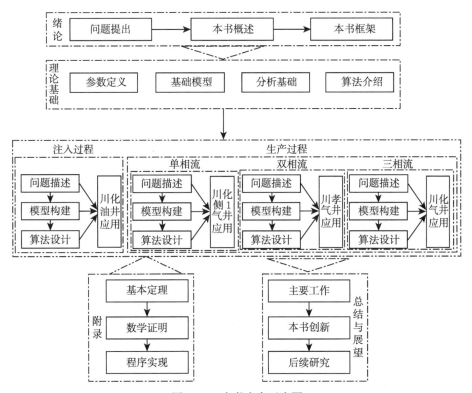

图 1.16　本书内容示意图

第 1 章为绪论,主要概述研究高温高压油气试井关键参数预测的必要性,对实际工程应用中现存的问题进行剖析,并对试井过程中的关键参数取得的研究现状从试井过程(注入、生产)进行分类梳理和评述。本书框架主要从思路、内容两方面对问题进行归类说明,指明研究的方法和路径。

第 2 章主要是相关准备知识。首先对一些基本定义进行介绍,为后面的建模做好准备。然后给出建模的一般模型,为后面的改进奠定基础。

第 3~6 章针对高温高压试井全过程的关键参数预测与优化问题,分别构建注入过程、生产过程的耦合微分模型,对模型方程的存在性和唯一性进行讨论,研究求解模型的具体算法,并利用完井进行应用研究,讨论不同条件下的参数变化。第 3 章主要考虑的是注入过程的关键参数预测模型。高温蒸汽在油气井管柱内产生的热应力可能使套管产生屈服变形或断裂、注汽管柱发生屈曲等,严重地影响了稠油开采的效益。此外,从注蒸汽采油方面来说,需要知道蒸汽进入油层时的压力、干度和温度,以便提出相应的热采施工参数和技术措施。针对上述问题,应用热传递理论,根据井筒内能量守恒、动量守恒和质量守恒定理,建立蒸汽注入过程中蒸汽压力梯度、干度梯度和热量传递耦合计算模型。采用常微分算法对该模型进行求解,可以计算出井筒内不同深度处蒸汽的压力、温度和干度值。给出相应的完井应用实例,讨论不同注入参数下的优化过程。第 4~6 章主要针对生产过程进行建模。由于油气井产物的不同,往往在现实工程中会存在多相流动,所以分别从单相流、双相流、三相流三个问题入手,由易到难,在焦耳-汤姆孙效应的影响下,建立压力、温度、密度、流速的耦合微分方程组稳态和瞬态模型,并用泛函微分方程的相关理论证明耦合微分方程组解的存在性和唯一性,利用微分方程数值算法,设计求解过程。引入相应的现实工程试井应用,讨论模型的有效性和适应性,分析各种物性参数对模型的影响,提出相应的工程优化建议。

第 7 章是对全书研究工作的总结,归纳全书的主要工作及研究结论和创新点,并对后续研究工作提出若干建议。

最后,在附录 A 中给出第 2、4、6 章的详细数学形式证明过程,在附录 B 中给出算法的程序实现。

第2章 理论基础

为了研究高温高压油气井关键参数预测与优化问题,尤其是复杂流型条件下的建模,对井筒流体模型的基本概念及基础模型进行简单回顾。

2.1 参数定义

管内流体流动行为是一种复杂的多元流动,它的参数不仅沿轴向变化,径向也会存在变化。为了便于抓住主要问题,将其简化为轴向的一元流动。对多相流动的描述,除要引入单相管路的流动参数外,还要引入一些多相所特有的参数。

2.1.1 流量

下面是关于流量的基本参数。

1. 质量流量

单位时间内流体通过封闭管道或敞开槽有效截面的流体质量称为质量流量。对于多相流来讲,混合物质量流量为

$$M = \sum_{i=1}^{n} M_i \tag{2.1}$$

式中,M 表示井筒的质量流量,kg/s;M_i 表示第 i 相的质量流量,kg/s;下标 $i = 1, 2, 3$ 分别代表油气水各相,以下同。

2. 体积流量

单位时间内流体流过管路横截面的流体体积称为体积流量,简称流量。

$$Q = \sum_{i=1}^{n} Q_i \tag{2.2}$$

式中,$i = 1, 2, 3$;Q 表示井筒的体积流量,m^3/s;Q_i 表示第 i 相的体积流量,m^3/s。

2.1.2 速度

下面是关于速度的基本参数。

1. 真实速度

对于油气水任一相，真实速度是该相体积流量与该相流通截面积之比，即

$$v_i = \frac{Q_i}{A_i}, \quad i = 1, 2, 3 \tag{2.3}$$

式中，A_i 表示第 i 相的流通截面积，m^2；v_i 表示第 i 相的真实速度，m/s。

2. 折算速度

折算速度是假定管道内只有某相单独流动时所具有的速度，即混合物中的任一相单独流过整个管道截面时的速度。

$$v_{si} = \frac{Q_i}{A}, \quad i = 1, 2, 3 \tag{2.4}$$

式中，A 表示管道截面积，m^2；v_{si} 表示第 i 相的折算速度，m/s。

3. 混合物速度

混合物速度是混合物总体积流量与管道截面积之比，即

$$v_M = \frac{Q}{A} \tag{2.5}$$

式中，Q 表示混合物总体积流量，m^3/s；v_M 表示混合物速度，m/s。

4. 质量流速

质量流速是某相质量流量与管道截面积之比。

$$G_i = \frac{M_i}{A} = \frac{Q_i \rho_i}{A} \tag{2.6}$$

式中，ρ_i 表示第 i 相的密度，kg/m^3；G_i 表示质量流速，$\text{kg/(m}^2\cdot\text{s)}$。

混合物质量流速是混合物总质量流量与管道截面积之比。

$$G = \frac{M}{A} = \frac{\sum_{i=1}^{n} M_i}{A} = \sum_{i=1}^{n} G_i = \sum_{i=1}^{n} v_{si} \rho_i \tag{2.7}$$

式中，G 表示混合物质量流速，$\text{kg/(m}^2\cdot\text{s)}$。

2.1.3　滑动速度

下面是关于滑动速度的基本参数。

1. 滑脱速度

两相间的真实速度之差为滑脱速度。

$$\Delta v_{ij} = v_i - v_j \tag{2.8}$$

式中，Δv_{ij} 表示 i、j 两相的滑脱速度，m/s。

2. 滑动比

某相的真实速度与另一相的真实速度之比称为这两相之间的滑动比。

$$S_{ij} = \frac{v_i}{v_j} \tag{2.9}$$

式中，S_{ij} 表示 i、j 两相的滑动比。

2.1.4 相份额

下面是关于相份额的基本参数。

1. 质量相份额

某一相质量流量所占三相总质量流量的份额称为这一相的质量相份额，即

$$X_i = \frac{M_i}{M}, \quad i = 1, 2, 3 \tag{2.10}$$

式中，X_i 表示第 i 相的质量相份额，显然 $\sum\limits_{i=1}^{n} X_i = 1$。

2. 体积相份额

某一相体积流量所占三相总体积流量的份额称为这一相的体积相份额，即

$$\beta_i = \frac{Q_i}{Q}, \quad i = 1, 2, 3 \tag{2.11}$$

式中，β_i 表示第 i 相的体积相份额，显然 $\sum\limits_{i=1}^{n} \beta_i = 1$。

3. 截面相份额

某一相流通截面积所占管道总截面积的份额称为这一相的截面相份额，即

$$\alpha_i = \frac{A_i}{A}, \quad i = 1, 2, 3 \tag{2.12}$$

式中，α_i 表示第 i 相的截面相份额，显然 $\sum\limits_{i=1}^{n} \alpha_i = 1$。

2.1.5　混合物密度

下面是关于混合物密度的基本参数。

1. 流动密度

混合物的流动密度是总质量流量与总体积流量之比，即

$$\rho_{\mathrm{f}} = \frac{M}{Q} = \sum_{i=1}^{n} \rho_i \beta_i \tag{2.13}$$

式中，ρ_{f} 表示混合物的流动密度，$\mathrm{kg/m^3}$。

2. 真实密度

在管道某一截面 Z 附近取一微段 ΔZ，该微段的体积为 $A\Delta Z$，其中混合物质量为 $\sum\limits_{i=1}^{n} \rho_i A_i \Delta Z$，则混合物在该截面上的真实密度为

$$\rho_{\mathrm{m}} = \lim_{\Delta Z \to 0} \frac{\sum\limits_{i=1}^{n} \rho_i A_i \Delta Z}{A\Delta Z} \tag{2.14}$$

代入式 (2.13)，得

$$\rho_{\mathrm{m}} = \sum_{i=1}^{n} \rho_i \alpha_i \tag{2.15}$$

式中，ρ_{m} 表示混合物的真实密度，$\mathrm{kg/m^3}$。

2.2　基 础 模 型

一般来说，在管柱多相流动分析中，采用两种基本流动模型：均相流动模型和分相流动模型（双流体模型实际上是特殊的分相流动模型）。介绍典型的一些公式，在完井试用中进行详细分析。

2.2.1　均相流动模型

均相流动模型可以应用于单相流动计算，也可以用于多相流动计算（将混合物看成均匀介质，其流动的物理参数取混合介质相应参数的平均值）。均相流的假设条件为：混合相速度相等；混合相介质已经达到热力学平衡状态；计算沿程摩阻时，使用单相流体的摩阻计算公式。均相流动模型：对于泡状流和雾状流，具有较高的准确性；对于弹状流和段塞流，需要进行时间平均修正；对于层状流、波状流和环状流，则误差较大。对于稳定的一维均相流动，其基本方程式包括以下各式。

1. **连续方程式**

根据质量守恒定律[107]，有

$$M = \rho v A = c \tag{2.16}$$

式中，c 是常数。

2. **动量方程式**

如图 2.1 所示，控制体内的动量的变化等于作用其上的所有外力[107]。沿流动方向建立动量方程式。分析作用在该流段上的力：质量力为重力沿 z 方向的分力 $-\rho g A \mathrm{d}z \sin\theta$；表面力有压力 $PA - (P + \mathrm{d}P)A$ 和切力 $-\mathrm{d}F$。根据动量定律[108]：

$$-A\mathrm{d}P - \mathrm{d}F - \rho g A \mathrm{d}z \sin\theta = M\mathrm{d}v \tag{2.17}$$

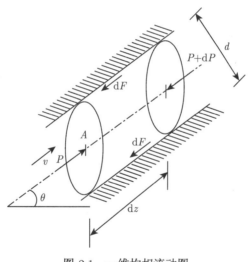

图 2.1 一维均相流动图

3. **能量方程式**

按照热力学第一定律[107]：$\mathrm{d}Q = \mathrm{d}E + \mathrm{d}W$（单位时间加给控制体的热能 = 控制体的内能增加率 + 单位时间流体对外界做的机械功）。对于管道，$\mathrm{d}W = 0$，则

控制体能量增加率 = 能量流出率 − 能量流入率 + 控制体能量变化率

能量流入率为 $A\rho v e$（e 为单位质量流体所具有的能量）；能量流出率为 $A\rho v e + \mathrm{d}(A\rho v e)$。所以

$$\mathrm{d}Q = \mathrm{d}(A\rho v e)$$

式中，

$$e = u + \frac{v^2}{2} + z \sin\theta g + PV$$

其中，u 表示单位质量流体所具有的内能；$z \sin\theta$ 表示高差；PV 表示流动功。方程化解可得

$$-v\mathrm{d}P = g\mathrm{d}z\sin\theta + v\mathrm{d}v + \mathrm{d}(PV) \tag{2.18}$$

2.2.2　分相流动模型

把流体各相分别按单相流处理，并计入相间作用，然后将各相的方程加以合并。这种处理双相流的方法通常称为分相流动模型。Lahey Jr 和 Drew [109] 给出了完整的分相流动模型。对于不稳定的一维分相流动，其基本方程式包括以下方程。

1. 连续方程式

如图 2.2 所示，对流体中任意相 k 列出连续性方程：

$$\frac{\partial(\alpha_k \rho_k)}{\partial t} + \frac{\partial(\alpha_k \rho_k v_k)}{\partial z} = \sum_{j\neq k} m_{kj} \tag{2.19}$$

$$\sum_{i=1}^{n} \alpha_i = 1 \tag{2.20}$$

式中，m_{kj} 表示从相 j 到相 k 的质量交换率。

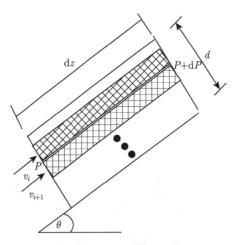

图 2.2　一维分相流动图

2. 动量方程式

根据动量守恒定律 [110]，流体中任意相 k 的动量方程可以表示为

$$
\frac{\partial(\alpha_k \rho_k v_k)}{\partial t} + \frac{\partial(\alpha_k \rho_k v_k^2)}{\partial z}
$$
$$
= -\alpha_k \frac{\partial P}{\partial z} - \Delta P_{ki} S_{ki}''' - \Delta P_{kw} S_{kw}''' + \frac{\partial[\alpha_k(\tau_k \tau_k^{Re})]}{\partial z} \tag{2.21}
$$
$$
+ \alpha_k \rho_k g + \Gamma_k v_{ki}^{\Gamma} + M_{ki}^{\mathrm{nd}} + M_{ki}^{\mathrm{d}} + M_{kw}^{\mathrm{nd}} + M_{kw}^{\mathrm{d}} + \tau_{ki} S_{ki}'''
$$

式中，v 表示速度；$\Delta P_{ki} S_{ki}'''$ 表示相间压降；$\Delta P_{kw} S_{kw}'''$ 表示相与管壁接触部分的摩擦阻力；$\dfrac{\partial[\alpha_k(\tau_k \tau_k^{Re})]}{\partial z}$ 表示黏性剪切力和雷诺剪切力；$\alpha_k \rho_k g$ 表示重力；$\Gamma_k v_{ki}^{\Gamma}$ 表示两相间的动量交换率；$M_{ki}^{\mathrm{nd}} + M_{ki}^{\mathrm{d}}$ 表示相间作用力；$M_{kw}^{\mathrm{nd}} + M_{kw}^{\mathrm{d}}$ 表示相与管壁作用力；$\tau_{ki} S_{ki}'''$ 表示相间剪切力。

3. 能量方程式

根据能量守恒定律 [110]，流体中任意相 k 的能量方程一般可以表示为

$$
\frac{\partial[\alpha_k \rho_k(e_k + e_k^{\mathrm{T}})]}{\partial t} + \frac{\partial[\alpha_k \rho_k(e_k + e_k^{\mathrm{T}})v_k]}{\partial z}
$$
$$
= -P_k \frac{\partial \alpha_k}{\partial t} + \frac{\partial(\alpha_k P_k)}{\partial t} - \frac{\partial[\alpha_k(q_k'' + q_k''^{\mathrm{T}})v_k]}{\mathrm{d}z} + \frac{\partial[\alpha_k(\tau_k + \tau_k^{Re})v_k]}{\mathrm{d}z} \tag{2.22}
$$
$$
- \alpha_k \rho_k g v_k + \alpha_k q_k''' + \Gamma_k e_{ki} + M_{ki}^{\mathrm{nd}} v_{ki}^{\mathrm{nd}} + q_{ki}'' A_i''' + M_{ki}^{\mathrm{d}} v_{ki}^{\mathrm{d}}
$$
$$
+ v_{ki}^{\tau} \tau_{ki} S_{ki}''' + q_{kw}'' A_{kw}''' - \Gamma_k \left(\frac{\Delta \tilde{p}_k^{\mathrm{d}}}{\rho_k}\right)_i
$$

式中，e_k 表示单位质量流体所具有的比能 $\left(e_k = h_k + \dfrac{v_k^2}{2}\right)$；$e_k^{\mathrm{T}}$ 表示湍流动能（根据文献 [109]，湍流动能对于能量方程往往是不重要而可以被忽视的）；$\dfrac{\partial[\alpha_k(q_k'' + q_k''^{\mathrm{T}})v_k]}{\mathrm{d}z}$ 表示相和湍流热通量（根据傅里叶准则，热通量 q_k'' 往往较小而被忽略；湍流热通量 $q_k''^{\mathrm{T}}$ 通常也在工程实践分析中被忽略）；$\dfrac{\partial[\alpha_k(\tau_k + \tau_k^{Re})v_k]}{\mathrm{d}z}$ 表示黏性剪切应力和雷诺剪切应力；$\alpha_k \rho_k g v_k$ 表示重力；$\alpha_k q_k'''$ 表示产生的热量；$\Gamma_k e_{ki}$ 表示相变单位管长的能量交换率；$M_{ki}^{\mathrm{nd}} v_{ki}^{\mathrm{nd}}$ 表示非拖拽界面张力做功；$q_{ki}'' A_i'''$ 表示界面热流；$M_{ki}^{\mathrm{d}} v_{ki}^{\mathrm{d}}$ 表示拖拽界面张力做功；v_{ki}^{τ} 表示流体之间相对速度，$v_{ki}^{\tau} \tau_{ki} S_{ki}'''$ 表示界面切应力做功；$q_{kw}'' A_{kw}'''$ 表示壁面热流；$\Gamma_k \left(\dfrac{\Delta \tilde{p}_k^{\mathrm{d}}}{\rho_k}\right)_i$ 表示拖拽界面压力差。

2.3 分 析 基 础

介绍关于微分方程的解的一些基本定理，这是常微分方程一般理论的基础。

2.3.1　常微分方程组基础理论

定理 2.1[111]　考虑 Cauchy 问题（E_μ）：

$$\begin{cases} \dfrac{\mathrm{d}x}{\mathrm{d}t} = f(t,x,\mu) \\ x(t_0) = x_0 \end{cases} \tag{2.23}$$

式中，x 是 $\mathbf{R}^n$ 中的 n 维向量；μ 是 $\mathbf{R}^m$ 中的 m 维向量。函数 $f(t,x,\mu)$ 在区域 G：

$$|t - t_0| \leqslant a, \quad \|x - x_0\| \leqslant b, \quad \|\mu - \mu_0\| \leqslant c \tag{2.24}$$

上连续，并且对 x 适合 Lipschitz 条件：

$$\begin{cases} \|f(t,x_1,\mu) - f(t,x_2,\mu)\| \leqslant L\|x_1 - x_2\| \\ \forall (t,x_i,\mu) \in G, \quad i = 1,2 \end{cases} \tag{2.25}$$

式中，Lipschitz 常数 $L > 0$。令

$$M = \max_G \|f(t,x)\|, \quad h = \min\left(a, \dfrac{b}{M}\right) \tag{2.26}$$

那么 Cauchy 问题在区间 $|t - t_0| \leqslant h$ 上有一个解 $x = \varphi(t)$，并且它是唯一的。

定理 2.2[111]　考虑 Cauchy 问题（E_μ^*）：

$$\begin{cases} \dfrac{\mathrm{d}x}{\mathrm{d}t} = f(t,x,\mu) \\ x(t_0) = x_0 \end{cases} \tag{2.27}$$

式中，x 是 $\mathbf{R}^n$ 中的 n 维向量；μ 是 $\mathbf{R}^m$ 中的 m 维向量。函数 $f(t,x,\mu) \in C^0(G, \mathbf{R}^n)$，其中：

$$|t - t_0| \leqslant a, \quad \|x - x_0\| \leqslant b, \quad \|\mu - \mu_0\| \leqslant c \tag{2.28}$$

且 $\dfrac{\partial f}{\partial x_j}(j = 1,2,\cdots,n)$，$\dfrac{\partial f}{\partial \mu_k}(k = 1,2,\cdots,m)$ 连续，则定理 2.1 的结论成立，而且 $x = x(t,\mu)$ 对 $\mu_k(k = 1,2,\cdots,m)$ 有连续的偏导数。

定理 2.3[111]　考虑 Cauchy 问题（E_η）：

$$\begin{cases} \dfrac{\mathrm{d}x}{\mathrm{d}t} = f(t,x) \\ x(t_0) = \eta, \quad \|\eta - \eta_0\| \leqslant \dfrac{b}{2} \end{cases} \tag{2.29}$$

式中，$f(t,x)$ 在区域 $D(|t - t_0| \leqslant a, \|x - x_0\| \leqslant b)$ 上连续，且对 x 适合 Lipschitz 条件：

$$\begin{cases} \|f(t,x_1) - f(t,x_2)\| \leqslant L\|x_1 - x_2\| \\ \forall (t,x_i,\mu) \in G, \quad i = 1,2 \end{cases} \tag{2.30}$$

式中，Lipschitz 常数 $L > 0$。令

$$M = \max_D \|f(t,x)\|, \quad h = \min\left(a, \frac{b}{M}\right) \tag{2.31}$$

则对所有 $\eta\left(\|\eta - \eta_0\| \leqslant \dfrac{b}{2}\right)$，$E_\eta$ 的解 $x = x(t,\eta)$ 在区间 $|t - t_0| \leqslant \dfrac{h}{2}$ 上存在，且 $x = x(t,\eta)$ 是 (t,η) 的连续函数。

那么 Cauchy 问题在区间 $|t - t_0| \leqslant h$ 上有一个解 $x = \varphi(t)$，并且它是唯一的。

定理 2.4 [111]　若定理 2.3 中的 $f(t,x)$ 及其偏导数 $\dfrac{\partial f}{\partial x}$ 在 D 上连续，则 E_η 的解 $x = \varphi(t,\eta)$ 对 η 有连续的偏导数。

定理 2.5 [111]　若定理 2.2 中的 $f(t,x,\mu)$ 对 t 是 $r-1$ 次连续可微的，对 x 和 μ 是 r 次连续可微的（包括混合偏导数），则 Cauchy 问题（E_μ^*）的解 $x = \varphi(t,t_0,x_0,\mu)$ 对 t, t_0, x_0, μ 是 r 次连续可微的。

定理 2.6 [111]　设 $f(t,x,\mu)$ 在区域 G 内是 t, x, μ 的解析函数，则 Cauchy 问题（E_μ^*）的解 $x = \varphi(t,t_0,x_0,\mu)$ 是 t, t_0, x_0, μ 的解析函数。若 $f(t,x,\mu)$ 对 t 只是连续，则 E_μ^* 的解只是对 x_0, μ 解析。

2.3.2　一阶拟线性双曲型方程组基础理论

在试井过程中的很多实际问题都可以用偏微分方程组来描述。然而大部分的偏微分方程无法得到理论上的精确解，只能通过一些数值方法来求其近似解。虽然工程问题是非线性双曲型方程组，但是可以近似化解为拟线性双曲型方程组。因此，主要介绍线性双曲型方程组基础理论。

1. 双曲型方程组及其特征概念

设有含 n_i 个未知函数 $u = (u_1(x,t), \cdots, u_n(x,t))$ 和 n 个方程的一阶线性偏微分方程组：

$$f(u) = \sum_{i=1}^n b_{ij}\frac{\partial u_j}{\partial t} + \sum_{i=1}^n a_{ij}\frac{\partial u_j}{\partial z} = c_i, \quad i = 1, \cdots, n \tag{2.32}$$

式中，$b_{ij} = b_{ij}(x,t)$，$a_{ij} = a_{ij}(x,t)$，$c_i = c_i(x,t)$ 都是某域 G 上的已知光滑函数。

$$B = (b_{ij})_{n\times n}, \quad A = (a_{ij})_{n\times n}, \quad C = (c_1, c_2, \cdots, c_n)^{\mathrm{T}}$$

简化为

$$f(u) = B\frac{\partial u}{\partial t} + A\frac{\partial u}{\partial z} = C \tag{2.33}$$

假定矩阵 B 有逆，则可以只考虑如下形式的方程组：

$$f(u) = \frac{\partial u}{\partial t} + A\frac{\partial u}{\partial z} = C \tag{2.34}$$

定义 2.1 如果矩阵 $A = A(x,t)$ 有 n 个实的互异特征值 $(\lambda_1(x,t) < \lambda_2(x,t) < \cdots < \lambda_n(x,t))$，则式 (2.34) 于每点 $(x,t) \in G$ 为狭义双曲型方程组；假若式 (2.34) 于每一点 $(x,t) \in G$ 为双曲型，则说它在 G 上是双曲型方程组 [96]。

设行向量 $l^1(x,t),\cdots,l^n(x,t)$ 是矩阵 A 对应于 $\lambda_1,\lambda_2,\cdots,\lambda_n$ 的左特征向量系。

$$l^i A = \lambda_i l^i, \quad i = 1,2,\cdots,n \tag{2.35}$$

用 l^i 左乘式 (2.34)，得

$$l^i u_t + \lambda_i l^i u_z = l^i C, \qquad i = 1,2,\cdots,n \tag{2.36}$$

设 $l^i = (l_1^i, l_2^i, \cdots, l_n^i)$，则式 (2.36) 即

$$\sum_{i=1}^n l_j^i \left(\frac{\partial u_j}{\partial t} + \lambda_i \frac{\partial u_j}{\partial z} \right) = \sum_{i=1}^n l_j^i c_j, \quad i = 1,2,\cdots,n \tag{2.37}$$

令 λ_i：

$$\frac{\mathrm{d}x}{\mathrm{d}t} = \lambda_i, \quad i = 1,2,\cdots,n \tag{2.38}$$

则沿特征线方向 λ_i

$$\left(\frac{\mathrm{d}u_j}{\mathrm{d}t} \right)_i = \frac{\partial u_j}{\partial t} + \lambda_i \frac{\partial u_j}{\partial z} \tag{2.39}$$

于是可将式 (2.37) 化为常微分方程组：

$$\sum_{i=1}^n l_j^i \left(\frac{\mathrm{d}u_j}{\mathrm{d}t} \right)_i = \sum_{i=1}^n l_j^i c_j, \quad i = 1,2,\cdots,n \tag{2.40}$$

此特征关系式是利用特征概念研究双曲型方程的基础。

2. 双曲型方程组 Cauchy 问题

考虑双曲型方程组 (2.34) 的如下 Cauchy 问题。在曲线 γ：

$$x = x(\tau), \quad t = t(\tau), \quad a \leqslant \tau \leqslant b$$

的一邻域内，求解 $u(x,t) = (u_1(x,t),\cdots,u_n(x,t))^{\mathrm{T}}$，在 γ 上取给定值 $u^0(\tau)$，即

$$u(x(\tau),t(\tau)) = u^0(\tau), \quad a \leqslant \tau \leqslant b \tag{2.41}$$

则式 (2.41) 为初始条件，称 $u^0(\tau)$ 为初始向量函数。

如果 Cauchy 问题对某一类初始函数的解存在、唯一，且连续依赖初值，则说 Cauchy 问题适定。为使 Cauchy 问题适定，需加适当的条件，显然在 γ 上有等式

$$u(x(\tau),t(\tau)) = u^0(\tau) \tag{2.42}$$

令 $p = u_z(x(\tau), t(\tau)), q = u_t(x(\tau), t(\tau)), f_i = \sum_{i=1}^{n} l_j^i c_j, i = 1, 2, \cdots, n$, 则

$$l^i(q + \lambda_i p) = f_i, \quad i = 1, 2, \cdots, n \tag{2.43}$$

针对 τ 微分等式，得

$$\dot{t}(\tau)q + \dot{x}(\tau)p = \frac{\mathrm{d}u^0(\tau)}{\mathrm{d}\tau} \tag{2.44}$$

联立式 (2.43) 和式 (2.44)，消去向量 q，则有

$$(\dot{t}(\tau)\lambda_i + \dot{x}(\tau))l^i p - (\dot{t}(\tau)\lambda_i + \dot{x}(\tau)) \sum_{i=1}^{n} l_j^i p_j = \dot{t}(\tau)f_i - l^i u^0(\tau) \tag{2.45}$$

显然方程组是关于 $p_j(j = 1, 2, \cdots, n)$ 的线性方程组，其系数行列式为

$$D(\tau) = \det(l_j^i)_{n \times n} \prod_{i=1}^{n} (\dot{t}(\tau)\lambda_i + \dot{x}(\tau)) \tag{2.46}$$

为了唯一确定 p，应要求 $D(\tau) \neq 0$。矩阵 $L = (l_j^i)$ 非奇异，所以要求 $\dot{t}(\tau)\lambda_i + \dot{x}(\tau) \neq 0$。可以证明，若初始曲线 δ 上任一点的切向不是特征方向，则 Cauchy 问题的解存在、唯一，且连续依赖初始函数。

2.4　算　法　介　绍

由于瞬态和稳态建立的分别为偏微分方程组和常微分方程组，求解的难易程度不等，因此需先介绍常用的几种算法。

2.4.1　Runge-Kutta 算法

对于离散的一阶常微分方程初值问题如附录 A.1。

$$\frac{\mathrm{d}y}{\mathrm{d}x} = f(x, y), \quad x \in [a, b], \quad y(a) = y_0 \tag{2.47}$$

如果以上初值问题的解和函数 $f(x, y)$ 是充分光滑的，那么当 $y(x_m)$ 给定时，$y(x)$ 关于 x 的各阶导数在点 x_m 处的值可以计算得到。因此可以利用 Euler 方法的构造，用 P 阶 Taylor 多项式近似 $y(x_m + h)$。Runge [112] 提出利用函数 f 在 n 个点上的线性组合来构造系数，然后利用 Taylor 系数进行展开，确定组合系数。方法如下。

定义 2.2 [113]　设 n 是一个正整数，代表使用函数值 f 的个数，$a_{i,j}, c_i(i = 2, 3, \cdots, n; 1 \leqslant j < i)$ 和 $b_i(i = 1, 2, \cdots, n)$ 是一些特定的权因子（为实数），方法

$$y_{m+1} = y_m + h(b_1 k_1 + b_2 k_2 + \cdots + b_n k_n)$$

称为一阶常微分方程的 n 级显式龙格-库塔 (Runge-Kutta) 方法 [114]。

其中 k_i 满足下列方程：

$$k_1 = f(x_m, y_m)$$
$$k_2 = f(x_m + c_2 h, y_m + h a_{2,1} k_1)$$
$$k_3 = f(x_m + c_3 h, y_m + h(a_{3,1} k_1 + a_{3,2} k_2))$$
$$\vdots$$
$$k_n = f(x_m + c_n h, y_m + h(a_{n,1} k_1 + a_{n,2} k_2 + \cdots + a_{n,n-1} k_{n-1}))$$

四级四阶古典显式 Runge-Kutta 公式如下：

$$\begin{cases} y_{m+1} = y_m + \dfrac{h}{6}(k_1 + 2k_2 + 2k_3 + k_4) \\ k_1 = f(x_m, y_m) \\ k_2 = f\left(x_m + \dfrac{1}{2}h, y_m\right) \\ k_3 = f\left(x_m + \dfrac{1}{2}h, y_m + \dfrac{1}{2}h k_2\right) \\ k_4 = f(x_m + h, y_m + h k_3) \end{cases} \tag{2.48}$$

2.4.2　常用差分格式

下面介绍形如式 (2.34) 的初值问题的有限差分方法。用平行于 x 轴和 t 轴的直线构成的网格覆盖求解区域 $(x,t)|t \geqslant 0, |x| < \infty$；$x$ 方向和 t 方向的步长分别用 h 和 τ 表示，并记 $r = \dfrac{\tau}{h}$。

1. 显式差分格式

设式 (2.34) 的解充分光滑，则直接利用差商代替微商建立相应的显式差分格式如下。

$$\frac{u_j^{n+1} - u_j^n}{\tau} + a \frac{u_j^n - u_j^{n-1}}{h}$$
$$\frac{u_j^{n+1} - u_j^n}{\tau} + a \frac{u_{j+1}^n - u_j^n}{h}$$
$$\frac{u_j^{n+1} - u_j^n}{\tau} + a \frac{u_{j+1}^n - u_{j-1}^n}{2} h$$

分别称为左偏心差分格式、右偏心差分格式和中心差分格式。截断误差分别为 $O(\tau + h)$、$O(\tau + h)$ 和 $O(\tau + h^2)$。利用 $\dfrac{1}{2}(u_{j+1}^n + u_{j-1}^n)$ 代替中心差分格式的 u_j^n，则得

$$u_j^{n+1} = \frac{1}{2}(u_{j+1}^n + u_{j-1}^n) - \frac{a\tau}{2}(u_{j+1}^n + u_{j-1}^n)$$

这也是 Lax-Friedrichs 格式 [113]。

2. 隐式差分格式

对应于显式差分格式，构造相应的隐式差分格式

$$\frac{u_j^{n+1} - u_j^n}{\tau} + a\frac{u_j^{n+1} - u_{j-1}^{n+1}}{h}$$

$$\frac{u_j^{n+1} - u_j^n}{\tau} + a\frac{u_{j+1}^{n+1} - u_j^{n+1}}{h}$$

$$\frac{u_j^{n+1} - u_j^n}{\tau} + a\frac{u_{j+1}^{n+1} - u_{j-1}^{n+1}}{2}h$$

差分格式的稳定性证明略 [113]。

第3章　注入过程关键参数预测模型和过程优化研究

湿蒸汽在流动过程中，不断同油层进行热量和质量的交换，导致蒸汽压力、热焓、干度和质量逐渐变化，引起各处蒸汽压力和干度不同，从而影响吸汽剖面的均匀分布，对于注汽热采不利。同时影响注蒸汽采油效益至关重要的因素是高温蒸汽和在油井管内产生的热应力，此热应力可能使套管产生屈服变形或断裂、注汽管柱发生屈曲。所以，注蒸汽井筒双相流动和传热过程的数学模型，是预测井身结构、注入工艺参数对井筒动态及热效率影响的重要手段，也是进行蒸汽吞吐和汽驱方案设计、优化工艺参数与经济评价的有力工具。

3.1　问题描述

注蒸汽采油包括蒸汽吞吐和蒸汽驱，油田上经常两者结合使用。从分析井筒-地层温度场方面来看，蒸汽吞吐包含蒸汽驱，所以在建立井筒-地层温度场模型时，将蒸汽驱包含在蒸汽吞吐中。蒸汽吞吐方法也称循环注蒸汽或油井激励，是周期性地向油层中注入蒸汽，将大量热量带入油层的一种稠油增产措施。注入的热量使原油黏度降低，从而提高地层和油井中原油的流动能力，起到增产作用。

3.1.1　注入描述

注汽采油是一种高成本的工艺技术。为了减少投资风险、降低热采成本和提高经济效益，一般采用数值模拟的方法进行模拟开采和对注汽方案进行优化选择。注汽流量对模拟结果和方案的经济性有着重要的影响。如果注汽流量选择太低，则井底蒸汽干度太小，甚至为零，达不到注汽热采的效果，并有可能因井底压力太高而引起地层破裂。生产实践表明，注汽流量越高，沿热损失越小，热采效果越好。但因为油管内是汽液双相流动，如果设计流量太高，则会因油管的导流能力有限，使所设计的方案无法实施。因此研究注汽井的流动动态，圈定合理的流量范围，对提高热采方案设计水平具有重要意义。

Beggs-Brill 法[45]、Orkiszewski 法[75]等传统方法在计算气液双相流压力损失时从微元体的机械能守恒的角度出发推导压降方程，而忽略了微元体自身内能的变化和微元体与外界的能量交换。利用该方法计算稠油注蒸汽热采垂直井筒压力、温度分布，近似认为水蒸气内能变化等于水蒸气向外传递的热量，求出水蒸气的干度变化，误差较大。在近几年研究[19,23,115-117]过程中，虽然关于水蒸气干度的计算考虑因素很多[115,116]，但仍然没有考虑摩擦损失的影响，使计算出的干度不准确。1972年，Pacheco 和 Farouq 改进了 Satter[19]模型中不计蒸汽压力损失的假定，采用两相介质的有效黏性系数的概念，以单相介质的方式来计算蒸汽的压力损失[23]。1989年，Stone 进一步完善了计算模型，在计算压力损失时考虑了双相流的流态影响[117]。虽然建立了计算水蒸气压力、温度和干度分布的联合方程，但压降的计算仍然采用 Beggs-Brill 法、Orkiszewski 法的计算思想[115]。Xu 等对传统的干度模型进行了改进，取得了不错的工程效果[118-120]。

以计算注入过程中重要参数干度为主线，建立基于变温变压场下的系统干度模型。在关于地温的考虑中，考虑了注入时间的影响，引入了变地温的参数模型。运用 Runge-Kutta 算法和有限差分混合算法进行求解。在完井试用过程中，分析了注入速度、注入压力、管径以及绝缘层厚度对注入过程的敏感性。

3.1.2 基本假定

在建立数学模型之前做如下基本假设。

（1）隔热油管底部用封隔器坐封，保证蒸汽不窜入油套环空，油套环空充满空气。

（2）蒸汽沿井筒内的流动为一维稳定流动，且同一截面各处蒸汽的压力、温度相等。

（3）从油井中心到水泥环外缘为稳态传热，水泥环外缘到地层内为非稳态导热，忽略沿井身方向的导热。

（4）绝缘层和其他材料的物性参数是基于时间和温度独立的。

（5）井筒周围的地层温度分布是轴对称的。

3.2 模 型 构 建

由于从井口注入的蒸汽的温度远远高于井筒的原始温度，有温差就会造成传热，蒸汽必然加热井筒，热量沿径向通过隔热油管、环空、套管、水泥环传向地层，从而造成蒸汽温度、干度和压力等参数的变化。同时，由于蒸汽沿井筒注入过程中具有较高的流速，必然存在摩擦阻力、惯性力和蒸汽重力，它们的共同作用将导致蒸汽压力的下降。对于注蒸汽热采井来说，干度是最为重要的参数[121]，而干度是受温度和压力同时影响的，所以首先建立基于变温变压场的干度模型。

3.2.1 基于变温变压场的干度模型

在管道内部，蒸汽流动沿井筒向下方向。考虑如图 3.1 所示的流体系统。

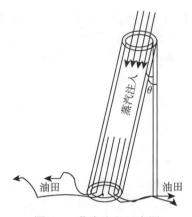

图 3.1　蒸汽注入示意图

　　如图 3.1 所示，一个倾斜角为 θ 的直圆柱套管，流体面积为常数 A，水力直径为 d，管柱总长为 Z。从底端流到上面，在流动方向上流体经过的距离为 z。

　　干度作为注入过程中最重要的参数，在建立时首先引入能量方程。根据流体动力学和热力学准则[122]，流体进微元体在 $\mathrm{d}z$ 段状态参数为 (P, T) 时具有的能量为内能、压能、动能及位能。

$$E = U + \frac{1}{2}mv_{\mathrm{mx}}^2 + mgz + Pv_{\mathrm{mx}} \tag{3.1}$$

式中，U 为热力学能，J；m 为流体质量，kg；v 为流体速度，m/s；g 为重力加速度，$9.8\mathrm{m/s}^2$；P 为压力，MPa；下标 mx 表示气液混合物；$\frac{1}{2}mv_{\mathrm{mx}}^2$、$mgz$、$Pv_{\mathrm{mx}}$ 分别表示动能、位能和压能。

　　内能和压能的和即流体的焓：

$$h = U + Pv_{\mathrm{mx}} \tag{3.2}$$

　　根据能量守恒定律[123]：流体进微元体时具有的能量，等于流体在微元体内的能量损失加上流体出微元体时具有的能量及蒸汽流摩擦损失的能量。

　　能量方程可以表示为

$$\frac{\mathrm{d}Q}{\mathrm{d}z} \pm \frac{\mathrm{d}W}{\mathrm{d}z} + mg\cos\theta = -m\frac{\mathrm{d}h_{\mathrm{mx}}}{\mathrm{d}z} - mv_{\mathrm{mx}}\frac{\mathrm{d}v_{\mathrm{mx}}}{\mathrm{d}z} \tag{3.3}$$

式中，如果是系统做功，则摩擦力做功 W 是正的，否则为负。

　　消去式（3.3）质量项 m，可得

$$\frac{\mathrm{d}q}{\mathrm{d}z} \pm \frac{\mathrm{d}w}{\mathrm{d}z} + g\cos\theta = -\frac{\mathrm{d}h_{\mathrm{mx}}}{\mathrm{d}z} - v_{\mathrm{mx}}\frac{\mathrm{d}v_{\mathrm{mx}}}{\mathrm{d}z} \tag{3.4}$$

实际上，这个推导公式与很多研究者给出的模型非常类似[30,124,125]。

h_{mx} 表示气液混合物的焓, 由下式可以计算:

$$h_{mx} = h_G x + h_L (1 - x) \tag{3.5}$$

式中, h_G 表示干蒸汽的焓; h_L 表示液体的焓。它们满足下列公式:

$$\frac{dh_{mx}}{dz} = \left(\frac{dh_G}{dz} - \frac{dh_L}{dz} \right) x + (h_G - h_L) \frac{dx}{dz} + \frac{dh_L}{dz} \tag{3.6}$$

焓可以视作压力的函数, 即 $h_k = f(P)$, 所以:

$$\frac{dh_k}{dz} = \frac{dh_k}{dP} \frac{dP}{dz} \tag{3.7}$$

下标 k 表示任意流相 (水相、气相或者混合相)。将式 (3.7) 代入式 (3.6) 可得

$$\frac{dh_{mx}}{dz} = (h_G - h_L) \frac{dx}{dz} + \frac{dh_L}{dP} \frac{dP}{dz} + \left(\frac{dh_G}{dP} - \frac{dh_L}{dP} \right) \frac{dP}{dz} x \tag{3.8}$$

引入质量方程:

$$I_{mx} = \rho_{mx} v_{mx} A \tag{3.9}$$

根据式 (3.9), 可得

$$\frac{dv_{mx}}{dz} = \frac{d}{dz} \left(\frac{I_{mx}}{\rho_{mx} A} \right) = \frac{1}{\rho_{mx} A} \frac{dI_{mx}}{dz} + \frac{I_{mx}}{A} \frac{d}{dz} \left(\frac{1}{\rho_{mx}} \right) \tag{3.10}$$

由于在注蒸汽过程中, 气相流量很大, 流相呈现雾态形式 [126], 因此近似为气相混合物, 引入气体状态方程 $\rho_{mx} = \dfrac{MP}{RZ_G T}$, 并且忽略质量流量随深度的变化, 方程变形为

$$d \left(\frac{1}{\rho_{mx}} \right) = \frac{RZ_G}{PM} dT - \frac{RTZ_G}{P^2 M} dP + \frac{R}{PM} dZ_G = \frac{1}{\rho_{mx}} \left(\frac{1}{T} \frac{dT}{dP} + \frac{1}{Z_G} \frac{dZ_G}{dP} - \frac{1}{P} \right) dP \tag{3.11}$$

相对于温度变化和压力变化来讲, 气体压缩因子的变化通常非常小, 所以在建模过程中忽略, 可得下列方程:

$$d \left(\frac{1}{\rho_{mx}} \right) = \frac{1}{\rho_{mx}} \left(\frac{1}{T} \frac{dT}{dP} - \frac{1}{P} \right) dP \tag{3.12}$$

将式 (3.8)、式 (3.10) 和式 (3.12) 代入式 (3.4), 可以推导出下列方程:

$$\begin{aligned} \frac{dq}{dz} \pm \frac{dw}{dz} + g \cos \theta = & (h_L - h_G) \frac{dx}{dz} - \frac{dh_L}{dP} \frac{dP}{dz} - \frac{dh_G}{dP} \frac{dP}{dz} x \\ & + \frac{dh_L}{dP} \frac{dP}{dz} x - \frac{v_{mx} I_{mx}}{\rho_{mx} A} \left(\frac{1}{T} \frac{dT}{dP} - \frac{1}{P} \right) \frac{dP}{dz} \end{aligned} \tag{3.13}$$

式 (3.13) 可以写成以下简化形式：

$$C_1 \frac{\mathrm{d}x}{\mathrm{d}z} + C_2 x + C_3 = 0 \Longleftrightarrow \frac{\mathrm{d}x}{\mathrm{d}z} + \frac{C_2}{C_1} x = -\frac{C_3}{C_1} \tag{3.14}$$

式中，C_1，C_2，C_3 是压降、焓降、热损失、做功以及温度的函数，由以下计算公式组成：

$$C_1 = h_{\mathrm{G}} - h_{\mathrm{L}}$$

$$C_2 = \left(\frac{\mathrm{d}h_{\mathrm{G}}}{\mathrm{d}P} - \frac{\mathrm{d}h_{\mathrm{L}}}{\mathrm{d}P} \right) \frac{\mathrm{d}P}{\mathrm{d}z}$$

$$C_3 = \frac{\mathrm{d}q}{\mathrm{d}z} \pm \frac{\mathrm{d}w}{\mathrm{d}z} + g\cos\theta + \frac{\mathrm{d}h_{\mathrm{L}}}{\mathrm{d}P} \frac{\mathrm{d}P}{\mathrm{d}z} + \frac{v_{\mathrm{mx}} I_{\mathrm{mx}}}{\rho_{\mathrm{mx}} A} \left(\frac{1}{T} \frac{\mathrm{d}T}{\mathrm{d}P} - \frac{1}{P} \right) \frac{\mathrm{d}P}{\mathrm{d}z}$$

C_1，C_2，C_3 在固定深度上是一个定值。因此，式（3.14）是一个一阶线性微分方程组。

由以上可以得到干度计算模型：

$$\begin{cases} x = \mathrm{e}^{-\frac{C_2 z}{C_1}} \left(-\frac{C_3}{C_2} \mathrm{e}^{-\frac{C_2 z}{C_1}} + x_0 + \frac{C_3}{C_2} \right) \\ C_1 = h_{\mathrm{G}} - h_{\mathrm{L}} \\ C_2 = \left(\frac{\mathrm{d}h_{\mathrm{G}}}{\mathrm{d}P} - \frac{\mathrm{d}h_{\mathrm{L}}}{\mathrm{d}P} \right) \frac{\mathrm{d}P}{\mathrm{d}z} \\ C_3 = \frac{\mathrm{d}q}{\mathrm{d}z} \pm \frac{\mathrm{d}w}{\mathrm{d}z} + g\cos\theta + \frac{\mathrm{d}h_{\mathrm{L}}}{\mathrm{d}P} \frac{\mathrm{d}P}{\mathrm{d}z} + \frac{v_{\mathrm{mx}} I_{\mathrm{mx}}}{\rho_{\mathrm{mx}} A} \left(\frac{1}{T} \frac{\mathrm{d}T}{\mathrm{d}P} - \frac{1}{P} \right) \frac{\mathrm{d}P}{\mathrm{d}z} \\ x|_{z=0} = x_0 \end{cases} \tag{3.15}$$

3.2.2　变温变压场分析

在干度模型中，显然干度的值受温度和压力的影响。事实上，这两个参数值随着井深和时间的变化而变化。因此，有必要对温度和压力场进行详细分析。

1. 质量平衡

根据基本假设（1），蒸汽注入是恒定不变的质量流，所以质量的流入应该等于质量的流出 [127,128]，则可以建立质量守恒方程。

$$\frac{\mathrm{d}(\rho_{\mathrm{mx}} v_{\mathrm{mx}} A)}{\mathrm{d}z} = 0 \tag{3.16}$$

2. 动量平衡

流体作为连续介质运动时，除要受到质量守恒的制约外，还必须同时遵守牛顿第二定律所反映的动量守恒定律，即作用在流体上的力应与流体运动惯性力相

平衡 [129]。如图 3.2 所示，在微元体中，流体受表面力和质量力的作用。质量力为 $\rho_{\mathrm{mx}} g\cos\theta A\mathrm{d}z$；表面力包括微元段上游端压力 P_i、下游端压力 P_{i+1}、套管表面摩擦剪切阻力 τ_i。

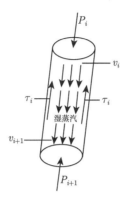

图 3.2 微元段流动分析示意图

根据动量守恒定理 [130]，建立动量方程如下：

$$P_{i+1}A - P_i A - \tau_i S_i \mathrm{d}z + \rho_{\mathrm{mx}} g\cos\theta A\mathrm{d}z = (\rho_{\mathrm{mx}_{i+1}} A v_{\mathrm{mx}_{i+1}}) v_{\mathrm{mx}_{i+1}} - (\rho_{\mathrm{mx}_i} A v_{\mathrm{mx}_i}) v_{\mathrm{mx}_i} \tag{3.17}$$

消去横截面积项参数 A，

$$\mathrm{d}P = -\frac{\tau_i S_i \mathrm{d}z}{A} + \rho_{\mathrm{mx}} g\cos\theta \mathrm{d}z - \mathrm{d}(\rho_{\mathrm{mx}} v_{\mathrm{mx}}^2) \tag{3.18}$$

将式（3.16）代入式（3.18），可得

$$\frac{\mathrm{d}P}{\mathrm{d}z} = -\frac{\tau_i S_i}{A} + \rho_{\mathrm{mx}} g\cos\theta - \rho_{\mathrm{mx}} v_{\mathrm{mx}} \frac{\mathrm{d}v_{\mathrm{mx}}}{\mathrm{d}z} \tag{3.19}$$

3. 井筒热传递过程

在式（3.4）中，$\mathrm{d}q$ 表示流体和套管地层周围的径向热传递能量。

井筒和地层的热交换控制方程是考虑流体与地层热传递的基础。温度的传递考虑两个阶段：第一阶段为流体到地层界面的径向传热（金属壁里的热传递忽略）；第二阶段为地层界面到地层周围的径向传热。Ramey [18] 和 Willhite 等 [21] 详细地讨论了流体与地层之间的径向传热。井筒中的传热为稳态传热，井筒周围地层中的传热为非稳态传热。所以，水泥环与地层连接的界面成为关键因素。

井筒中稳态传热的传热率正比于温差和垂直于热流方向的截面积：

$$q = UA\Delta T \tag{3.20}$$

如图 3.3 所示，热能沿着各绝缘层依次传递。根据式 (3.20)，从流体到地层界面的径向传热可描述为

$$\frac{\mathrm{d}q_1}{\mathrm{d}z} = 2\pi r_{\mathrm{to}} U_{\mathrm{to}} (T - T_{\mathrm{ref}}) \tag{3.21}$$

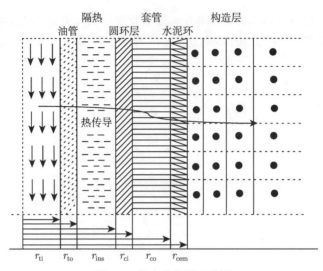

图 3.3　径向传热微元体图

流体到地层界面的径向传热是非稳态传热，混合物视作单相流，Ramey [18]给出了一个比较好的公式描述这个现象：

$$\frac{\mathrm{d}q_2}{\mathrm{d}z} = \frac{2\pi K_{\mathrm{e}}(T_{\mathrm{ref}} - T_{\mathrm{e}})}{f(t_{\mathrm{D}})} \tag{3.22}$$

由式（3.21）和式（3.22），可得流体和地层周围的径向传热微分方程：

$$\frac{\mathrm{d}q}{\mathrm{d}z} = \frac{2\pi r_{\mathrm{to}} U_{\mathrm{to}} K_{\mathrm{e}}}{r_{\mathrm{to}} U_{\mathrm{to}} f(t_{\mathrm{D}}) + K_{\mathrm{e}}}(T - T_{\mathrm{e}}) \tag{3.23}$$

令 $a = \dfrac{2\pi r_{\mathrm{to}} U_{\mathrm{to}} K_{\mathrm{e}}}{r_{\mathrm{to}} U_{\mathrm{to}} f(t_{\mathrm{D}}) + K_{\mathrm{e}}}$，则

$$\mathrm{d}q = a(T - T_{\mathrm{e}})\mathrm{d}z \tag{3.24}$$

根据热传递的连续性，水泥环界面温度的计算公式如下：

$$T_{\mathrm{ref}} = \frac{K_{\mathrm{e}} T_{\mathrm{e}} + T r_{\mathrm{to}} U_{\mathrm{to}} f(t_{\mathrm{D}})}{r_{\mathrm{to}} U_{\mathrm{to}} f(t_{\mathrm{D}}) + K_{\mathrm{e}}} \tag{3.25}$$

套管温度用下式来计算 [25]：

$$T_{\mathrm{r}} = T_{\mathrm{ref}} + \frac{r_{\mathrm{to}} U_{\mathrm{to}} \ln \dfrac{r_{\mathrm{cem}}}{r_{\mathrm{co}}}(T - T_{\mathrm{ref}})}{K_{\mathrm{cem}}} \tag{3.26}$$

热损失模型已经广泛应用到蒸汽或者其他方式注入井过程中，用来预测流体温度和其他相关参数的井深分布。然而，从工程蒸汽注入实践来讲，蒸汽的注入参

数和套管壁面温度不是常数,而是会随着时间和深度改变而改变。因此,有必要研究地层间的非稳态传热过程。

地层内非稳态导热模型:通过热传导理论[131],在与井筒稳态传热的同一井段,地层内非稳态导热方程如下:

$$\rho_f C_f \frac{\partial T_e}{\partial t} = \lambda_f \left(\frac{\partial^2 T_e}{\partial r^2} + \frac{1}{r} \frac{\partial T_e}{\partial r} \right) \tag{3.27}$$

初始条件:当蒸汽刚开始注入时,地层温度是初始的地层温度。

$$T_{z,r,0} = T_0 + rz \cos\theta \tag{3.28}$$

内边界条件:根据热传导傅里叶定律,通过井筒和环绕地层的热通量交换在交界面上为下式所得

$$dq = 2\pi\lambda_f r dz \frac{\partial T_r}{\partial r}\bigg|_{r=r_{cem}} \tag{3.29}$$

和

$$T_w(z=0, t) = T_0 \tag{3.30}$$

对于注入井来说,初始温度是地表面温度。

外边界条件:对于无限远的地层温度,认为保持初始地层温度分布与时间独立。

$$\frac{\partial T_r}{\partial r} = 0, \quad r \to \infty \tag{3.31}$$

流体和地层的温度可以用以上两个微分方程组以及初始边界条件计算。为了方便计算,利用无因次变量 $r_D = r/r_{cem}$, $t_D = \lambda_e t/(\rho_f C_f r_{cem}^2)$,然后将自变量 r, t 无因次化,式 (3.27) 转化为

$$\frac{\partial T_e}{\partial t_D} = \left(\frac{\partial^2 T_e}{\partial r_D^2} + \frac{1}{r_D} \frac{\partial T_e}{\partial r_D} \right) \tag{3.32}$$

边界条件转化为

$$\frac{\partial T_e}{\partial r_D}\bigg|_{r_D=1} = -\frac{1}{2\pi\lambda_f} \frac{dq}{dz}, \quad \frac{\partial T_e}{\partial r_D}\bigg|_{r_D\to\infty} = 0$$

焓降:流体的热焓 h_k 可以利用下式进行计算:

$$\frac{dh_k}{dz} = C_{Pk} \frac{dT}{dz} - C_J C_{Pk} \frac{dP}{dz} \tag{3.33}$$

C_{J} 是焦耳-汤姆孙系数，可以用下式计算：

$$
\begin{cases}
C_{\mathrm{J}} = 0, & k = \mathrm{g} \\
C_{\mathrm{J}} = -\dfrac{1}{C_{Pk}\rho_k}, & k = 1
\end{cases}
$$

摩擦力做功：由于蒸汽的流动方向与摩擦力的方向相反，蒸汽流动过程中摩擦力做负功，单位时间单位长度内摩擦力所做的功为

$$
\mathrm{d}w = \frac{\tau_i \mathrm{d}z}{\mathrm{d}t} = \frac{\tau_i \mathrm{d}z}{2\mathrm{d}z/(v_{\mathrm{m}_i} + v_{\mathrm{m}_{i+1}})} = \frac{\tau_i(v_{\mathrm{m}_i} + v_{\mathrm{m}_{i+1}})}{2} \approx \tau_i v_{\mathrm{m}} \tag{3.34}
$$

式中，摩擦系数的求解采用流体力学 [132] 中介绍的计算摩擦力的方法，即

$$
\tau_i = \frac{\pi f r_{\mathrm{ti}} \rho_{\mathrm{m}} v_{\mathrm{m}}^2}{4} \mathrm{d}z \tag{3.35}
$$

将式（3.35）代入式（3.34），通过计算可得

$$
\mathrm{d}w = \frac{\pi f r_{\mathrm{ti}} \rho_{\mathrm{m}} v_{\mathrm{m}}^3}{4} \mathrm{d}z \tag{3.36}
$$

式中，f 是考虑质量传递影响的混合相与管壁的摩擦系数，是雷诺数 Re 和管壁绝对粗糙度 ε 的函数。

$$
f = \begin{cases}
Re/64, & Re \leqslant 2000 \\
\left[1.14 - 2\ln\left(\dfrac{\varepsilon}{2r_{\mathrm{ti}}} + 21.25Re^{-0.9}\right)\right]^{-2}, & Re > 2000
\end{cases}
$$

4. 耦合变温变压场模型

通过式（3.4）、式（3.22）、式（3.33）和式（3.36），气相能量方程可得

$$
C_{P\mathrm{g}}\frac{\mathrm{d}T}{\mathrm{d}z} + v_{\mathrm{m}}\frac{\mathrm{d}v_{\mathrm{m}}}{\mathrm{d}z} + g\cos\theta + \frac{\pi f r_{\mathrm{ti}} \rho_{\mathrm{m}} v_{\mathrm{m}}^3}{4} - a(T - T_{\mathrm{e}}) = 0 \tag{3.37}
$$

对于混合物速度，有以下计算式：

$$
v_{\mathrm{m}} = v_{\mathrm{g}} + v_{\mathrm{l}} = \frac{I_{\mathrm{m}}x}{\rho_{\mathrm{g}}A} + \frac{I_{\mathrm{m}}(1-x)}{\rho_{\mathrm{l}}A} \tag{3.38}
$$

所以，

$$
\frac{\mathrm{d}v_{\mathrm{m}}}{\mathrm{d}z} = R\frac{\mathrm{d}x}{\mathrm{d}z} - S\frac{\mathrm{d}P}{\mathrm{d}z} \tag{3.39}
$$

式中，$R = \dfrac{I_{\mathrm{m}}}{A}\left(\dfrac{1}{\rho_{\mathrm{g}}} - \dfrac{1}{\rho_{\mathrm{l}}}\right)$；$S = \dfrac{I_{\mathrm{m}}}{A}\left(\dfrac{x}{\rho_{\mathrm{g}}^2}\dfrac{\mathrm{d}\rho_{\mathrm{g}}}{\mathrm{d}P} + \dfrac{1-x}{\rho_{\mathrm{l}}^2}\dfrac{\mathrm{d}\rho_{\mathrm{w}}}{\mathrm{d}P}\right) = \dfrac{I_{\mathrm{m}}x}{A\rho_{\mathrm{g}}^2}\dfrac{\mathrm{d}\rho_{\mathrm{g}}}{\mathrm{d}P}$。一般来说，水相视作不可压缩流并且忽略其密度变化。

分别将式 (3.39) 代入式 (3.19) 和式 (3.37)，可以得到下列耦合微分方程组：

$$
\begin{cases}
\dfrac{\mathrm{d}P}{\mathrm{d}z} = \dfrac{-\dfrac{\tau_i S_i}{A} + \rho_\mathrm{m} g\cos\theta + \dfrac{I_\mathrm{m}}{A}R\dfrac{\mathrm{d}x}{\mathrm{d}z}}{1 - \dfrac{I_\mathrm{m}}{A}S} \\[4mm]
\dfrac{\mathrm{d}T}{\mathrm{d}z} = -\dfrac{v_\mathrm{m}}{C_{P\mathrm{g}}}\left(R\dfrac{\mathrm{d}x}{\mathrm{d}z} - S\dfrac{\mathrm{d}P}{\mathrm{d}z}\right) - \dfrac{g\cos\theta}{C_{P\mathrm{g}}} - \dfrac{\pi f r_\mathrm{ti}\rho_\mathrm{m} v_\mathrm{m}^3}{4C_{P\mathrm{g}}} + \dfrac{a(T-T_\mathrm{e})}{C_{P\mathrm{g}}} \\[4mm]
P(z_0) = P_0, T(z_0) = T_0, \mathrm{d}x(z_0) = \mathrm{d}x_0, x(z_0) = z_0
\end{cases}
\tag{3.40}
$$

一般来说，对于一阶常微分方程组有很多数值算法，如 Runge-Kutta 法、Linear-Multistep 法、Predictor-Corrector 法等。对于确定性初始条件下的一阶微分方程组来说，Runge-Kutta 法 [133] 具有方便、快捷的优点而得到广泛应用。

3.2.3 封闭条件

为了方程求解，需要给出一些未知物理量的处理过程。

1. 获得每个分点的倾斜角

$$
\theta_j = \theta_{j-1} + (\theta_k - \theta_{k-1})\Delta s_j/\Delta s_k
\tag{3.41}
$$

式中，j 表示计算点；Δs_k 表示倾斜角 θ_k 和 θ_{k-1} 之间的垂深；Δs_j 表示计算的步长。

2. 瞬态热传导函数 [26]

$$
f(t_\mathrm{D}) = \begin{cases}
1.128\sqrt{t_\mathrm{D}}(1 - 0.3\sqrt{t_\mathrm{D}}), & t_\mathrm{D} \leqslant 1.5 \\
(0.4063 + 0.5\ln t_\mathrm{D})(1 + 0.6/t_\mathrm{D}), & t_\mathrm{D} > 1.5
\end{cases}
\tag{3.42}
$$

3. 湿蒸汽密度

关于气液双相流中的水蒸气密度问题已经得到广泛研究 [45, 46]，得到了很多经验型数据公式。在此，采用 Mukherjee-Brill 模型（简称 M-B 模型）来计算混合物密度 [46]。

4. 热传导系数 U_to

根据地质分层、井身结构及井筒内流体性质与管柱结构的综合变化情况，将井筒分成若干段，在每一段内可认为 U_to 保持不变。

如图 3.3 所示，井筒包括隔热层、套管、水泥环等。

$$
\frac{1}{U_\mathrm{to}} = r_\mathrm{ti}\frac{1}{\lambda_\mathrm{ins}}\ln\left(\frac{r_\mathrm{ci}}{r_\mathrm{to}}\right) + \frac{1}{h_\mathrm{c} + h_\mathrm{r}} + r_\mathrm{ti}\frac{1}{\lambda_\mathrm{cem}}\ln\left(\frac{r_\mathrm{cem}}{r_\mathrm{co}}\right)
\tag{3.43}
$$

式中，λ_ins 和 λ_cem 分别表示隔热材料和水泥环的热传导率；h_c 表示套管内流体传热系数；h_r 表示环空辐射传热系数。

5. 饱和蒸汽和水的焓 [134]

$$h_{\mathrm{g}} = -22026.9 + 365.317T - 2.25837T^2 + 0.0073742T^3$$

$$-1.33437 \times 10^{-5}T^4 + 1.26913 \times 10^{-8}T^5 - 4.9688 \times 10^{-12}T^6 \quad (3.44)$$

$$h_{\mathrm{w}} = 23665.2 - 366.232T + 2.26952T^2 - 0.00730365T^3$$

$$+1.3024 \times 10^{-5}T^4 - 1.22103 \times 10^{-8}T^5 + 4.70878 \times 10^{-12}T^6 \quad (3.45)$$

3.3　算 法 设 计

将井深分为相等的若干段，段长的变化依靠井壁的厚度、井的直径、管内外流体的密度和井的几何形状。计算模型从井的特殊点 (井的顶端) 开始。因而气体密度、流速、气体压力和温度的计算连续不断地进行直到井的底部。根据所建立的耦合微分方程组及上面的讨论，利用 4 阶 Runge-Kutta 法 (简称 RK4 法) 计算。

根据以上设计如下算法，算法框架图参见图 3.4。

步骤 1: 设定步长 h。另外，相对误差设为 ε。$\Delta\lambda, \varepsilon$ 越小，结果就越准确，但是会增加计算时间。在计算过程中，设 $\Delta h = 50\mathrm{m}, \Delta\lambda = 1$ 和 $\varepsilon = 5\%$。$\Delta\lambda$ 是 RK4 法的计算步长。

步骤 2: 给出初始条件，令 $h = 0$。

步骤 3: 计算基于初始条件的参数或者上一个井筒深度变量，令 $\lambda = 0$。

步骤 4: 用 f_i 表示微分方程组的右半部分，$i = 1, 2$。可以得到一组微分方程组:

$$\begin{cases} f_1 = \dfrac{-\dfrac{\tau_i}{A} + \rho_{\mathrm{m}}g\cos\theta + \dfrac{I_{\mathrm{m}}}{A}R\dfrac{\mathrm{d}x}{\mathrm{d}z}}{1 - \dfrac{I_{\mathrm{m}}}{A}S} \\[4mm] f_2 = -\dfrac{v_{\mathrm{m}}}{C_{Pg}}\left(R\dfrac{\mathrm{d}x}{\mathrm{d}z} - S\dfrac{\mathrm{d}P}{\mathrm{d}z}\right) - \dfrac{g\cos\theta}{C_{Pg}} - \dfrac{\pi f r_{\mathrm{ti}}\rho_{\mathrm{m}}v_{\mathrm{m}}^3}{4C_{Pg}} + \dfrac{a(T - T_{\mathrm{e}})}{C_{Pg}} \end{cases}$$

步骤 5: 令 P_j, T_j 分别是 y_i^j ($i = 1, 2$)。基本参数可得: $a_i = f_i(y_1^j, y_2^j)$。

步骤 6: 令 $T = T_j + \dfrac{\Delta\lambda a_2}{2}$，用以下方程求得 T_{e}。

$$\begin{cases} \dfrac{\partial T_{\mathrm{e}}}{\partial t_{\mathrm{D}}} = \left(\dfrac{\partial^2 T_{\mathrm{e}}}{\partial r_{\mathrm{D}}^2} + \dfrac{1}{r_{\mathrm{D}}}\dfrac{\partial T_{\mathrm{e}}}{\partial r_{\mathrm{D}}}\right) \\[3mm] T_{\mathrm{e}}|_{t_{\mathrm{D}}=0} = T_0 + rz\cos\theta \\[3mm] \dfrac{\partial T_{\mathrm{e}}}{\partial r_{\mathrm{D}}}\bigg|_{r_{\mathrm{D}}=1} = -\dfrac{1}{2\pi\lambda_{\mathrm{f}}}\dfrac{\mathrm{d}q}{\mathrm{d}z} \\[3mm] \dfrac{\partial T_{\mathrm{e}}}{\partial r_{\mathrm{D}}}\bigg|_{r_{\mathrm{D}}\to\infty} = 0 \end{cases}$$

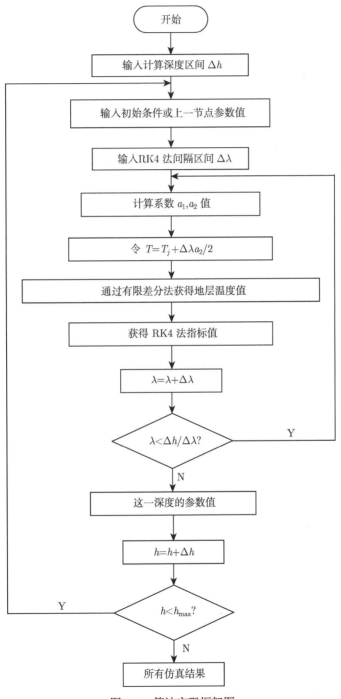

图 3.4　算法实现框架图

令 $T_{e,j}^i$ 表示在注入时间 i、半径 j 以及井筒深度 z 的地层温度。有限差分方法应用于离散化方程组，如下：

$$\frac{T_{e,j}^{i+1} - T_{e,j}^i}{\varphi} = \frac{T_{e,j+1}^{i+1} - 2T_{e,j+1}^j + T_{e,j+1}^{i-1}}{\xi^2} - \frac{T_{e,j+1}^{i+1} - T_{e,j}^{i+1}}{r_D\varphi}$$

式中，φ 是时间间隔；ξ 是空间间隔。它们可以转换为以下标准形式：

$$-\left(\varphi + \frac{\varphi\xi}{r_D}\right)T_{e,j+1}^{i+1} + \left(2\varphi + \frac{\varphi\xi}{r_D}\right)T_{e,j}^{i+1} - \varphi T_{e,j-1}^{i+1} = \xi^2 T_{e,j}^i$$

然后，微分的方法应用于离散化边界条件。对于 $r_D = 1$，

$$T_{e,2}^{i+1} - \left(1 + \frac{a\xi}{2\pi\lambda_f}\right)T_{e,1}^{i+1} = \frac{aT_k}{2\pi\lambda_f}$$

式中，T_k 表示起始点温度。

对于 $r_D = N$，有

$$T_{e,n}^{i+1} - T_{e,n-1}^{i+1} = 0$$

可以得到地层温度的解。在此步骤中，离散化的地层温度如下列矩阵所示：

$$\begin{bmatrix} T_{e,1}^1 & T_{e,1}^2 & \cdots & T_{e,1}^i & \cdots \\ T_{e,2}^1 & T_{e,2}^2 & \cdots & T_{e,2}^i & \cdots \\ \vdots & \vdots & & \vdots & \\ T_{e,j}^1 & T_{e,j}^2 & \cdots & T_{e,j}^i & \cdots \\ \vdots & \vdots & & \vdots & \\ T_{e,n}^1 & T_{e,n}^2 & \cdots & T_{e,n}^i & \cdots \end{bmatrix}$$

式中，i 表示注入时间；j 表示注入半径。

步骤 7：令 T_e 在 $r_D = 1$ 时，能够得到 $(i = 1, 2)$：

$$\begin{cases} b_i = f_i(y_1 + \Delta\lambda a_1/2, y_2 + \Delta\lambda a_2/2) \\ c_i = f_i(y_1 + \Delta\lambda b_1/2, y_2 + \Delta\lambda b_2/2) \\ d_i = f_i(y_1 + \Delta\lambda c_1, y_2 + \Delta\lambda c_2) \end{cases}$$

步骤 8：计算在深度 $j+1$ 下的压力值和温度：

$$y_n^{j+1} = y_n^j + \Delta\lambda(a_n + 2b_n + 2c_n + d_n)/6, \quad n = 1, 2$$

步骤 9：计算在深度 $j+1$ 下的干度值：

$$x_{j+1} = e^{-\frac{C_2 z}{C_1}}\left(-\frac{C_3}{C_2}e^{-\frac{C_2 z}{C_1}} + x_0 + \frac{C_3}{C_2}\right)$$

式中，C_1, C_2 和 C_3 的值可以利用在深度 j 下的温度和压力值来计算。

步骤 10：计算干度降：$\dfrac{\mathrm{d}x}{\mathrm{d}z} = \dfrac{x_{j+1} - x_j}{\Delta h}$。

步骤 11：令 $\lambda = \lambda + \Delta\lambda$，重复步骤 4～步骤 9 直到 $\lambda \geqslant \Delta h / \Delta\lambda$。

步骤 12：令 $h = h + \Delta h$，重复步骤 3～步骤 10 直到 $h \geqslant h_{\max}$。

3.4 油井应用

计算模型从井的顶端开始，连续不断地进行计算直到井的底部。因为缺少对此完井的实验应用，将模型值与测量值进行对比以测试此模型的有效性。

3.4.1 完井描述

以 X 井为例对井筒的参数分布进行初步模拟计算，计算中所采用的原始数据为：井深为 1300m；地表温度为 16℃；地热传导系数为 2.06W/(m·℃)；地温梯度为 0.0218℃/m；管壁内表面粗糙系数为 0.000015；有关参数参见表 3.1～表 3.3。

表 3.1 油管参数

直径/m	壁厚/m	米重/kg	热膨胀系数	弹性模量/GPa	泊松比	使用长度/m
0.0889	0.01295	23.79	0.0000115	215	0.3	270
0.0889	0.00953	18.28	0.0000115	215	0.3	120
0.0889	0.00734	15.04	0.0000115	215	0.3	620
0.0889	0.00645	13.58	0.0000115	215	0.3	290

表 3.2 套管参数

测深/m	通径/m	外径/m
336.7	0.15478	0.1778
422.6	0.1525	0.1778
1300.0	0.10862	0.127

表 3.3 井斜角、方位角和垂直深度

编号	测深/m	井斜角/(°)	方位角/(°)	垂直深度/m	编号	测深/m	井斜角/(°)	方位角/(°)	垂直深度/m
1	135	2.63	241.01	134.72	7	486	2.93	269.07	485.47
2	278	1.23	237.86	277.91	8	514	1.03	297.55	513.83
3	364	1.43	213.86	363.82	9	543	3.58	324.51	541.74
4	393	2.17	26.38	392.53	10	571	2.98	303.05	570.43
5	422	1.85	44.56	421.28	11	600	2.03	204.74	599.42
6	450	0.82	191.12	449.62	12	628	2.34	164.33	627.28

续表

编号	测深/m	井斜角/(°)	方位角/(°)	垂直深度/m	编号	测深/m	井斜角/(°)	方位角/(°)	垂直深度/m
13	660	1.85	195.28	659.56	22	1058	4.01	244.59	1055.58
14	723	3.14	214.84	721.70	23	1089	4.98	228.2	1084.17
15	782	0.98	216.48	781.30	24	1132	3.75	233.88	1129.28
16	830	2.15	229.31	829.12	25	1174	5.63	235.14	1168.87
17	860	2.67	244.03	859.71	26	1204	4.23	234.38	1200.99
18	908	4.85	266.62	904.08	27	1235	3.87	234.99	1232.08
19	928	6.72	258.78	921.42	28	1268	4.97	232.57	1263.45
20	972	2.03	236.88	971.71	29	1300	8.84	233.28	1284.96
21	1025	4.78	239.27	1021.25					

3.4.2　趋势分析

从实际工程应用的角度，模型在一定设定参数下进行仿真模拟（注入压力为 14MPa，注入速度为 7t/h，注入时间考虑为 11 天）。蒸汽干度、蒸汽压力、蒸汽温度以及套管温度的结果分别如图 3.5～图 3.8 所示。

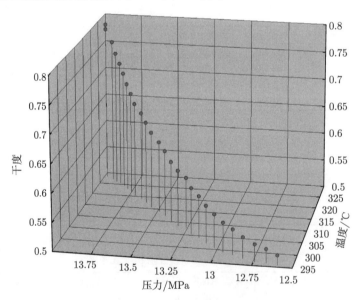

图 3.5　变温变压场下的干度曲线

趋势分析主要是用来测试模型的正确性，主要分析压力、温度以及干度等参数沿井筒的分布。

通过计算可以发现干度值随着井深的增加而逐渐降低，主要原因是蒸汽注入油层后质量流量变得越来越小，使得流速减小，导致井筒中热损失变大，蒸汽干度大幅度降低。初始注入干度值为 0.78 的情况下，到达井筒底部 1300m 处变为 0.52。

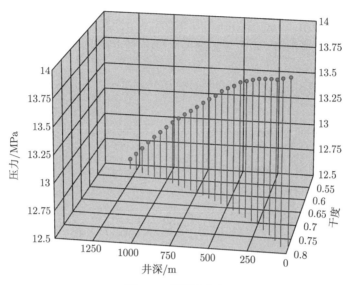

图 3.6　变压场分布

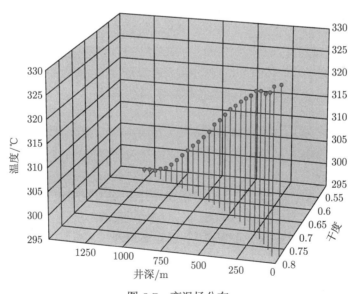

图 3.7　变温场分布

　　注入过程中的流体是气液混合流体，并且在流动的过程中伴随着能量损失。图 3.6 显示了沿程压力和井筒深度以及干度之间的关系。从图 3.6 可以看到压力并非均匀分布，而是随着井筒深度的增加逐渐降低，最低的压力值在井底，为

12.6MPa。流体速度和蒸汽质量沿着井筒减小，压力降低，蒸汽的摩擦阻力也开始变小，所以压降变化变小。湿饱和蒸汽的温度和压力之间有一定的函数关系，因此湿饱和蒸汽的温度变化与压力变化呈现相似的规律，注入效果如图 3.7 和图 3.8 所示，井底蒸汽温度、套管温度、水泥环温度及地层温度分别是 295.7℃、132.8℃、102.7℃和 49.5℃。

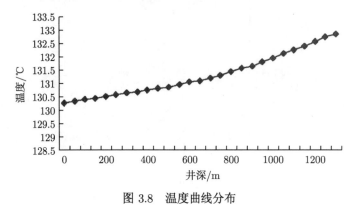

图 3.8　温度曲线分布

3.4.3　敏感性分析

　　蒸汽注入压力和注入速度是两个影响注入过程的重要参数。为了研究不同的注入压力和注入速度对注入过程的影响，分别考察三个不同的数值。一是在井端的注入压力，它主要会影响流体温度、蒸汽干度及套管温度。合适的注入压力不仅能够提高稠油开采水平，而且能够减小套管损坏程度。将三种注入压力值（12MPa、14MPa和 16MPa）分别进行注入测试仿真应用。另外是注入速度，为了测试不同注入速度对模型的影响，分别采用三种不同的注入速度值（6t/h、7t/h 和 8t/h）。井越深，油层压力越高，隔热层的出口压力越大，所能注入的流量就会越小，因此在设计注入方案时，如果注入速度太快，则计算结果是没有参考意义的。徐明海等 [135] 根据注入过程中油管和流体的情况，提出了有关流动和油层渗流相互协调的数学模型，得到了一定注入条件下最大注入流量的计算方法。此外，管径、入射角以及绝缘层厚度等也会对注入效果产生重要影响。为了更好地观测敏感性趋势，采用一维投影图来观测效果。

　　1. 注入速度

　　在蒸汽注入的设计中，注入速度是一个非常重要的参数，因为它不仅影响原油产出，而且决定注入成本。这是因为对于固定的蒸汽注入量，高速注入时漏失到非产油层的动能少，受热的半径大，对于注蒸汽增产效果有利。但如果注入速度过快，会造成油层破裂，使注入的蒸汽窜流到远离注入井的地方，井筒附近的地层得不到有效的加热。图 3.9~图 3.11 分别显示了在不同注入速度条件下的干度、压力及套管温度值（井端注入干度为 0.78、注入温度为 330℃ 和注入压力为 14MPa）。

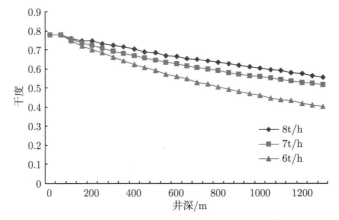

图 3.9 不同注入速度下井筒干度分布曲线

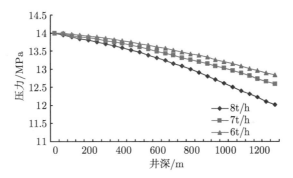

图 3.10 不同注入速度下井筒压力分布曲线

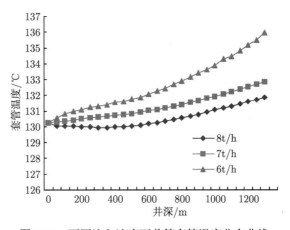

图 3.11 不同注入速度下井筒套管温度分布曲线

在同样的井深下，干度值随着注入速度的增加而增加。如图 3.9 所示，当注入速度为 6~8t/h 时，井底干度为 0.404~0.555。这是因为蒸汽干度损失可以被更快的蒸汽注入速度补充。在相同的时间内，蒸汽的热传递及焓降都比较小，造成干度变化也比较小。随着流速的降低，井筒内部的热损失将会增加，从而造成干度的显著下降。但是，随着注入速度的增加，井底干度增加的趋势将会变小。如图 3.9 所示，在注入速度为 7t/h 时，井底干度几乎与注入速度 8t/h 时一致。所以，推荐采用的注入速度为 7t/h。

不同注入速度下井筒压力分布曲线如图 3.10 所示，显然蒸汽速度越大，井筒中压降越大。当注入速度为 6~8t/h 时，井底压力为 12.832~12.01MPa。事实上，通过动量守恒方程可以看到压降包括三种主要作用：重力作用、摩擦力作用及加速度作用。重力作用会导致压降增加，而另外两者则导致压降减小。随着注入速度的增加，摩擦力效应及加速度效应会增加，从而导致压降增加。实际上，如果流速很低，压力会随着井深的增加而增加。蒸汽温度也和蒸汽压力有着类似的趋势。

井筒套管温度也受注入速度的影响。如图 3.11 所示，在相同的注入压力和不同的注入速度下，套管温度明显显示出不同的趋势曲线。在不同的注入速度下，相同的初始顶端套管温度导致不同的井底套管温度值。这主要是因为随着注入速度增加，摩擦力会变大从而导致热损失增加，蒸汽温度沿程降低增大，所以蒸汽向地层传递的热量减小，套管吸收的热量随着井深减小，套管的温度降加快。注入速度为 6~8t/h 时，井底温度为 135.97~131.87℃。

2. 注入压力

蒸汽注入压力对蒸汽干度和套管温度有重要影响。合理的注入压力能够使蒸汽吞吐和蒸汽驱油效果达到最佳，同时可以防止套管损坏。图 3.12 和图 3.13 分别显示不同注入压力下的干度和套管温度值 (井端干度为 0.78；注入速度为 7t/h)。

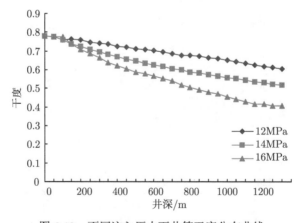

图 3.12　不同注入压力下井筒干度分布曲线

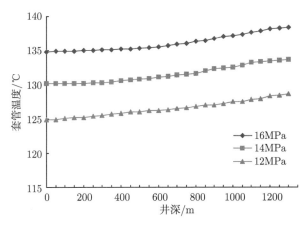

图 3.13 不同注入压力下套管温度分布曲线

井底干度作为注入过程中最重要的参考指标,将会影响蒸汽进入油层实际的数量。注入压力对干度有着显著影响。如图 3.12 所示,随着注入压力的增加,蒸汽干度不断减小。井底干度值从注入压力 12MPa 时 0.61 减小到 16MPa 时 0.41。Ali[24]也发现了这类现象。主要原因是蒸汽温度随着蒸汽压力的增加而增加,从而导致热传递增加,干度下降变快。

套管温度沿井筒的分布由传递的热量和传热系数决定,如前面的热传导讨论,热传递过程中一系列的热阻,最后被井筒周围的地层所吸收。基于一系列的假设(不考虑管柱热阻效应;管柱和套管由金属材料构成,具有较高的热传导率;环空管的辐射效应也忽略),则在确定的热传导系数下,温度越高,传递的热量就越多。对于饱和蒸汽,压力决定温度。所以注入压力越大,套管温度就越高,套管温度随井深增加而增加,但是幅度慢慢变小。这种趋势如图 3.13 所示。当注入压力为 16MPa 时,井口套管温度为 134.8℃;当注入压力为 12MPa 时,井口套管温度为 124.9℃。

3. 管径

在保持其他参数不变的情况下,两种不同的管径用于试井数值模拟(88.9mm 和 73mm)。井端注入干度为 0.78、注入温度为 330℃、注入压力为 14MPa 和注入速度为 7t/h。

如图 3.14 所示,井底干度随着管径的改变而改变。在同样的井深情况下,干度值随着管径的增加而降低。这种现象同样被 Wang 等[121]观测到。主要原因是随着管径的增加,蒸汽流动速度减小,而加热半径增大,这将导致热传递的增加,所以井底干度减小。但是图 3.14 同样显示,影响的程度在减小。当管径由 88.9mm 减少为 73mm 时,井底干度由 0.502 增加为 0.517。一般来说,管径对干度会产生影响，但是影响程度很小。

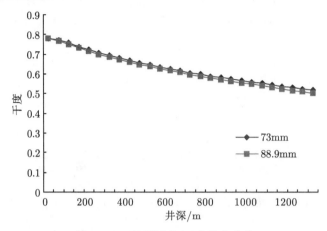

图 3.14   不同管径下干度分布曲线

图 3.15 所示为不同管径下的压力数值。在相同井深条件下，压力随着管径的增加而增加。当管径由 73mm 增加为 88.9mm 时，井底压力由 12.48mm 增加为 12.59MPa。主要原因是随着管径增加，摩擦效应增加，从而导致压力降减小。

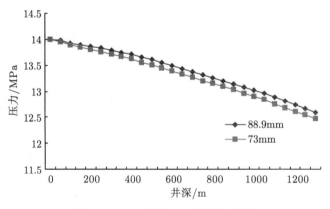

图 3.15   不同管径下压力分布曲线

4. 隔热层厚度

显然，隔热层厚度是影响蒸汽干度的一个重要因素，对设计蒸汽注入影响显著。井端注入干度为 0.78、注入温度为 330℃、注入压力为 14MPa 和注入速度为 7t/h。

因为在模型中没有参数是直接反映隔热层厚度的，所以这里用热传导系数来近似隔热层厚度。如图 3.16 所示，当管柱的热传导系数为 0.9~0.52W/(m·K) 时，井底干度为 0.44~0.52。隔热层厚度对干度有着显著影响。从理论上讲，隔热层越薄，则井底干度越大。但是，从工程实践的角度讲，当隔热层达到一定厚度时，井底干度值不会得到明显改善并且由此带来的材料成本将提高。

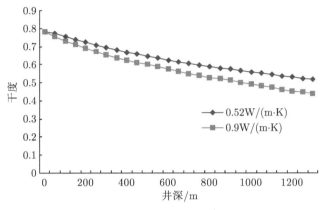

图 3.16   不同隔热层下干度分布曲线

5. 入射角

在模型中考虑并仿真入射角的影响。在保持其他参数不变的情况下，令造斜率为 2°/30m~4°/30m。井端注入干度为 0.78、注入温度为 330℃、注入压力为 14MPa 和注入速度为 7t/h。

如图 3.17 所示，入射角对干度沿程变化影响非常小。这主要是因为定向井井斜角一般小于 45°，造斜率较小，狗腿度一般较小 (4°/30m~6°/30m)。

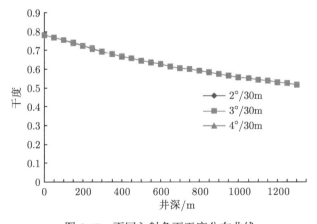

图 3.17   不同入射角下干度分布曲线

3.4.4　对比分析

Bahonar 等[36]的模型（忽略了摩擦力做功，利用焓的经验数据公式）和本书模型以及同样忽略摩擦力做功的模型在对比分析中应用。干度在井筒各个深度的测量值以及对比结果如图 3.18 所示。井端注入干度为 0.78、注入温度为 330℃、注入压力为 14MPa 和注入速度为 7t/h。

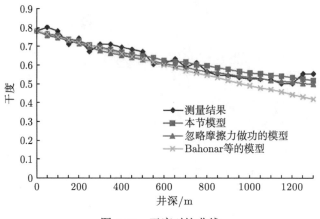

图 3.18　干度对比曲线

如图 3.18 所示，四组数据显示了较好的一致性。摩擦力做功的效果也可以看出，在固定深度的情况下，井筒干度值要稍稍大于 Bahonar 等的模型及忽略了摩擦力做功的模型。主要原因是摩擦力做负功，造成了热损失的减少，从而使干度值提高。由式（3.33），效果将会随着注入速度的增加而增强。

3.5　本 章 小 结

本章建立了基于质量、动量及能量守恒的耦合微分方程模型，设计了有限差分和 4 阶 Runge-Kutta 混合算法，通过对实际完井的计算，结果显示预测数据和测量数据具有较好的一致性，验证了模型及算法的有效性。模型显示注入过程中，选择正确的注入速度对成本和采油效果影响显著。在蒸汽注入过程中，减小井筒中径向传热损失有益于蒸汽到达井底时干度的提高，从而可以显著提高蒸汽效果和采油效率。虽然模型设计是基于斜井，但是对水平井和垂直井依然是适用的。

第4章 生产过程单相气 (油) 流动关键参数预测模型和过程优化研究

在油气田开发过程中, 流相在井筒内的流动复杂性主要表现在井筒内的流动压力、温度、速度和密度随井深呈非线性变化。正确地预测气 (油) 井井筒参数分布, 有利于进行生产系统动态分析和生产设施的优化设计。对于高温高压和含腐蚀性介质 (如硫) 气井, 参数的预测对预防钢材的氢脆断裂有着更为重要的意义[8]。单相流行为, 主要针对两类研究状况: 一是对于高含气 (油) 井来说, 为了简化问题, 往往考虑流体在井筒内呈现单相流动; 二是对于气液双相流, 借助相关拟合系数, 通常也可以考虑成单相流行为。

4.1 单相气 (油) 稳定流动关键参数预测模型

在传统节点系统分析的仿真模型中, 一般将井口参数作为已知量, 井筒流体参数假设为线性分布, 利用统计数据进行系数拟合。实际上, 井口参数随油井产量的改变而呈非线性变化, 使用线性拟合会导致系统设计结果与实际情况相差较大。在实际模拟过程中, 由于一些井筒工艺参数变化属于慢瞬变范畴, 变化幅度较小, 以及管路稳定工作时, 各参数随时间的变化很小, 可以利用稳态模型来仿真管路工作状况。

4.1.1 问题描述

在油气田开发过程中, 取得井筒内参数分布的途径一般有两种: 一是在井筒中布置一定数量的测量工具, 如压力计和温度计; 二是仅实测井底或井口参数分布, 采用理论分析方法预测整个井筒的参数分布。对于高温高压油气井, 有时很难进行压力计、温度计的操作, 温度的升高对测试仪电路的影响非常大, 很多故障是由芯片温度过高导致的, 如电学参数漂移、硅片连线故障、封装故障、电迁移等[136]。因此, 切实可行的方法是采用理论分析手段对相关参数分布进行预测。

Kirkpatrick 提供了温度梯度图版来预测自喷井温度分布, 利用该图版可预测注气点处气举阀的温度[137]。Ramey 给出了针对单相不可压缩液体和单相理想气体在井筒流动时温度分布的近似求解公式[18]。Shiu 和 Beggs 采用现场数据统计重新拟合了 Ramey 公式中的系数, 简化了公式[40]。Hoberock 等提出的模型模拟了流动的动力学特性，并提出了求解垂直管线中压力的动量方程。他们将双相流动区的特性参数按一个平均的参数进行计算[138]。后期，有很多研究成果对经验公式进行了相关改进，得到了更为有效的拟合系数[10,12,41,55,139-141]。Wu 等对单相流稳态模型进行了研究，在工程上进行仿真，效果显著[56]。

主要以单相流气井为例，建立井筒单相流稳态模拟机理模型，利用牛顿定律和热力学第一守恒定律，对井筒流体行为进行建模及仿真，得到常微分方程组，并利用微分方程理论对模型的适定性进行讨论。采用 4 阶 Runge-Kutta 算法进行数值求解，计算结果更加快速、准确，并且可以推广到斜直井 (模型可适于斜直井)、任意完井方式、任意环空液面深度及非均质地层的情况。

4.1.2　模型构建

通过对以上文献的分析，大部分文献研究的对象针对垂直井或者水平井，而非深（超深）斜井。然而石油工业向着超深、高温高压方向发展，把井口参数分布近似为线性分布的做法往往会存在较大误差，进而导致系统设计结果与实际情况相差较大。

1. **基本假设与符号表示**

在建立模型之前，需要介绍以下基本假设条件。

（1）气体流动状态为一维稳态单相流动。

（2）从井筒到第二界面的传热为一维稳态传热，从第二界面到井筒周围地层的传热为一维非稳态传热。

（3）油套管同心。

表 4.1 中符号将用于建模过程中。

表 4.1　符号表示

符号	含义	符号	含义
A	导管面积（m^2）	T_k	第二界面温度（K）
θ	井斜角（°）	f_{t_D}	时间函数（无因次）
d	水力直径（m）	t	生产时间（s）
Z	管柱长度（m）	t_D	时间（无因次）
w	气相质量流量（kg/m）	M	气相分子质量（kg/mol）
ρ	流相密度（kg/m^3）	R	气相常数 [8.314J/(mol·K)]
v	流相速度（m/s）	T_{pc}	临界温度（K）
P	流相压力（MPa）	T_{pr}	对比温度（无因次）
T	流相温度（K）	P_{pc}	临界压力（Pa）
g	重力加速度（m/s^2）	P_{pr}	对比压力（无因次）
f	摩擦因子（无因次）	Z_g	气相压缩因子
q	热通量 [W/(m·s)]	Re	雷诺数（无因次）

续表

符号	含义	符号	含义
h	热焓（J^2/s^2）	Gr	高夫数（无因次）
C_{J}	焦耳–汤姆孙系数（K/Pa）	k_{cas}	隔热层导热系数
C_P	热流系数 [W/(kg·K)]	$P_{\text{pr}}k_{\text{cem}}$	环空辐射传热系数 [W/(m·K)]
r_{ti}	油管内径（m）	T_e	地层初始温度（K）
r_{to}	油管外径（m）	U_{to}	总传热系数 [W/(m·K)]
K_e	地层热导率 [W/(m·K)]		

2. 物理模型

物理模型是数学模型建立的基础，如图 3.3 所示，气体在井筒中流动，同时会通过油管、环空气柱、套管、水泥环，最后与地层作热流交换；套管和油管的直径是常数；相对于长度来说，半径通常是比较小的。在初始阶段，流体以常数速率从底部流向顶部；流体方向产生的热传导以及摩擦传热在模型中忽略。流体在流动过程中，热能量向地层损失（只考虑径向方向）；初始地层温度随着井深线性增加，即地温梯度是一个常数。

考虑图 4.1 所示的流体系统，一个倾斜角为 θ 的直圆柱套管，流体面积为常数 A，水力直径为 d，管柱总长为 Z。从底端流到上面，在流动方向上流体经过的距离为 z。

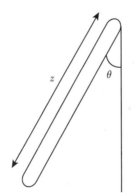

图 4.1　流体系统示意图

3. 数学模型

根据流体力学和热力学第一准则 [142]，以及流体的温度、压力、流速、密度之间的相互关系进行模型建立。

1）质量守恒

一个给定控制体积内的流体质量是密度和体积的乘积；而体积率是面积（当井

筒面积沿长度不一致时取平均面积) 和流体速度的乘积。所以, 稳态条件下的质量守恒方程可以写为以下形式:

$$\frac{\mathrm{d}(\rho A v)}{\mathrm{d}z} = 0 \tag{4.1}$$

可以改写为

$$\rho \frac{\mathrm{d}v}{\mathrm{d}z} + v \frac{\mathrm{d}\rho}{\mathrm{d}z} = 0 \tag{4.2}$$

2) 动量守恒

对于稳态流体系统来讲, 总压力梯度 $\dfrac{\mathrm{d}P}{\mathrm{d}z}$ 可以由举升梯度 $\rho g \cos\theta$、摩擦力梯度 $\dfrac{\rho f v^2}{2d}$ 和加速度梯度 $\rho v \dfrac{\mathrm{d}v}{\mathrm{d}z}$ 组成。所以,

$$\frac{\mathrm{d}P}{\mathrm{d}z} = -\rho v \frac{\mathrm{d}v}{\mathrm{d}z} + \rho g \cos\theta - \frac{\rho f v^2}{2d} \tag{4.3}$$

可以改写为

$$\frac{1}{\rho} \frac{\mathrm{d}P}{\mathrm{d}z} = -v \frac{\mathrm{d}v}{\mathrm{d}z} + g \cos\theta - \frac{f v^2}{2d} \tag{4.4}$$

3) 能量守恒

以井底作为横坐标起始点, 垂直方向作为正方向, 流体进微元体在 $\mathrm{d}z$ 段状态参数为 (P, T) 时具有的能量为内能 $E(z)$、压能 $P(z)v(z)$、动能 $\frac{1}{2}mv^2(z)$ 及位能 $mgz\cos\theta$。内能和压能的和即流体的通量: $H(z) = E(z) + P(z)v(z)$。流体出微元体时所具有的能量为内能 $E(z+\mathrm{d}z)$、压能 $P(z+\mathrm{d}z)v(z+\mathrm{d}z)$、动能 $\frac{1}{2}mv^2(z+\mathrm{d}z)$、压力梯度 $\dfrac{\mathrm{d}P}{\mathrm{d}z}$ 及位能 $mg(z+\mathrm{d}z)\cos\theta$。令 $\mathrm{d}Q$ 为穿过井筒的径向传热量。

根据能量守恒定律[110]: 流体进微元体时具有的能量, 等于流体在微元体内的能量损失加上流体出微元体时具有的能量及蒸汽流摩擦损失的能量。

能量方程可以表示为

$$H(z) + \frac{1}{2}mv^2(z) - mgz\cos\theta = H(z+\mathrm{d}z) + \frac{1}{2}mv^2(z+\mathrm{d}z) - mg(z+\mathrm{d}z)\cos\theta + \mathrm{d}Q \tag{4.5}$$

根据第 3 章讨论, 方程可以变形为

$$\frac{\mathrm{d}q}{\mathrm{d}z} = -\frac{\mathrm{d}h}{\mathrm{d}z} - v\frac{\mathrm{d}v}{\mathrm{d}z} + g\cos\theta \tag{4.6}$$

$$\frac{\mathrm{d}q}{\mathrm{d}z} = \frac{2\pi r_{\mathrm{to}} U_{\mathrm{to}} K_{\mathrm{e}}}{w[k_{\mathrm{e}} + f(t_{\mathrm{D}})r_{\mathrm{to}}U_{\mathrm{to}}]}(T - T_{\mathrm{e}}) \tag{4.7}$$

根据动力学基本原理可得方程 (4.6) 中的热焓为

$$\frac{\mathrm{d}h}{\mathrm{d}z} = \left(\frac{\partial h}{\partial P}\right)_T \frac{\mathrm{d}P}{\mathrm{d}z} + \left(\frac{\partial h}{\partial T}\right)_P \frac{\mathrm{d}T}{\mathrm{d}z} \tag{4.8}$$

式中, $\left(\dfrac{\partial h}{\partial T}\right)_P = C_P$。

由焦耳–汤姆孙系数的定义, 可得

$$\left(\frac{\partial h}{\partial T}\right)_P = C_P \tag{4.9}$$

所以,

$$\left(\frac{\partial h}{\partial P}\right)_T = -C_{\mathrm{J}}C_P \tag{4.10}$$

流体的热焓变化为

$$\frac{\mathrm{d}h}{\mathrm{d}z} = -C_{\mathrm{J}}C_P\frac{\mathrm{d}P}{\mathrm{d}z} + C_P\frac{\mathrm{d}T}{\mathrm{d}z} \tag{4.11}$$

由式 (4.6)、式 (4.8) 和式 (4.11), 可得

$$\frac{2\pi r_{\mathrm{to}}U_{\mathrm{to}}K_{\mathrm{e}}}{w[k_{\mathrm{e}}+f(t)r_{\mathrm{to}}U_{\mathrm{to}}]}(T-T_{\mathrm{e}}) - C_{\mathrm{J}}C_P\frac{\mathrm{d}P}{\mathrm{d}z} + C_P\frac{\mathrm{d}T}{\mathrm{d}z} + v\frac{\mathrm{d}v}{\mathrm{d}z} - g\cos\theta = 0 \tag{4.12}$$

令 $a = \dfrac{2\pi r_{\mathrm{to}}U_{\mathrm{to}}K_{\mathrm{e}}}{w[k_{\mathrm{e}}+f(t)r_{\mathrm{to}}U_{\mathrm{to}}]}$, k_{e} 指地层导热系数, 则方程 (4.12) 能改写为

$$a(T-T_{\mathrm{e}}) - C_{\mathrm{J}}C_P\frac{\mathrm{d}P}{\mathrm{d}z} + C_P\frac{\mathrm{d}T}{\mathrm{d}z} + v\frac{\mathrm{d}v}{\mathrm{d}z} - g\cos\theta = 0 \tag{4.13}$$

由气体状态方程 $\rho = \dfrac{MP}{RZ_{\mathrm{g}}T}$, 有

$$T\frac{\mathrm{d}\rho}{\mathrm{d}z} + \rho\frac{\mathrm{d}T}{\mathrm{d}z} = \frac{M}{RZ_{\mathrm{g}}}\frac{\mathrm{d}P}{\mathrm{d}z} \tag{4.14}$$

组合式 (4.2)、式 (4.4)、式 (4.13) 和式 (4.14), 可得温度、压力、密度、流速的耦合微分方程组

$$\begin{cases}
\dfrac{\mathrm{d}T}{\mathrm{d}z} = C_{\mathrm{J}}\dfrac{\mathrm{d}P}{\mathrm{d}z} + \dfrac{\left[\dfrac{v^2}{\rho}\dfrac{\mathrm{d}\rho}{\mathrm{d}z} + g\cos\theta - a(T-T_{\mathrm{e}})\right]}{C_P} \\[4mm]
\dfrac{\mathrm{d}P}{\mathrm{d}z} = v^2\dfrac{\mathrm{d}\rho}{\mathrm{d}z} - \rho g\cos\theta - \dfrac{f\rho v^2}{2d} \\[4mm]
\dfrac{\mathrm{d}\rho}{\mathrm{d}z} = \dfrac{\left(C_{\mathrm{J}}\rho - \dfrac{M}{RZ_{\mathrm{g}}}\right)\left(\rho g\cos\theta + \dfrac{f\rho v^2}{2d}\right) + \dfrac{\rho a(T-T_{\mathrm{e}}) - \rho g\cos\theta}{C_P}}{T + v^2\left(\dfrac{1}{C_P} + C_{\mathrm{J}}\rho - \dfrac{M}{RZ_{\mathrm{g}}}\right)} \\[4mm]
\dfrac{\mathrm{d}v}{\mathrm{d}z} = -\dfrac{v}{\rho}\dfrac{\mathrm{d}\rho}{\mathrm{d}z}
\end{cases} \tag{4.15}$$

其初始条件为: $P(z_0) = P_0, T(z_0) = T_0, \rho(z_0) = \dfrac{MP_0}{RZ_{\mathrm{g}}}, v(z_0) = \dfrac{w}{A\rho_0}$。

4.1.3　算法设计

将井深分为相等的若干段, 段长的变化依靠井壁的厚度、井的直径、管内外流体的密度和井的几何形状。计算模型从井的特殊点 (井的底端) 开始。因而气体密度、流速、气体压力和温度的计算连续不断地进行直到井的顶部。根据所建立的耦合微分方程组及上面的讨论, 利用 4 阶 Runge-Kutta 法计算。具体算法如下。

步骤 1: 获得每个分点的倾斜角。

$$\theta_j = \theta_{j-1} + (\theta_k - \theta_{k-1})\Delta s_j/\Delta s_k \tag{4.16}$$

式中, j 表示计算点; Δs_k 表示倾斜角 θ_k 和 θ_{k-1} 之间的垂深; Δs_j 表示计算的步长。

步骤 2: 计算气体压缩因子 Z_{g}。

若 $(P < 35\mathrm{MPa})$

$$\begin{aligned}
Z_{\mathrm{g}} = 1 + &\left(0.31506 - \frac{1.0467}{T_{\mathrm{pr}}} - \frac{0.5783}{T_{\mathrm{pr}}^3}\right)\rho_{\mathrm{pr}} \\
&+ \left(0.053 - \frac{0.6123}{T_{\mathrm{pr}}}\right)\rho_{\mathrm{pr}}^2 + 0.6815\frac{\rho_{\mathrm{pr}}^2}{T_{\mathrm{pr}}^3}
\end{aligned} \tag{4.17}$$

式中, $\rho_{\mathrm{pr}} = 0.27\dfrac{P_{\mathrm{pr}}}{T_{\mathrm{pr}}}$; $T_{\mathrm{pr}} = \dfrac{T}{T_{\mathrm{pc}}}$; $P_{\mathrm{pr}} = \dfrac{P}{P_{\mathrm{pc}}}$。

否则

$$\begin{aligned}
Z_{\mathrm{g}} = &\left(90.7x - 242.2x^2 + 42.4x^3\right)y^{1.18+2.82x} \\
&- \left(14.76x - 9.76x^2 + 4.58x^3\right)y + \frac{1 + y + y^2 + y^3}{(1-y)^3}
\end{aligned} \tag{4.18}$$

其中,

$$\begin{aligned}
F(y) = &-0.06125P_{\mathrm{pr}}xe^{-1.2(1-x)^2} + (90.7x - 242.2x^2 + 42.4x^3)y^{2.18+2.82x} \\
&+ \frac{y + y^2 + y^3 - y^4}{(1-y)^3} - (14.76x - 9.76x^2 + 4.58x^3)y^2 = 0, \quad x = \frac{1}{T_{\mathrm{pr}}}
\end{aligned}$$

式中, y 为特殊定义的对比密度。已知 P_{pr}, T_{pr}, 则 y 可以从 $F(y)$ 中解出, 因 $F(y) = 0$ 为非线性方程, 用牛顿迭代法 [143] 求解。由函数 $F(y)$ 可得

$$\begin{aligned}
F'(y) = &(2.18 + 2.82x)(90.7x - 242.2x^2 + 42.4x^3)y^{1.18+2.82x} \\
&+ \frac{1 + 4y + 4y^2 - 4y^3 + y^4}{(1-y)^4} - (29.52x - 19.52x^2 + 9.16x^3)y
\end{aligned}$$

则牛顿迭代格式如下:

$$y^{(k+1)} = y^{(k)} - \frac{F(y^{(k)})}{F'(y^{(k)})}$$

步骤 3: 计算密度 ρ 和流速 v 在点 j 的初始条件。

假定在点 j 气体压力 P_j 和温度 T_j 是已知的, 则可通过下面的方程计算。

$$\rho_j = 0.000001 \times 3484.48\gamma_{\mathrm{g}} \frac{P_j}{ZT_j} \tag{4.19}$$

$$v_j = \frac{101000 \times 300000T_j}{293 \times 86400P_j A} \tag{4.20}$$

步骤 4: 将耦合微分方程组的右边视为函数 f_i, 则原耦合微分方程组改变为下式:

$$
\begin{cases}
f_1 = \dfrac{\left(C_{\mathrm{J}}\rho - \dfrac{M}{RZ_{\mathrm{g}}}\right)\left(\rho g\cos\theta + \dfrac{f\rho v^2}{2d}\right) + \dfrac{\rho a(T - T_{\mathrm{e}}) - \rho g\cos\theta}{C_P}}{T + v^2\left(\dfrac{1}{C_P} + C_{\mathrm{J}}\rho - \dfrac{M}{RZ_{\mathrm{g}}}\right)} \\[6mm]
f_2 = -\dfrac{v}{\rho}\dfrac{\mathrm{d}\rho}{\mathrm{d}z} \\[4mm]
f_3 = v^2\dfrac{\mathrm{d}\rho}{\mathrm{d}z} - \rho g\cos\theta - \dfrac{f\rho v^2}{2d} \\[4mm]
f_4 = C_{\mathrm{J}}\dfrac{\mathrm{d}P}{\mathrm{d}z} + \dfrac{\left[\dfrac{v^2}{\rho}\dfrac{\mathrm{d}\rho}{\mathrm{d}z} + g\cos\theta - a(T - T_{\mathrm{e}})\right]}{C_P}
\end{cases}
\tag{4.21}
$$

式中,

$$a = \frac{2\pi r_{\mathrm{to}}U_{\mathrm{to}}K_{\mathrm{e}}}{w[k_{\mathrm{e}} + f(t_{\mathrm{D}})r_{\mathrm{to}}U_{\mathrm{to}}]}$$

$$U_{\mathrm{to}}^{-1} = \frac{1}{h_{\mathrm{c}} + h_{\mathrm{r}}} + \frac{r_{\mathrm{ti}}\ln\left(\dfrac{r_{\mathrm{cem}}}{r_{\mathrm{co}}}\right)}{k_{\mathrm{cem}}} + \frac{r_{\mathrm{ti}}\ln\left(\dfrac{r_{\mathrm{ci}}}{r_{\mathrm{to}}}\right)}{k_{\mathrm{ang}}}$$

$$C_P = 1243 + 3.14T + 7.931 \times 10^{-4}T^2 - 6.881 \times 10^{-7}T^3$$

和

$$C_{\mathrm{J}} = \frac{R}{C_P}\frac{(2r_A - r_B T - 2r_B BT)Z - (2r_A B + r_B AT)}{(3Z^2 - 2Z + A - B - B^2)T}$$

$$A = \frac{r_A P}{T}, \quad B = \frac{r_B P}{T}, \quad r_A = \frac{0.42747\alpha T_{\mathrm{pc}}^2}{P_{\mathrm{pc}}}, \quad r_B = \frac{0.08664C_{\mathrm{p}}T_{\mathrm{pc}}}{P_{\mathrm{pc}}}$$

$$\alpha = [1 + m(1 - T_{\mathrm{pr}}^{0.5})]^2, \quad m = 0.48 + 1.574w - 0.176w^2$$

和

$$\begin{cases} f(t_{\mathrm D}) = 1.1281\sqrt{t_{\mathrm D}}\left(1 - 0.3\sqrt{t_{\mathrm D}}\right), & t_{\mathrm D} \leqslant 1.5 \\ f(t_{\mathrm D}) = \left(1 + \dfrac{0.6}{t_{\mathrm D}}\right)[0.4063 + 0.5\ln(t_{\mathrm D})], & t_{\mathrm D} > 1.5 \end{cases}$$

其中，r_{to} 为油管外径；r_{co} 为套管外半径；k_{ang} 为导管层导热系数；k_{cem} 为水泥层导热系数；$h_{\mathrm c}$ 为套管内流体传热系数；$h_{\mathrm r}$ 为环空辐射传热系数；α_i 为地层热扩散系数；w 为组分的偏心因子；f 为摩阻系数，$\dfrac{1}{\sqrt{f}} = 1.14 - 2\lg\left(\dfrac{0.00001524}{r_{\mathrm{ti}}} + \dfrac{21.25}{Re^{0.9}}\right)$。

Re 为雷诺数，$Re = 51.35\left(\dfrac{P_{\mathrm{pc}}}{T_{\mathrm{pc}}}\right)\dfrac{q_{\mathrm{sc}}\gamma_m}{d\mu_{\mathrm m}}$。这里 $\mu_{\mathrm m}$ 为混合流体黏度；P_{pc} 为介质临界压力，单位 MPa；T_{pc} 为介质临界温度，单位 K。

$$t_{\mathrm D} = \frac{t\alpha}{r_{\mathrm{wb}}^2}$$

式中，r_{wb} 为井眼半径。

对于不同管材的各种直径管子，相对粗糙度 e/d 可查有关手册或取绝对粗糙度 $e = 1.524 \times 10^{-5}$ 进行计算。

步骤 5：假定 P, T, v, ρ 分别为 y_i $(i = 1, 2, 3, 4)$，则可得下面的参数方程组。

$$\begin{cases} a_i = f_i[y_1, y_2, y_3, y_4] \\ b_i = f_i\left[y_1 + \dfrac{h}{2}a_1, y_2 + \dfrac{h}{2}a_2, y_3 + \dfrac{h}{2}a_3, y_4 + \dfrac{h}{2}a_4\right] \\ c_i = f_i\left[y_1 + \dfrac{h}{2}b_1, y_2 + \dfrac{h}{2}b_2, y_3 + \dfrac{h}{2}b_3, y_4 + \dfrac{h}{2}b_4\right] \\ d_i = f_i[y_1 + hc_1, y_2 + hc_2, y_3 + hc_3, y_4 + hc_4] \end{cases} \tag{4.22}$$

步骤 6：计算点 $j + 1$ 的压力、温度、流速和密度。

$$y_i^{(j+1)} = y_i^j + \frac{h}{6}(a_i + 2b_i + 2c_i + d_i), \quad i = 1, 2, 3, 4, \quad j = 1, 2, \cdots, n \tag{4.23}$$

步骤 7：重复步骤 2~步骤 5，直到 y_i^n。

4.1.4　气井应用

按照前面的模型及算法，对中石化某高温高压井（井深为 7100m）进行了实际计算，获得了较好的效果。

1. 模拟所需参数

模拟所需的所有参数：管内流体密度为 1000kg/m³，管外流体密度为 1000kg/m³，井深为 7100m，摩擦系数为 1.2，地表温度为 16℃，地温梯度为 2.18℃/m，步长为 1m。

油管参数如表 4.2 所示。

表 4.2 油管参数

直径/m	壁厚/m	米重/kg	热膨胀系数	杨氏模量/GPa	泊松比	使用长度/m
88.9	9.53	18.9	0.0000115	215	0.3	1400
88.9	7.34	15.18	0.0000115	215	0.3	750
88.9	6.45	13.69	0.0000115	215	0.3	4200
73	7.82	12.8	0.0000115	215	0.3	600
73	5.51	9.52	0.0000115	215	0.3	150

套管参数如表 4.3 所示。

表 4.3 套管参数

测深/m	内径/m	外径/m
4325.69	168.56	193.7
6301.7	168.3	193.7
7100	121.42	146.1

井斜角、方位角及气井垂直深度如表 4.4 所示。

表 4.4 井斜角、方位角和垂直深度

序号	测深/m	斜角/(°)	方位角/(°)	垂直深度/m	序号	测深/m	斜角/(°)	方位角/(°)	垂直深度/m
1	0	0	120.33	0	14	3901	0.16	121.45	3899.22
2	303	1.97	121.2	302.87	15	4183	2.92	121.24	4181.09
3	600	1.93	120.28	599.73	16	4492	2.73	129.22	4489.95
4	899	0.75	126.57	898.59	17	4816.07	1.98	121.61	4813.87
5	1206	1.25	124.9	1205.45	18	5099.07	2.74	129.93	5096.74
6	1505	1.04	124.62	1504.32	19	5394.07	0.13	120.46	5391.61
7	1800	0.49	123.75	1799.18	20	5706.07	0.63	129.59	5703.47
8	2105	2.49	125.27	2104.04	21	5983.07	2.09	120.14	5980.34
9	2401	1.27	123.13	2399.91	22	6302.07	2.69	122.91	6299.19
10	2669	2.44	120.12	2667.79	23	6597.07	2.45	129.41	6594.06
11	3021	0.14	127.39	3019.63	24	6911.12	0.15	124.88	6907.96
12	3299	1.18	122.6	3297.5	25	7100	1.15	123.2	7085.88
13	3605	2.05	123.25	3603.36					

2. 井控参数分析

为了研究不同产量、不同地温梯度、不同热传导率对气体密度、压力、温度及流速的影响，选取日产量为 30 万立方米、50 万立方米及 70 万立方米和取不同的地温梯度及不同热传导率进行了计算，并作图进行了比较，获得了相应的结果。同时，考虑到焦耳-汤姆孙效应的影响，进行了有、无焦耳-汤姆孙 (以下简称焦-汤) 系数的计算，获得了较好的效果。

1) 温度

有焦-汤系数时，不同产量时的温度如图 4.2 所示；无焦-汤系数时，不同产量时的温度如图 4.3 所示。

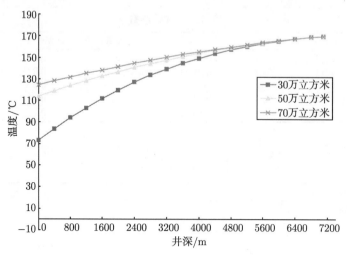

图 4.2　有焦-汤系数时, 不同产量时的温度

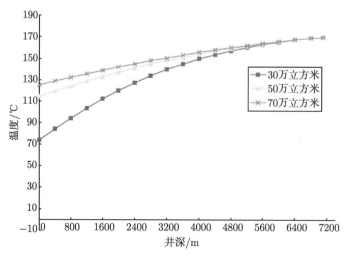

图 4.3　无焦-汤系数时, 不同产量时的温度

根据图 4.3, 可以得到以下结论。

(1) 温度沿井深呈非线性分布。

(2) 在相同井深的条件下, 温度随着产量的增加而增加。这主要是因为产量增加导致流体速度增加, 而速度增加使热损失减小。

(3) 焦-汤系数影响温度的变化, 但是影响的幅度非常小。这主要是因为油管半径的变化非常小, 所以导致焦-汤系数非常小。当考虑焦-汤系数时, 温度是减小的。这是因为产生致冷效应的流体要多于产生致热效应的流体。

有焦–汤系数时,不同地温梯度时的温度如图 4.4 所示;无焦–汤系数时,不同地温梯度时的温度如图 4.5 所示。

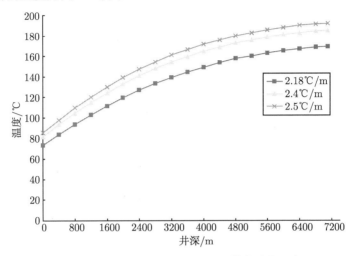

图 4.4 有焦–汤系数时,不同地温梯度时的温度

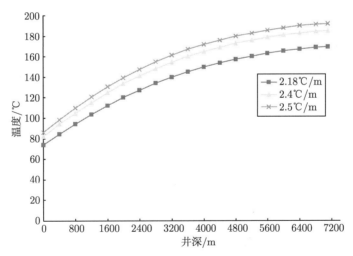

图 4.5 无焦–汤系数时,不同地温梯度时的温度

根据图 4.4 和图 4.5,可以得到以下结论。

（1）当深度固定时,温度随地温梯度的增加而增加。

（2）焦–汤系数影响温度的变化,但是影响的幅度非常小。当考虑焦–汤系数时,温度是减小的。

有焦–汤系数时,不同热导率时的温度如图 4.6 所示;无焦–汤系数时,不同热导率时的温度如图 4.7 所示。

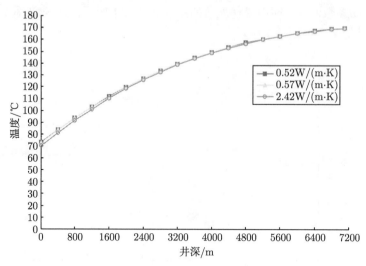

图 4.6　有焦-汤系数时, 不同热导率时的温度

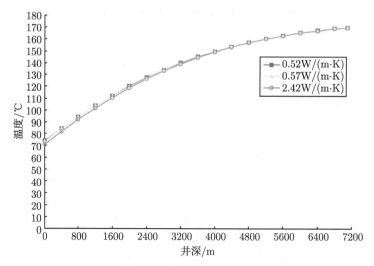

图 4.7　无焦-汤系数时, 不同热导率时的温度

根据图 4.6 和图 4.7, 可以得到以下结论。

（1）当深度固定时, 热导率的变化几乎对温度不产生影响。

（2）焦-汤系数影响温度的变化, 但是影响的幅度非常小。当考虑焦-汤系数时, 温度是减小的。

2) 压力

有焦-汤系数时, 不同产量时的压力如图 4.8 所示; 无焦-汤系数时, 不同产量时的压力如图 4.9 所示。

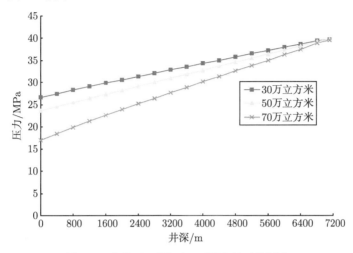

图 4.8 有焦–汤系数时, 不同产量时的压力

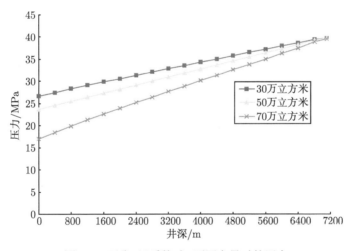

图 4.9 无焦–汤系数时, 不同产量时的压力

根据图 4.8 和图 4.9, 可以得到以下结论。

（1）在相同井深的条件下, 当深度固定时, 压力随产量的增加而减小; 这主要是因为产量增加导致流体速度增加, 而速度增加使摩擦力增加, 摩擦力引起的压降加大。

（2）焦–汤系数几乎不影响压力。

有焦–汤系数时, 不同地温梯度时的压力如图 4.10 所示; 无焦–汤系数时, 不同地温梯度时的压力如图 4.11 所示。

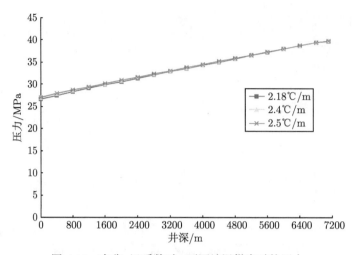

图 4.10　有焦-汤系数时, 不同地温梯度时的压力

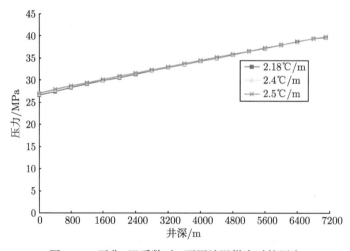

图 4.11　无焦-汤系数时, 不同地温梯度时的压力

根据图 4.10 和图 4.11, 可以得到以下结论。

(1) 当深度固定时, 压力随地温梯度的增加而增加。

(2) 焦-汤系数几乎不影响压力。

有焦-汤系数时, 不同热导率时的压力如图 4.12 所示; 无焦-汤系数时, 不同热导率时的压力如图 4.13 所示。可以得到以下结论。

(1) 热导率的变化几乎对压力不产生影响。

(2) 焦-汤系数几乎不影响压力。

实际上, 因为 $C_{\mathrm{J}} = \dfrac{\partial P}{\partial T}$, 显然如果压力的变化相对于温度的变化很小, $C_{\mathrm{J}} \to 0$,

可以忽略焦-汤效应。然而, 在实际应用中, 预先不知道是否 $C_J \to 0$, 因此通过两个独立模型计算出的四个关键参数 ρ, v, P, T, 不仅可以得出是否存在焦-汤效应, 而且能够准确地掌握焦-汤效应的强度。

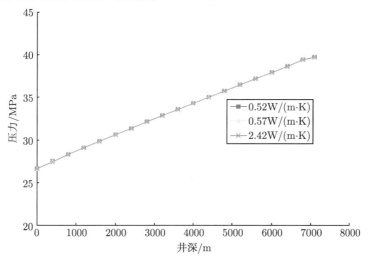

图 4.12 有焦-汤系数时, 不同热导率时的压力

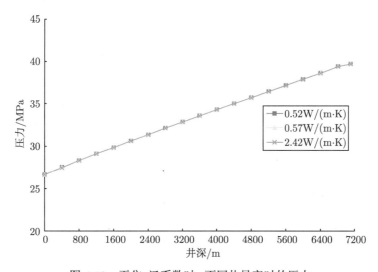

图 4.13 无焦-汤系数时, 不同热导率时的压力

3) 速度

有焦-汤系数时, 不同产量时的流速如图 4.14 所示; 无焦-汤系数时, 不同产量时的流速如图 4.15 所示。有以下结论。

（1）当深度固定时, 气体流速随产量的增加而增加; 地温梯度和热导率的变化对流速不产生影响。

（2）当产量为常数时，流速随井深的变化而变化复杂。

（3）同时，焦–汤系数对流速没有影响，流速主要受产量的影响。

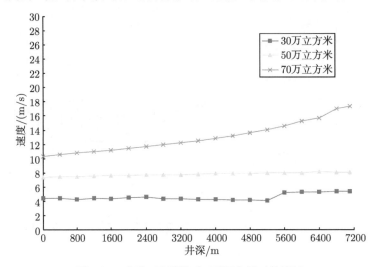

图 4.14　有焦–汤系数时，不同产量时的流速

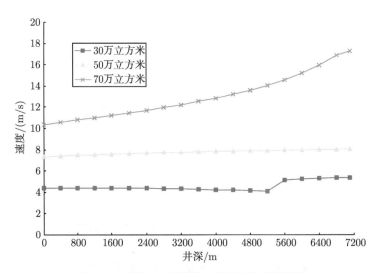

图 4.15　无焦–汤系数时，不同产量时的流速

4) 误差分析

下面将模型仿真结果与实测结果进行对比。取如下参数：管内流体密度为 1000kg/m³，管外流体密度为 1000kg/m³，井深为 7100m，摩擦系数为 1.2，地表温度为 16℃，地温梯度为 2.18℃/m，日产量为 70 万立方米。结果如表 4.5 所示。

同时,利用著名的 Cullender-Smith 模型 (以下简称 C-S 模型) [10]计算压力沿井筒分布。关于 C-S 模型详见附录 A。

表 4.5 结果对比

井端	温度/℃	压力/MPa	密度/(kg/m³)	流速/(m/s)
测量结果	110.243	22.638	7.122	137.878
计算结果	114.134	23.618	7.347	140.943
相对误差	3.53%	4.32%	3.16%	2.22%

算法依然从井底开始,对比结果见图 4.16 和图 4.17。假设在 C-S 模型中,井端

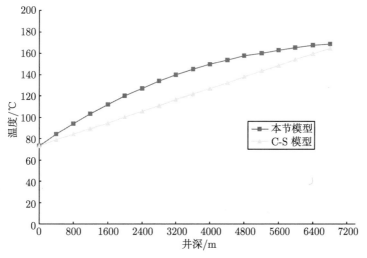

图 4.16 温度对比结果

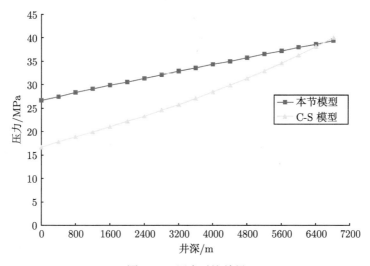

图 4.17 压力对比结果

和井底温度与给出的模型一致，则按照 C-S 模型，温度视为线性分布，即利用平均温度法。事实上，在给出的模型中温度不呈现线性分布。

　　分别利用 C-S 模型和给出的模型进行温度、压力计算，井端压力的对比结果如表 4.6 所示。显然，建立的模型更贴近实际测量值。

表 4.6　与 C-S 模型的对比结果

井端	压力/MPa
测量值	23.618
C-S 计算结果	16.591
C-S 相对误差	26.71%

4.2　单相气 (油) 瞬变流动关键参数预测模型

　　在实际的石油工程设计需求中，很多时候需要准确模拟管道的变化情况，采用瞬态流动模型来分析。

4.2.1　问题描述

　　在石油实际生产过程中，如管道的启停、流量的变化、管道破裂、清管操作等，管内的流动往往是不稳定地随时间发生剧烈变化。稳态模型只能反映流动参数在空间的变化和最终结果，而不能反映流动状态变化的全过程，只有瞬态模型才能反映两者变化的全过程。

　　早期的单相流模型主要为了计算压降关系。Dikken 研究油藏量时提出了压降不能忽略，并根据摩擦损失提出了水平井筒单相流压降关系[48]。Ozkan 等假定井筒中为单相等温液流，利用插值求数值积分即可求出沿水平段的压降[49]。Marett 等假定井段中有 N 个孔眼，通过计算每 2 个孔眼之间的流量和管壁摩擦计算压降，进而计算整个管段的压降[50]。Su 等把管段压降分为 4 个部分：管壁摩擦压降、加速压降、孔眼粗糙压降、径向流入和主流体混合压降[51]。后期开始利用机理模型将温度、速度等关键参数与压力耦合进行研究，但是大部分是针对稳态假设的条件下进行的。只有极少数模型针对瞬态模型进行计算[144–147]，而且大多数利用经验或者半经验数据公式。Xu 等对单相流（均一流）瞬态模型进行了研究，结合实际完井进行试用，取得了不错的仿真结果[148–150]。

　　建立井筒单相流瞬态机理模型，通过耦合压力、温度、速度、密度偏微分方程组对井筒流体行为进行建模及仿真。采用有限差分格式进行数值求解，为了与稳态单相流结果进行对比，采用相同气井进行完井试用，计算结果稳定、可靠，能够用于单相流油（气）井工程试用。

4.2.2 模型构建

在建立模型之前, 需要介绍基本假设条件。

1. 基本假设与符号表示

(1) 气体流动状态为一维稳态单相流动, 气体的特性参数均一。

(2) 地层温度呈线性分布并且已知。

(3) 流体在流动过程中不对外做功, 外界也不对流体做功。

(4) 不考虑管柱变形。

(5) 其他假设同 4.1.2 节。

符号表示沿用 4.1.2 节。

2. 数学模型

考虑图 4.1 所示的流体系统, 一个倾斜角为 θ 的直圆柱套管, 流体面积为常数 A, 水力直径为 d, 管柱总长为 Z。从底端流到上面, 在流动方向上流体经过的距离为 z。

根据假设条件, 利用流体流动过程中遵循的三大守恒定律 (质量守恒、动量守恒、能量守恒), 分别建立连续方程、动量方程和能量方程。

1) 连续方程

考虑流体从底端流到上面, 令 dz 和 dt 分别表示微分长度和微分时间步长。在时间间隔 dt, 质量流入空间 dz 为 $\rho v A dt$, 而质量流出为 $\left[\rho v A + \dfrac{\partial}{\partial z}(\rho v A)\right]dt$, 质量增加为 $\dfrac{\partial}{\partial t}(\rho A dz)dt$。遵循质量守恒定律, 如下:

$$\rho v A dt - \left[\rho v A + \frac{\partial}{\partial z}(\rho v A)\right]dt = \frac{\partial}{\partial t}(\rho A dz)dt \tag{4.24}$$

等价于

$$\frac{\partial \rho}{\partial t} + \frac{\partial}{\partial z}(\rho v) = 0 \tag{4.25}$$

或者

$$\frac{\partial \rho}{\partial t} + v\frac{\partial \rho}{\partial z} + \rho\frac{\partial v}{\partial z} = 0 \tag{4.26}$$

2) 动量方程

在时间间隔 dt, 动量流入微元段 dz 为 $[(\rho v A)dt]v$, 而动量流出为 $[(\rho v A)dt]v + \dfrac{\partial}{\partial z}\{[(\rho v A)dt]v\}dz$。在微元段上作用力包括横截面压力、重力和摩擦力, 相应的分

别表示为 $\left[P - (P + \frac{\partial P}{\partial z})\right]A$、$\rho g A \cos\theta \mathrm{d}z$ 和 $\frac{f\rho v^2}{2d}A\mathrm{d}z$。另外，在时间间隔 $\mathrm{d}t$ 的动量变化为 $\frac{\partial}{\partial t}(\rho v A \mathrm{d}z)\mathrm{d}t$。通过动量定理，可得

$$[(\rho v A)\mathrm{d}t]v - \left\{[(\rho v A)\mathrm{d}t]v + \frac{\partial}{\partial z}\{[(\rho v A)\mathrm{d}t]v\}\mathrm{d}z\right\} - \left\{\left[P - \left(P + \frac{\partial P}{\partial z}\right)\right]A\right.$$

$$\left. + \rho g A \cos\theta \mathrm{d}z + \frac{f\rho v^2}{2d}A\mathrm{d}z\right\}\mathrm{d}t = \frac{\partial}{\partial t}(\rho v A\mathrm{d}z)\mathrm{d}t \tag{4.27}$$

方程可以变形为

$$\rho\frac{\partial v}{\partial t} + v\frac{\partial \rho}{\partial t} + \frac{\partial P}{\partial z} + v^2\frac{\partial \rho}{\partial z} + 2\rho v\frac{\partial v}{\partial z} + \rho g \cos\theta + \frac{f\rho v^2}{2d} = 0 \tag{4.28}$$

3）能量方程

流体的能量包括内能、压能、动能和势能。在时间间隔 $\mathrm{d}t$ 中，能量流入微元段 $\mathrm{d}z$ 为

$$\frac{i}{2}nRT + Pv + \frac{1}{2}(\rho v A\mathrm{d}t)v^2 + (\rho v A\mathrm{d}t)gz\cos\theta$$

式中，第一项是内能，其中 i 表示自由度，假设 $i = 6$，n 表示物质的量。通过气体状态方程，第一项可以写为 $\frac{3\rho v A\mathrm{d}t}{M}RT$，其中 M 是摩尔质量。第二项表示压能，其中 v 表示速度。同样地，可以转换第二项为 $\frac{\rho v A\mathrm{d}t}{M}RT$。第三项和最后一项分别代表动能和势能。所以，能量流入可以写为

$$\left(\frac{4\rho v}{M}RT + \frac{1}{2}\rho v^3 + \rho v gz\cos\theta\right)A\mathrm{d}t$$

相似的处理方法，能量流出微元段 $\mathrm{d}z$ 的内能、压能、动能和势能分别为 $\left[\frac{3\rho v A}{M}\cdot\right.$ $\left. RT + \frac{\partial}{\partial z}\left(\frac{3\rho v A}{M}RT\right)\right]\mathrm{d}t$、$\left[\frac{\rho v A}{M}RT + \frac{\partial}{\partial z}\left(\frac{\rho v A}{M}RT\right)\right]\mathrm{d}t$、$\left[\frac{1}{2}\rho A v^3 + \frac{\partial}{\partial z}\left(\frac{1}{2}\rho A v^3\right)\right]\mathrm{d}t$ 和 $\left[\rho v A gz\cos\theta + \frac{\partial}{\partial z}(\rho v A gz\cos\theta)\right]\mathrm{d}t$。所以，能量流出可以写为

$$\left(\frac{4\rho v}{M}RT + \frac{1}{2}\rho v^3 + \rho v gz\cos\theta\right)A\mathrm{d}t + \left[\frac{\partial}{\partial z}\left(\frac{4\rho v}{M}RT + \frac{1}{2}\rho v^3 + \rho v gz\cos\theta\right)A\right]\mathrm{d}t$$

流体与地层之间的热传导过程参见第 3 章的讨论，可得

$$\mathrm{d}Q = \frac{2\pi r_{\mathrm{to}}U_{\mathrm{to}}K_{\mathrm{e}}}{(r_{\mathrm{to}}U_{\mathrm{to}}f(t_{\mathrm{D}}) + K_{\mathrm{e}})}(T - T_{\mathrm{e}})\mathrm{d}z\mathrm{d}t = a(T - T_{\mathrm{e}})$$

摩擦力做功通过达西定律可得 $\dfrac{f\rho v^3 A}{2d}\mathrm{d}z\mathrm{d}t$。能量在时间间隔 $\mathrm{d}t$ 的变化为 $\left[\dfrac{\partial}{\partial t}\right.$ $\left.(\rho C_P T)A\right]\mathrm{d}z\mathrm{d}t$。根据能量守恒，可得

$$-\frac{\partial}{\partial z}\left(\frac{4\rho v}{M}RT+\frac{1}{2}\rho v^3+\rho vgz\cos\theta\right)-a(T-T_{\mathrm{e}})-\frac{f\rho v^3}{2d}=\frac{\partial}{\partial t}(\rho C_P T) \quad (4.29)$$

方程可变形为

$$\begin{aligned}
&\frac{4R}{M}\left(vT\frac{\partial\rho}{\partial z}+\rho T\frac{\partial v}{\partial z}+\rho v\frac{\partial T}{\partial z}+\frac{1}{2}v^3\frac{\partial\rho}{\partial z}+\frac{3}{2}\rho v^2\frac{\partial v}{\partial z}+vgz\cos\theta\frac{\partial\rho}{\partial z}\right.\\
&\left.+\rho gz\cos\theta\frac{\partial v}{\partial z}+\rho vg\cos\theta\right)+a(T-T_0)+\frac{f\rho v^3}{2d}+C_P T\frac{\partial\rho}{\partial t}+\rho C_P\frac{\partial T}{\partial t}=0
\end{aligned} \quad (4.30)$$

通过式 (4.26)、式 (4.28) 和式 (4.30) 以及气体状态方程，可得下列偏微分方程组：

$$\begin{cases}
\dfrac{\partial v}{\partial z}=-\dfrac{1}{\rho}\left(\dfrac{\partial\rho}{\partial t}+v\dfrac{\partial\rho}{\partial z}\right)\\[2mm]
\dfrac{\partial P}{\partial z}=-\rho\dfrac{\partial v}{\partial t}-v\dfrac{\partial\rho}{\partial t}-v^2\dfrac{\partial\rho}{\partial z}-2\rho v\dfrac{\partial v}{\partial z}-\rho g\cos\theta-\dfrac{f\rho v^2}{2d}\\[2mm]
\dfrac{\partial T}{\partial z}=-\left\{\dfrac{M}{4R}[a(T-T_0)+\dfrac{f\rho v^3}{2d}+C_P T\dfrac{\partial\rho}{\partial t}+\rho C_P\dfrac{\partial T}{\partial t}]+\left(vT\dfrac{\partial\rho}{\partial z}+\rho T\dfrac{\partial v}{\partial z}\right.\right.\\[2mm]
\qquad\left.\left.+\dfrac{1}{2}v^3\dfrac{\partial\rho}{\partial z}+\dfrac{3}{2}\rho v^2\dfrac{\partial v}{\partial z}+vgz\cos\theta\dfrac{\partial\rho}{\partial z}+\rho gz\cos\theta\dfrac{\partial v}{\partial z}+\rho vg\cos\theta\right)\right\}/(\rho v)\\[2mm]
\rho=\dfrac{MP}{RZT}
\end{cases} \quad (4.31)$$

4.2.3　算法设计

与 4.1.3 节类似，将井深分为相等的若干段。段长的变化依靠井壁的厚度、井的直径、管内外流体的密度和井的几何形状。计算模型从井的特殊点（井的底端）开始。试井时间为 1 天，将时间划分为同样间隔的小区间 τ。模型初始条件为：井底和起始测井时间。这里选取有限差分法进行模型求解。

1. 有限差分法

一般来说，很难得到关于形如方程组 (4.31) 的解析解，所以，针对此类问题往往采用数值解法获得近似解。数值解法通常有有限差分法 [151]、有限元法 [152]、边界元法 [153] 及变分法 [154]。因为有限差分法最易于程序编制并且准确率较高，在此采用有限差分法进行模型求解。有限差分法首先是选择合适的离散步长以保证相对高的精度和较满意的计算速度，然后将偏微分方程组转换成普通代数方程组。

所以, 近似的原始偏微分方程组可以通过构建有限差分格式求解代数方程组获得近似解。具体的差分格式讨论如下。

对于微分方程组 (4.31), 有三种类型的公式需要被离散化: $\dfrac{\partial U}{\partial t}$、$\dfrac{\partial U}{\partial z}$ 和 U。将 $z\text{-}t$ 平面结合划分为相等的矩形网格, 边长分别为 h, τ, 平行于空间 Ot 定义为 $z_j = jh, j = 1, 2, \cdots, m$; 平行于时间 Oz, 定义为 $t_k = k\tau, k = 1, 2, \cdots, n$。以上描述如图 4.18 所示。

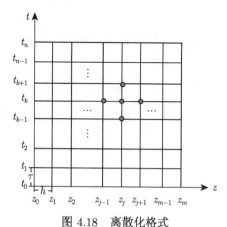

图 4.18　离散化格式

为了方便, F_j^k 表示 $F(z_j, t_k)$。在点 $(z_{j+\frac{1}{2}}, t_k)$ 离散化公式, 下列三种形式可得

$$
\begin{cases}
\left(\dfrac{\partial U}{\partial t}\right)_{j+\frac{1}{2}}^{k+1} = \dfrac{U_{j+1}^{k+1} + U_j^{k+1} - U_{j+1}^k - U_j^k}{2\tau} \\[3mm]
\left(\dfrac{\partial U}{\partial z}\right)_{j+\frac{1}{2}}^{k+1} = \dfrac{U_{j+1}^{k+1} - U_j^{k+1}}{h} \\[3mm]
U_{j+\frac{1}{2}}^{k+1} = \dfrac{U_{j+1}^{k+1} + U_j^{k+1}}{2}
\end{cases} \tag{4.32}
$$

有限差分格式可得

$$
\begin{cases}
v_{j+1}^{k+1} = v_j^{k+1} - \Delta_1 \\[2mm]
P_{j+1}^{k+1} = P_j^{k+1} - \Delta_2 \\[2mm]
T_{j+1}^{k+1} = T_j^{k+1} - \Delta_3 \\[2mm]
\rho_{j+1}^{k+1} = \dfrac{M P_{j+1}^{k+1}}{R Z_{j+1}^{k+1} T_{j+1}^{k+1}}
\end{cases} \tag{4.33}
$$

式中,

$$\Delta_1 = h\left(\frac{\rho_{j+1}^{k+1} + \rho_j^{k+1}}{2}\right)^{-1}\left(\frac{\rho_{j+1}^{k+1} + \rho_j^{k+1} - \rho_{j+1}^k - \rho_j^k}{2\tau} + \frac{v_{j+1}^{k+1} + v_j^{k+1}}{2}\frac{\rho_{j+1}^{k+1} - \rho_j^{k+1}}{h}\right)$$

$$\Delta_2 = h\left(\frac{\rho_{j+1}^{k+1} + \rho_j^{k+1}}{2}\frac{v_{j+1}^{k+1} + v_j^{k+1} - v_{j+1}^k - v_j^k}{2\tau} + \frac{v_{j+1}^{k+1} + v_j^{k+1}}{2}\frac{\rho_{j+1}^{k+1} + \rho_j^{k+1} - \rho_{j+1}^k - \rho_j^k}{2\tau}\right)$$

$$+\left(\frac{v_{j+1}^{k+1} + v_j^{k+1}}{2}\right)^2\frac{\rho_{j+1}^{k+1} - \rho_j^{k+1}}{h} + \frac{(\rho_{j+1}^{k+1} + \rho_j^{k+1})(v_{j+1}^{k+1} + v_j^{k+1})}{2}\frac{v_{j+1}^{k+1} - v_j^{k+1}}{h}$$

$$+\frac{(\rho_{j+1}^{k+1} + \rho_j^{k+1})(\cos\theta_{j+1} + \cos\theta_j)g}{4} + \frac{(f_{j+1}^{k+1} + f_j^{k+1})(\rho_{j+1}^{k+1} + \rho_j^{k+1})(v_{j+1}^{k+1} + v_j^{k+1})^2}{16d}$$

$$\Delta_3 = \left\{\frac{M}{R}\left[\frac{(a_{j+1}^{k+1} + a_j^{k+1})((T_{j+1}^{k+1} + T_j^{k+1}) - (Te_{j+1}^{k+1} + Te_j^{k+1}))}{4}\right.\right.$$

$$\left.+\frac{(f_{j+1}^{k+1} + f_j^{k+1})(\rho_{j+1}^{k+1} + \rho_j^{k+1})(v_{j+1}^{k+1} + v_j^{k+1})^3}{32d}\right]$$

$$+\frac{(C_{Pj+1}^{k+1} + C_{Pj}^{k+1})(T_{j+1}^{k+1} + T_j^{k+1})(\rho_{j+1}^{k+1} + \rho_j^{k+1} - \rho_{j+1}^k - \rho_j^k)}{2\tau}$$

$$+\frac{(C_{Pj+1}^{k+1} + C_{Pj}^{k+1})(\rho_{j+1}^{k+1} + \rho_j^{k+1})(T_{j+1}^{k+1} + T_j^{k+1} - T_{j+1}^k - T_j^k)}{2\tau}$$

$$+\frac{(v_{j+1}^{k+1} + v_j^{k+1})(T_{j+1}^{k+1} + T_j^{k+1})(\rho_{j+1}^{k+1} - \rho_j^{k+1})}{h}$$

$$+\frac{(\rho_{j+1}^{k+1} + \rho_j^{k+1})(T_{j+1}^{k+1} + T_j^{k+1})(v_{j+1}^{k+1} - v_j^{k+1})}{h} + \frac{(v_{j+1}^{k+1} + v_j^{k+1})^3(\rho_{j+1}^{k+1} - \rho_j^{k+1})}{4h}$$

$$+\frac{3(\rho_{j+1}^{k+1} + \rho_j^{k+1})(v_{j+1}^{k+1} + v_j^{k+1})^2(v_{j+1}^{k+1} - v_j^{k+1})}{4h}$$

$$+\frac{(v_{j+1}^{k+1} + v_j^{k+1})(\cos\theta_{j+1}^{k+1} + \cos\theta_j^{k+1})(2j+1)g(\rho_{j+1}^{k+1} - \rho_j^{k+1})}{4}$$

$$+\frac{(\rho_{j+1}^{k+1} + \rho_j^{k+1})(\cos\theta_{j+1}^{k+1} + \cos\theta_j^{k+1})(2j+1)g(v_{j+1}^{k+1} - v_j^{k+1})}{4}$$

$$+\frac{(\rho_{j+1}^{k+1} + \rho_j^{k+1})(v_{j+1}^{k+1} + v_j^{k+1})(\cos\theta_{j+1}^{k+1} + \cos\theta_j^{k+1})g}{2}\right\}\Big/[(\rho_{j+1}^{k+1} + \rho_j^{k+1})(v_{j+1}^{k+1} + v_j^{k+1})]$$

2. 算法步骤

在选定了有限差分格式以后, 温度、压力、速度及密度等试井过程中的关键参数在每一个划分点的数值可以通过以下步骤进行计算。

步骤 1: 设置时间和空间步长。此外, 相对容忍误差为 ε。显然, ε 越小结果越正确, 但是也会带来计算时间的延长。在此, 相关控制指标为: $h = 1\text{m}$, $\tau = 60\text{s}$ 和 $\varepsilon = 5\%$。

步骤 2: 获得每个分点的倾斜角, 参见式 (4.16)。

步骤 3: 计算气体压缩因子, 参见式 (4.17) 和式 (4.18)。

步骤 4: 利用静气柱方法计算初始条件[155]。初始条件指初始时间下压力、温度及密度在井筒中的分布。

步骤 5: 将任意时间的井底压力和温度作为边界条件, 井底压力计算公式为[156]

$$P_0^k = \sqrt{(P_0)^2 - \frac{\mu q_{\text{sc}} P_{\text{sc}} T_{\text{bh}} Z_{\text{g}}}{2\pi \beta H T_{\text{sc}}} \ln \frac{4\beta t_k}{\gamma r_{\text{ti}}^2 \phi \mu C_{\text{t}}}}$$

步骤 6: 离散化有限差分区域 (图 4.18)。

步骤 7: 令 $j = 0$, $k = 0$。

步骤 8: 随机产生间隔 I 点的初始密度, 这步主要依靠历史数据或者专家经验。

步骤 9: 通过式 (4.33) 计算 v_{j+1}^{k+1}。

步骤 10: 通过式 (4.33) 中第二项计算 P_{j+1}^{k+1}, 其中摩擦因子利用 Jain[141] 方法。

$$\frac{1}{\sqrt{f}} = 1.14 - \lg \left(\frac{e}{d} + 21.25/Re^{0.9} \right)$$

步骤 11: 通过式 (4.33) 中第三项计算 T_{j+1}^{k+1}, 其中瞬态热损失利用 Hasan 和 Kabir[140] 方法。

$$f(t_{\text{D}}) = \begin{cases} 1.128\sqrt{t_{\text{D}}}(1 - \sqrt{t_{\text{D}}}), & t_{\text{D}} \leqslant 1.5 \\ (0.4063 + 0.5\ln t_{\text{D}})(1 + 0.6/t_{\text{D}}), & t_{\text{D}} > 1.5 \end{cases}, \quad t_{\text{D}} = \alpha t/r_{\text{wb}}^2$$

$$C_P = 1243 + 3.14T + 7.931 \times 10^{-4}T^2 - 6.881 \times 10^{-7}T^3$$

步骤 12: 通过式 (4.33) 中第四项计算 ρ_{j+1}^{k+1}。

步骤 13: 如果 $\dfrac{|(\rho_{j+1}^{k+1})^0 - \rho_{j+1}^{k+1}|}{(\rho_{j+1}^{k+1})^0} \leqslant \varepsilon$, 令 $k = k+1$ 然后返回步骤 9, 否则返回步骤 8。

步骤 14: 重复步骤 8~步骤 13 直到 $j = m$。

步骤 15: 重复步骤 8~步骤 15 直到 $k = n$。

4.2.4 气井应用

根据前面介绍的方法, 为了方便对稳态模拟结果进行比较, 采用稳态模拟同样的完井进行试用, 该井的基本参数如表 4.2~表 4.4 所示。

1. 结果及分析

为了研究温度、压力、速度和密度在不同时间和不同深度的分布情况,绘制了 6 种结果曲线图,时间分别选取为 300s、600s、900s、1200s、1800s 和 3600s。此外,与稳态结果进行比较,以考察两类模型的稳定性和有效性。

1) 温度

不同时间下的温度分布如图 4.19 所示。

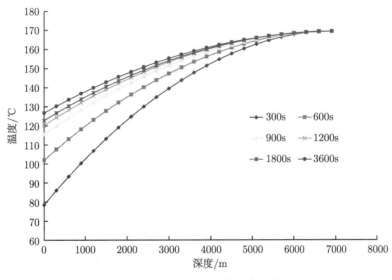

图 4.19　不同时间下的温度分布

由图 4.19 可知,当时间保持不变时,温度随着井筒深度的增加而增加;而当深度保持不变时,温度随着时间的增加而增加。主要原因是随着时间的增加,流体增加导致的摩擦热影响井筒温度,并且井筒底部和顶部的温度差随时间的增加也在减小。此外,还可以从图 4.19 发现,温度在初期变化很快,随着时间的延长趋于稳定。

为了更好地观测在确定深度下温度与时间的分布关系,选择井端温度作为观测变量作趋势结果,如图 4.20 所示。由图 4.20 可知,开井初期,温度变化很快,随着时间的延长直到 1800s 后,逐渐趋于稳定。在时间 3600s,温度分布如表 4.7 所示。

表 4.7 与稳态计算结果的最大相对误差是 2.97%,流动达到稳定后,瞬变模型和稳定模型的计算结果是一致的。从而表明瞬变模型可以模拟流动达到稳定时的流动特性,瞬变模型可以代替稳定模型。

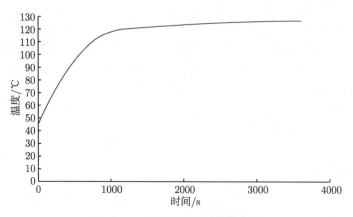

图 4.20　不同时间下的井端温度

表 4.7　温度在 3600s 分布

编号	井深/m	温度/℃	编号	井深/m	温度/℃	编号	井深/m	温度/℃
1	1	126.717	9	2400	150.741	17	4800	164.909
2	300	130.259	10	2700	153.051	18	5100	165.987
3	600	133.647	11	3000	155.207	19	5400	166.911
4	900	136.881	12	3300	157.209	20	5700	167.681
5	1200	139.961	13	3600	159.057	21	6000	168.297
6	1500	142.887	14	3900	160.751	22	6300	168.759
7	1800	145.659	15	4200	162.291	23	6600	169.067
8	2100	148.277	16	4500	163.677	24	6900	169.402

2) 压力

不同时间下的压力分布如图 4.21 所示。

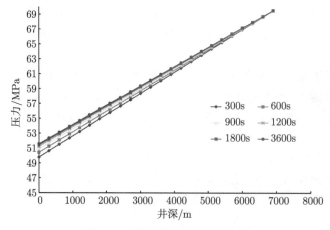

图 4.21　不同时间下的压力分布

由图 4.21 可知，当时间保持不变时，压力随着井筒深度的增加而增加。主要是因为随着产量的增加，流体流速会增加，而流速增加会导致摩擦引起的压降增加，从而引起压力减小。而当深度保持不变时，压力随着时间的增加而增加。主要原因是随着时间的增加，流体增加导致的摩擦热使井端压力增加，并且井筒底部和顶部的压力差随时间的增加也在减小。此外，还可以从图 4.21 发现，温度在初期变化很快，随着时间的延长趋于稳定。

为了更好地观测在确定深度下压力与时间的分布关系，选择井端压力作为观测变量作趋势结果，如图 4.22 所示。

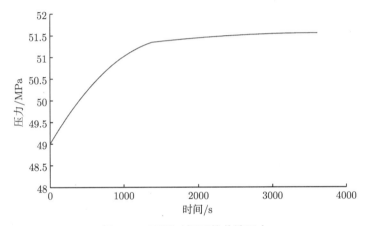

图 4.22 不同时间下的井端压力

由图 4.22 可知，开井初期，井端压力变化很快，随着时间的延长直到 1800s 后，逐渐趋于稳定。在时间 3600s，压力分布如表 4.8 所示。计算结果与稳态计算结果的最大相对误差是 3.92%，流动达到稳定后，瞬变模型和稳定模型的计算结果是一致的。

表 4.8 压力在 3600s 分布

编号	井深/m	压力/MPa	编号	井深/m	压力/MPa	编号	井深/m	压力/MPa
1	1	51.557	9	2400	57.798	17	4800	64.039
2	300	52.337	10	2700	58.578	18	5100	64.819
3	600	53.117	11	3000	59.358	19	5400	65.599
4	900	53.897	12	3300	60.138	20	5700	66.379
5	1200	54.677	13	3600	60.918	21	6000	67.159
6	1500	55.457	14	3900	61.699	22	6300	67.939
7	1800	56.238	15	4200	62.479	23	6600	68.719
8	2100	57.017	16	4500	63.259	24	6900	69.503

3) 速度

不同时间下的速度分布如图 4.23 所示。

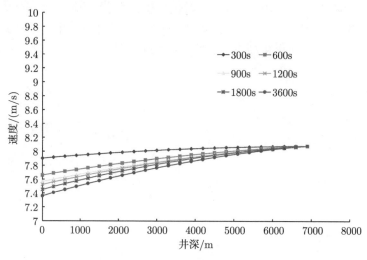

图 4.23　不同时间下的速度分布

由图 4.23 可知, 当时间保持不变时, 速度随着井筒深度的增加而增加。而当深度保持不变时, 速度随着时间的增加而减小。

为了更好地观测在确定深度下速度与时间的分布关系, 选择井端速度作为观测变量作趋势结果, 如图 4.24 所示。

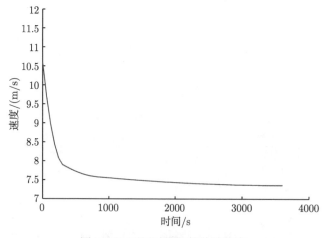

图 4.24　不同时间下的井端速度

由图 4.24 可知, 开井初期, 井端速度变化很快, 随着时间的延长直到 1800s 后, 逐渐趋于稳定。在时间 3600s, 速度分布如表 4.9 所示。计算结果与稳态计算结果的最大相对误差是 4.07%, 流动达到稳定后, 瞬变模型和稳定模型的计算结果是一致的。

表 4.9　速度在 3600s 分布

编号	井深/m	速度/(m/s)	编号	井深/m	速度/(m/s)	编号	井深/m	速度/(m/s)
1	1	7.3598	9	2400	7.6958	17	4800	7.9422
2	300	7.4067	10	2700	7.6958	18	5100	7.9667
3	600	7.4522	11	3000	7.7658	19	5400	7.9898
4	900	7.4963	12	3300	7.7987	20	5700	8.0115
5	1200	7.539	13	3600	7.8302	21	6000	8.0318
6	1500	7.5803	14	3900	7.8603	22	6300	8.0507
7	1800	7.6202	15	4200	7.889	23	6600	8.0682
8	2100	7.6587	16	4500	7.9163	24	6900	8.0821

4) 密度

不同时间下的密度分布如图 4.25 所示。

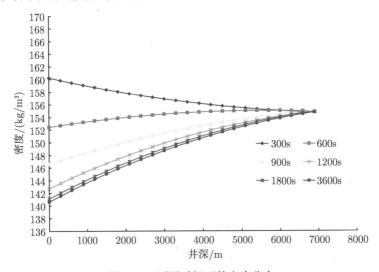

图 4.25　不同时间下的密度分布

由图 4.25 可知, 当深度保持不变时, 密度随着时间的增加而减小。

为了更好地观测在确定深度下密度与时间的分布关系, 选择井端密度作为观测变量作趋势结果, 如图 4.26 所示。

由图 4.26 可知, 开井初期, 井端密度变化很快, 随着时间的延长直到 1800s 后, 逐渐趋于稳定。在时间 3600s, 密度分布如表 4.10 所示。计算结果与稳态计算结果的最大相对误差是 1.82%, 流动达到稳定后, 瞬变模型和稳定模型的计算结果是一致的。

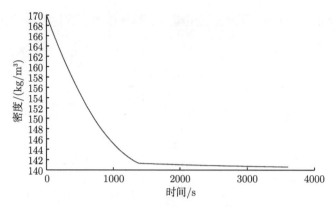

图 4.26   不同时间下的井端密度

表 4.10   密度在 3600s 分布

编号	井深/m	密度/(kg/m³)	编号	井深/m	密度/(kg/m³)	编号	井深/m	密度/(kg/m³)
1	1	140.621	9	2400	147.341	17	4800	152.141
2	300	141.566	10	2700	148.046	18	5100	152.606
3	600	142.481	11	3000	148.721	19	5400	153.041
4	900	143.366	12	3300	149.367	20	5700	153.446
5	1200	144.221	13	3600	149.981	21	6000	153.821
6	1500	145.046	14	3900	150.566	22	6300	154.166
7	1800	145.841	15	4200	151.121	23	6600	154.481
8	2100	146.606	16	4500	151.647	24	6900	154.766

4.3   本章小结

本章建立了基于稳态和瞬态的单相流动模型组, 用于预测试井过程中的关键参数, 控制方程组包括连续方程、动量方程、能量方程和真实气体状态方程, 并且分析了方程组解的存在性, 从理论上保证模型的适应性。在此基础上, 给出了一个完整真实的工程试用, 对瞬态和稳态结果进行了对比, 从数值上验证了模型的准确性。

第5章 生产过程双相气液流动关键参数预测模型和过程优化研究

在油气开发及输送过程中，气液双相流动是一种非常普遍的现象，也是研究者研究最多的一种模式。在输油管道中，随着沿线输送压力的降低，油体中的轻烃组分释放形成气液交替流动；同样，输气管道也会有重烃组分，形成气液双相流动[14]。另外，大多数油气井的输送介质在送入三相分离以前属于双相或者为了研究工作的方便，很多时候也将油水混为一相，则油气水三相流问题转化为双相流问题。

5.1 流型描述

根据流体介质在流动时相的分布情况，可以划分为不同的流动形态，也称为流型。对于双相及多相流动来讲，流型直接关系到流体的能量损失机理以及相关模型的受力状况，因此对流型进行划分是进行双相管路工艺计算的基础。流型的划分现在还没有统一标准，一般是根据流体的外观形状进行划分。

5.1.1 流型划分

气液双相流动过程中，由于双相均可变形，界面不断发生变化，从而分布状态将会不断发生改变，流型比较复杂。一般来说，流型与管道尺寸、管截面形状、管道角度、加热状态、重力场、壁面及相界面的剪切应力等因素有密切关系[157]。复杂的流动状态带来复杂的流型，不同的研究者就有不同的分法。Spedding 提出了 9 种流型，而后有很多研究者提出了不同的分类方法[158-160]。一般来说，分为以下 4 种流型进行研究，如图 5.1 所示，即泡状流（气相以分离的气泡散布在连续的液相内，在水平或倾斜管气泡趋于沿管道顶部流动）、段塞流（在液相中有弹性气泡列的流动，在垂直上升管中，弹性气泡可由气泡聚集形成）、环状流（气体（夹带有液滴）在管道中心流动形成气核）以及搅拌流（气体在液相中以混乱搅动的状态进行流动）。

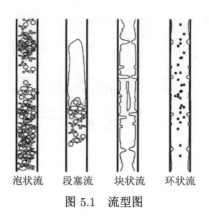

泡状流　　段塞流　　块状流　　环状流

图 5.1　流型图

5.1.2　流型预测

对于流型的预测及流型过渡准则的确定也有很大的困难，大量研究者做了很多工作，主要是绘制流型图或者根据半理论流型判别式。流型图主要依靠气液流速来确定，Baker 最早在前人研究结果的基础上发展了流型判别的流型图方法[161]。其后，出现了许多种不同条件下得到的流型图，比较有代表意义的有 Mandhane 等[162]、Weisman 等[163]、Lin 等[164]、Griffith 等[165]、Govier 等[166]、McQuillan 等[167]、Barnea 等[168] 及 Wambsganss 等[169] 的流型图。

由于流型图的确定基本是依靠实验参数，局限性较大，而且现实工程中，流型往往会出现反复，因此研究者后期更多地去探索能否从理论上分析流型确定。贡献较大的是 Taitel，他利用 Kelvin-Helmholtz 稳定性理论对分层流的气液相间结构进行研究，忽略了液相黏度，得到了判断稳定分层流的条件[99]。由于流型预测并非重点，故不再赘述。

5.2　气液双相稳定流动关键参数预测模型

流体在油管中的流动特性参数是确定管线尺寸、走向、动力设备和分离设备，以及制定操作程序的重要依据[170]。由于任何实验的范围都是有限的，且实验所需的费用也相当大，因此希望通过建立理论模型得到所需的流动特性。

5.2.1　问题描述

在油田现场，所遇到的绝大多数多相流问题是气液 (油气)、气液液 (油气水) 形式的多相流。其中，气液双相流型是核心问题，气液液三相流问题往往可以转化为气液双相问题来处理。

章龙江[171] 对水平管中的油气水三相流的压降公式进行了深入细致的推导。

张西民等 [172,173] 研究了摩擦阻力压降随折算气速、折算液速、油水混合物中含水率和管径的变化规律以及相关不同流型的摩擦阻力压降公式和全水相摩擦阻力压降倍率的公式。描述双相流动的物理模型有均相流模型、漂移模型、双流体模型和一系列简化模型 [174]。双流体模型是理论上最精确和最可信赖的模型 [175]，但一般形式的数学方程复杂，直接求解目前还有很多困难。而且有些情况下模型方程会出现复根，数值稳定性不好。Markatos 等 [77-83] 通过发展双流体理论及其应用范围在双相流建模分析中做了大量杰出的工作。

下面详细讨论生产流动过程中稳态双流体模型的建立及求解方法，并根据建立的模型对实际的完井进行仿真试用。

5.2.2 模型构建

稳态运行时，斜井油管中流体的各种参数不随时间发生变化，因此在模型中忽略与时间有关的项，根据流体力学基本定律得到稳态流动的基本方程。

1. 基本假设与符号表示

在建立模型之前，需要介绍基本假设条件。

（1）管内气液双相界面上的压力相等。

（2）相介质处于热力学平衡状态。

（3）控制体内气液双相具有相同的温度，两者处于温度平衡状态。

（4）其他假设同 4.1.2 节。

表 5.1 中符号将用于建模过程中。

表 5.1 符号表示

符号	含义
g	气相
α_g	含气率
l	液相

注：其他符号表示同 4.1.2 节

2. 数学模型

考虑如图 4.1 所示的流体系统，一个倾斜角为 θ 的直圆柱套管，流体面积为常数 A，水力直径为 d，管柱总长为 Z。从底端流到上面，在流动方向上流体经过的距离为 z。

根据假设条件，利用流体流动过程中遵循的三大守恒定律（质量守恒、动量守恒、能量守恒）[176]，分别建立连续方程、动量方程和能量方程。

1）连续方程

在建模中，因为蒸发或冷凝引起的相间质量传递被忽略，经过数学变形，得到基本方程如下。

气相连续方程：

$$v_g \alpha_g \frac{dP}{dz} + P v_g \frac{d\alpha_g}{dz} + P \alpha_g \frac{dv_g}{dz} = 0 \tag{5.1}$$

液相连续方程：

$$v_l \frac{d\alpha_g}{dz} = (1 - \alpha_g) \frac{dv_l}{dz} \tag{5.2}$$

2）动量方程

气相动量方程：

$$\rho_g v_g \alpha_g \frac{dv_g}{dz} + \alpha_g \frac{dP}{dz} + P \frac{d\alpha_g}{dz} = -\rho_g g \alpha_g \cos\theta - \frac{\tau_{lb} S_{lb}}{A} - \frac{\tau_{lg} S_{lg}}{A} \tag{5.3}$$

液相动量方程：

$$\rho_l v_l \alpha_l \frac{dv_l}{dz} + \alpha_l \frac{dP}{dz} + P \frac{d\alpha_l}{dz} = -\rho_l g \alpha_l \cos\theta - \frac{\tau_{gl} S_{gl}}{A} \tag{5.4}$$

3）能量方程

与第 4 章推导方法类似，有气相能量方程：

$$C_{Pg} \rho_g v_g \frac{dT}{dz} + \rho_g v_g^2 \frac{dv_g}{dz} + \rho_g g v_g \cos\theta - a \alpha_g (T - T_e) = 0 \tag{5.5}$$

液相能量方程：

$$C_{Pl} \rho_l v_l \frac{dT}{dz} + \rho_l v_l^2 \frac{dv_l}{dz} + v_l \frac{dP}{dz} + \rho_l g v_l \cos\theta - a \alpha_l (T - T_e) = 0 \tag{5.6}$$

组合式 (5.1)～ 式 (5.6)，关于压力、速度和温度的耦合常微分方程组如下：

$$\begin{cases} \dfrac{dv_l}{dz} = \dfrac{v_l}{1 - \alpha_g} \dfrac{d\alpha_g}{dz} \\[3mm] \dfrac{dv_g}{dz} = \dfrac{P v_g \dfrac{d\alpha_g}{dz} - \alpha_g v_g [g\cos\theta(\alpha_g \rho_g + \alpha_l \rho_l) + \dfrac{\tau_{lb} S_{lb}}{A} + \alpha_l \rho_l v_l \dfrac{dv_l}{dz}]}{\rho_g \alpha_g^2 v_g^2 - P \alpha_g} \\[3mm] \dfrac{dP}{dz} = \dfrac{-P \alpha_g \dfrac{dv_g}{dz} - P v_g \dfrac{d\alpha_g}{dz}}{\alpha_g v_g} \\[3mm] \dfrac{dT_l}{dz} = -\dfrac{v_l}{C_{Pl}} \dfrac{dv_l}{dz} - \dfrac{1}{\rho_l C_{Pl}} \dfrac{dP}{dz} - \dfrac{g\cos\theta}{C_{Pl}} - \dfrac{\alpha_l(T_{T_e})}{\rho_l v_l C_{Pl}} \\[3mm] \dfrac{dT_g}{dz} = -\dfrac{v_g}{C_{Pg}} \dfrac{dv_g}{dz} - \dfrac{g\cos\theta}{C_{Pg}} - \dfrac{\alpha_g(T_{T_e})}{\rho_g v_g C_{Pg}} \end{cases} \tag{5.7}$$

初始条件

$$P(z_0) = P_0, \quad T(z_0) = T_0, \quad \rho_g(z_0) = \frac{MP_0}{RZ_g}, \quad v(z_0) = \frac{w}{A\rho_0}$$

以上常微分方程组含有 4 个未知量需要求解，分别是压力、温度、速度和含气率。而含气率数值变化较小，并且与压力在数值上差别很大，变化对求解过程造成较大影响，产生较大的误差。同时，由于持液率的变化范围比较小 (0~1)，而在仿真过程中很有可能会发生持液率超出变化范围的情况，可见把持液率 (或截面含液率) 作为方程中的求解变量不合适，齐建波[170] 提出把持液率 (或截面含气率) 从方程中剥离出来，采用其他方法来求解，是一个较好的解决办法，在此也采用此种方法减小方程的误差和提高可计算性。

5.2.3 算法设计

为了获得准确的数值解，可以通过经验先给定一个顶部含气率 α_g 值（一般来说，先给定低一些），然后底部的压力、速度也同样通过初始条件给定。可以先测试连续方程，如果不满足，则新的含气率值重新给定（由低到高）直到达到精度要求。在下一个计算点上，采用在上一点的含气率值作为近似计算。温度的数值可以通过压力、速度由能量方程计算得出。显然，通过气相能量方程和液相能量方程，可以得出两个不同的温度值；根据假设 (3)，则方程冗余，采用两者的平均值作为最终流体的温度值。

将井深分为相等的若干段 h。段长的变化依靠井壁的厚度、井的直径、管内外流体的密度和井的几何形状。计算模型从井的特殊点（井的底端）开始。因而气体密度、流速、气体压力和温度的计算连续不断地进行直到井的顶部。根据所建立的耦合微分方程组及上面的讨论，利用 4 阶 Runge-Kutta 法计算。

1. 算法步骤

步骤 1：设定步长 h。另外，相对误差设为 ε。$\Delta \lambda$, ε 越小，结果就越准确，但是会增加计算时间。在计算过程中，设 $\Delta h = 50\text{m}$, $\Delta \lambda = 1$ 和 $\varepsilon = 5\%$（$\Delta \lambda$ 是 RK4 法的计算步长）。

步骤 2：给出初始条件，令 $h = 0$。

步骤 3：计算基于初始条件的参数或者是上一个井筒深度变量，令 $\lambda = 0$。

步骤 4：用 f_i 表示微分方程组的右半部分，$i = 1, 2, 3, 4, 5$。一组微分方程组可以被得到。

$$
\begin{cases}
f_1 = \dfrac{v_1}{1-\alpha_g}\dfrac{d\alpha_g}{dz} \\[2mm]
f_2 = \dfrac{Pv_g\dfrac{d\alpha_g}{dz} - \alpha_g v_g\left[g\cos\theta(\alpha_g\rho_g+\alpha_1\rho_1)+\dfrac{\tau_{1b}S_{1b}}{A}+\alpha_1\rho_1 v_1\dfrac{dv_1}{dz}\right]}{\rho_g\alpha_g^2 v_g^2 - P\alpha_g} \\[4mm]
f_3 = \dfrac{-P\alpha_g\dfrac{dv_g}{dz}-Pv_g\dfrac{d\alpha_g}{dz}}{\alpha_g v_g} \\[2mm]
f_4 = -\dfrac{v_1}{C_{P1}}\dfrac{dv_1}{dz} - \dfrac{1}{\rho_1 C_{P1}}\dfrac{dP}{dz} - \dfrac{g\cos\theta}{C_{P1}} - \dfrac{\alpha_1(T_{T_e})}{\rho_1 v_1 C_{P1}} \\[2mm]
f_5 = -\dfrac{v_g}{C_{Pg}}\dfrac{dv_g}{dz} - \dfrac{g\cos\theta}{C_{Pg}} - \dfrac{\alpha_g(T_{T_e})}{\rho_g v_g C_{Pg}} \\[2mm]
P(z_0)=P_0,\quad v_g(z_0)=v_{g0},\quad v_1(z_0)=v_{10},\quad T(z_0)=T_0,\quad \rho_{g0}=\dfrac{MP_0}{RZ_gT_0}
\end{cases}
$$

步骤 5：令 P, v_g, v_1, T_g, T_1 分别是 $y_i(i=1,2,3,4,5)$。基本参数可得

$$
\begin{cases}
a_{1i}=f_i(y_1,y_2,y_3,y_4) \\[1mm]
b_{1i}=f_i(y_1+ha_1/2,y_2+ha_2/2,y_3+ha_3/2,y_4+ha_4/2) \\[1mm]
c_{1i}=f_i(y_1+hb_1/2,y_2+hb_2/2,y_3+hb_3/2,y_4+hb_4/2) \\[1mm]
d_{1i}=f_i(y_1+hc_1,y_2+hc_2,y_3+hc_3,y_4+hc_4)
\end{cases}
$$

和

$$
\begin{cases}
a_{2i}=f_i(y_1,y_2,y_3,y_5) \\[1mm]
b_{2i}=f_i(y_1+ha_1/2,y_2+ha_2/2,y_3+ha_3/2,y_5+ha_4/2) \\[1mm]
c_{2i}=f_i(y_1+hb_1/2,y_2+hb_2/2,y_3+hb_3/2,y_5+hb_4/2) \\[1mm]
d_{2i}=f_i(y_1+hc_1,y_2+hc_2,y_3+hc_3,y_5+hc_4)
\end{cases}
$$

步骤 6：计算在 $j+1$ 点的液相速度、气相速度、压力和温度。

$$
y_{ki}^{(j+1)} = y_{ki}^j + h(a_{ki}+2b_{ki}+2c_{ki}+d_{ki})/6,\quad i=1,2,3,4,5,\quad j=1,2,\cdots,n,\quad k=1,2
$$

步骤 7：计算气相密度。

$$
\rho_{kg}^j = \frac{MP_k^j}{RZ_gT_k^j},\quad j=1,2,\cdots,n,\quad k=1,2
$$

步骤 8：重复步骤 2~步骤 6，直到 y_{ki}^n。

步骤 9：计算平均值。

$$
y_i^j = (y_{1i}^j + y_{2i}^j)/2,\quad i=1,2,3,4,5;\quad \rho_g^j=(\rho_{1g}^j+\rho_{2g}^j)/2,\quad j=1,2,\cdots,n
$$

2. 初始条件和参数计算

为了求解模型，一些初始条件必须被给出。初始条件设为井筒顶端。同时，一些参数计算会被给出。

（1）获得每个分点的倾斜角，参见式 (4.16)。

（2）计算气体压缩因子，参见式 (4.17) 和式 (4.18)。

（3）计算瞬态热损失利用 Hasan 和 Kabir[140] 方法。

（4）计算液相和管壁的摩擦力。

在此，气相与管壁的摩擦力被忽略。摩擦力关系由 Taitel 公式得出 [105]。

$$\frac{\eta_{\rm lb} S_{\rm lb}}{A} = \frac{f \rho_{\rm l} v_{\rm l}^2}{2d}$$

摩擦因子受到雷诺数影响，采用 Blasius 公式 [177–179]。在很多文献 (文献 [180]~[182]) 中，也采用这项公式对摩擦力进行计算：

$$f_{\rm e} = \begin{cases} \dfrac{64}{Re}, & Re \leqslant 2000 \\ \dfrac{0.3164}{Re^{0.25}}, & Re > 2000 \end{cases}$$

$$Re_{\rm l} = \frac{\rho_{\rm l} v_{\rm l} d}{\mu_{\rm l}}$$

$$\mu_{\rm l} = {\rm e}^{1.003+0.01479(1.8T+32)+0.00001982(1.8T+32)^5}$$

3. 计算初始点相关参数

$$\alpha_{\rm l} = \alpha_{\rm w} + \alpha_{\rm o}, \quad \rho_{\rm l} = \frac{\alpha_{\rm w}\rho_{\rm w} + \alpha_{\rm o}\rho_{\rm o}}{\alpha_{\rm l}}$$

$$C_{P{\rm l}} = \frac{\rho_{\rm o}\alpha_{\rm o} C_{P{\rm o}} + \rho_{\rm w}\alpha_{\rm w} C_{P{\rm w}}}{\rho_{\rm l}\alpha_{\rm l}}, \quad \rho_{\rm go} = \frac{M P_{\rm o}}{R Z_{\rm g} T_{\rm o}}$$

5.2.4 气井应用

计算模型从井的底部开始，计算被连续不断地进行直到井的顶端。

1. 完井描述

以 X 井为例对井筒的参数分布进行初步模拟计算，计算中所采用的原始数据为: 井深为 2375m；地表温度 16℃；地热传导系数 2.06 W/(m·℃)；地温梯度 0.0218℃/m；管壁内表面粗糙系数 0.00000103；有关参数参见表 5.2~ 表 5.4。

表 5.2   油管参数

直径/m	壁厚/m	米重/kg	热膨胀系数	弹性模量/GPa	泊松比	使用长度/m
0.0889	0.01295	9.49	0.0000115	215	0.3	2333.1
0.0889	0.00953	10.28	0.0000115	215	0.3	41.9

表 5.3   套管参数

测深/m	通径/m	外径/m
2333.01	0.1525	0.1778
2375	0.1549	0.1778

2. 主要结果

通过以上算法设计，井筒中气相速度、液相速度、温度及压力等关键参数分布如表 5.5 所示。同时，与测量值的对比结果如表 5.6 所示。

表 5.4   井斜角、方位角和垂直深度

编号	测深/m	井斜角/(°)	方位角/(°)	垂直深度/m	编号	测深/m	井斜角/(°)	方位角/(°)	垂直深度/m
1	0	0	0	0	14	1300	0.68	32.01	1299.908
2	100	0.49	97.56	99.99634	15	1400	0.63	204.51	1399.915
3	200	0.31	319.8	199.9971	16	1500	0.45	208.14	1499.954
4	300	0.36	199.8	299.9941	17	1600	0.91	257.53	1599.798
5	400	0.76	295.12	399.9648	18	1700	0.37	158.92	1699.965
6	500	0.72	304.5	499.9605	19	1800	0.44	179.05	1799.947
7	600	0.81	206.91	599.94	20	1900	0.56	174.44	1899.909
8	700	0.8	235.44	699.9318	21	2000	0.51	192.41	1999.921
9	800	0.84	252.56	799.914	22	2100	0.48	195.56	2099.926
10	900	0.48	161.85	899.9684	23	2200	0.61	344.44	2199.875
11	1000	0.77	19	999.9097	24	2300	0.89	307.18	2299.723
12	1100	0.97	11.68	1099.842	25	2375	0.87	257.74	2374.726
13	1200	0.86	356.34	1199.865					

表 5.5   气相速度、液相速度、温度及压力分布

编号	井深/m	气相速度/(m/s)	液相速度/(m/s)	温度/℃	压力/MPa
1	1	24	13.5	80	7
2	90	23.09781	13.15157	80.22478	7.397815
3	180	22.01219	12.75175	80.48032	7.969491
4	250	21.10253	12.37480	80.68389	8.413204
5	340	20.33891	12.01860	80.8401	8.741402
6	425	19.66564	11.68565	80.97251	9.011964
7	500	18.52310	11.36803	81.33	10.01046
8	600	18.07647	11.06624	81.47309	10.07112

续表

编号	井深/m	气相速度/(m/s)	液相速度/(m/s)	温度/℃	压力/MPa
9	700	17.64079	10.78163	81.51683	10.13987
10	770	16.89795	10.51192	81.80877	10.73457
11	850	16.18378	10.25763	82.12159	11.36515
12	940	15.49544	10.01706	82.44719	12.01387
13	1020	15.10850	9.779836	82.53525	12.17464
14	1100	14.55478	9.557113	82.80763	12.69932
15	1200	14.11463	9.345681	83.3	13.03069
16	1280	13.52555	9.138729	84	13.7504
17	1380	13.10310	8.938986	84.36	14.17103
18	1450	12.72154	8.751970	84.8	14.53612
19	1500	12.32840	8.574998	85.34	14.96608
20	1600	11.84029	8.398595	85.72	15.72709
21	1700	11.41695	8.233741	86.32	16.37931
22	1780	11.02317	8.073987	86.7	17.00538
23	1870	10.63466	7.922223	87.31	17.6797
24	1950	10.35072	7.777391	87.46	18.06603
25	2050	9.952495	7.636786	88	18.90088
26	2150	9.794312	7.501457	88.22	18.93563
27	2200	9.472653	7.369309	88.52	19.59891
28	2300	9.209321	7.241372	88.97	20.09532
29	2375	9.043878	7.118207	89.12	20.23757

表 5.6 对比结果

250m 井深	压力/MPa	温度/℃	气相速度/(m/s)	液相速度/(m/s)
计算结果	8.41320	80.68389	21.10253	12.37480
测量结果	8.3042	77.352	22.1002	12.9875
相对误差	1.31%	4.31%	4.51%	4.71%

3. 敏感性分析

为了研究不同的流量产出和地温梯度对结果的影响,分别考察这两个不同的指标,结果如下。

1) 地温梯度的影响

三种地温梯度 1.8℃/100m、2℃/100m 和 2.18℃/100m 被用来进行试验仿真,测试地温梯度影响(保持其他参数不变)。压力、温度、气相速度和液相速度的结果分别如图 5.2~ 图 5.5 所示。在同样的井深下,如果地温梯度上升,则温度下降。因为地温梯度增加后,井筒流体和地层的温差变大,导致传热增加,温度降低。但是,压力、气相速度及液相速度几乎不随地温梯度的变化而变化。

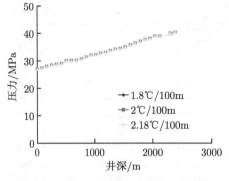

图 5.2　不同地温梯度下的压力分布

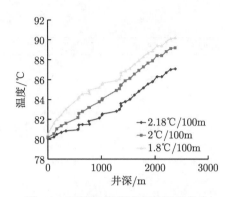

图 5.3　不同地温梯度下的温度分布

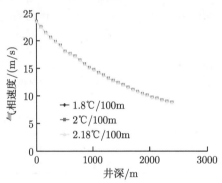

图 5.4　不同地温梯度下的气相速度分布

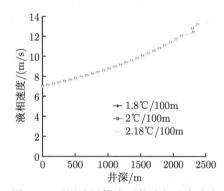

图 5.5　不同地温梯度下的液相速度分布

2）产量的影响

三种产量 $30m^3/d$、$50m^3/d$ 和 $70m^3/d$ 被用来进行试验仿真，测试产量影响（保持其他参数不变）。压力、温度、气相速度和液相速度的结果分别如图 5.6～图 5.9

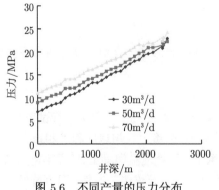

图 5.6　不同产量的压力分布

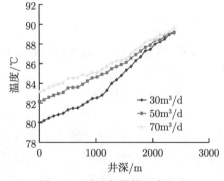

图 5.7　不同产量的温度分布

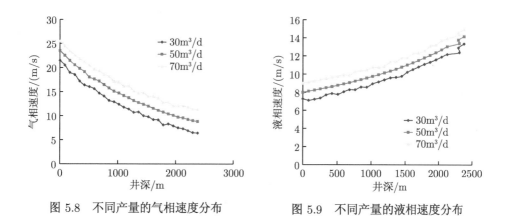

图 5.8 不同产量的气相速度分布　　　图 5.9 不同产量的液相速度分布

所示。在同样的井深条件下，所有考察参数（压力、温度、气相速度及液相速度）都随产量的增加而增加。随气相流量增加，空隙度增加，重力压降减小，故压力会升高。流量增加，显然速度会增加，从而导致摩擦生热的热量增加，故井筒流体温度也会提高。

5.3　气液双相瞬变流动关键参数预测模型

油气井的测试系统由测试目的层、测试管柱、地面节流阀、地面管线和分离器等多个流动过程串联组成，不同的流动过程遵循各自相应的流动规律[183]。实时数据的采取为论证和优选合理的测试方式、测试管柱结构、测试操作条件提供技术依据，同时也为校核油管柱、套管柱及封隔器提供基础数据，这里主要研究井筒中的压力、温度及速度等参数随时间变化预测。

5.3.1　问题描述

在油田地面集输系统以及近海油气田的开发中，在管道中流动的普遍是气液双相流。工程上往往根据稳态模型或者测量结果进行管道设计，采用加大安全系数的方法，导致投资和操作费用增加。然而，管内流动常处于不稳定状态，如气液流量变化，压力、温度变化，泄漏与停输等情况，瞬态流动中的某些参数可能剧烈变化，瞬态效应影响管道的正常运行和安全。

双流体瞬态模型[184,185]分别对各相建立质量守恒方程、动量守恒方程和能量守恒方程，并考虑了相间作用，可用于多种流型，被认为是目前最严谨的模型，经常作为对井筒内复杂的双相流现象进行描述的重要工具。双流体模型基于液相和气相的基本守恒准则，对界面关系有一个基本处理方法，所以引用范围较广。在此，考虑利用双流体模型进行建模。双流体模型建立的主要困难在于确定井壁和流体之间不断变化的关系，以及相间质量、动量和热传导效应。de Henau 等对段塞流进行了研究,建立了气相和液相瞬态动量方程[89,186]。算法依据有限容积进行求解,得到线性代数方程组,对积分方程应用牛顿线性方法求解。Issa 等利用一维瞬态双流体模型对段塞流转换机理进行了研究,以验证试验机理关系[187,188]。江延明等根据双流体模型建立了气液双相流动的水力学模型,推导出方程的特征线及其对应的相容关系式,从而将偏微分方程组转化为常微分方程组[189]。利用预估-校正算法,将计算值和实验值比较,结果表明模型能够较好地预测瞬态过程。李晓平等通过采用有限体积法,将 SIMPIE 算法推广到双相流形成 SIMPLE-MF 算法,用于双流体模型的求解,效果较好,并开发了双相流瞬态模拟程序[190]。王妍芃等给出了一个简化的油气双相流瞬态模型,模型中对控制方程组中的动量平衡方程作了局部平衡假设,采用交错网格和隐式离散格式[191]。与实验数据的比较表明,该简化模型有重要的工程应用意义。双流体模型现在也投入商用代码中,如 PLAC[192]、OLGA[193,194]。

从流场基本守恒定律出发,以双流体模型为基础,建立气液双相流瞬态井筒流动模型,并对数学方程进行矩阵分析,采用有限差分法对模型方程进行离散和数值求解。

5.3.2　模型构建

首先对基本假设和符号进行介绍。

1. **基本假设与符号表示**

(1)流体作一维流动,忽略相间质量传递和热传递。

(2)液相为不可压缩流体。

(3)其他假设同 5.2.2 节。

符号表示同 5.2.2 节。

2. **数学模型**

考虑图 4.1 所示的流体系统,一个倾斜角为 θ 的直圆柱套管,流体面积为常数 A,水力直径为 d,管柱总长为 Z。从底端流到上面,在流动方向上流体经过的距离为 z。

根据假设条件,利用双流体模型,可以得到瞬态基本方程。

1)质量平衡

井筒底部作为坐标轴起点,垂直方向作为正方向。令 dz 为微分长度,基于流体力学理论对各相产生瞬态连续方程。首先,对各相采用通用的质量方程[107]。在时间 dt,质量流入 dz 是 $\rho_k v_k \alpha_k A \mathrm{d}t$,质量流出微元段 dz 是 $[\rho_k v_k \alpha_k A + \frac{\partial}{\partial z}(\rho_k v_k \alpha_k A)]\mathrm{d}t$,质量增加为 $\frac{\partial}{\partial t}(\rho_k \alpha_k A \mathrm{d}z)\mathrm{d}t$。通过质量守恒定律[195],可得下列方程:

$$\rho_k v_k \alpha_k A \mathrm{d}t - [\rho_k v_k \alpha_k A + \frac{\partial}{\partial z}(\rho_k v_k \alpha_k A)]\mathrm{d}t = \frac{\partial}{\partial t}(\rho_k \alpha_k A \mathrm{d}z)\mathrm{d}t \qquad (5.8)$$

转化为

$$\frac{\partial(\rho_k \alpha_k)}{\partial t} + \frac{\partial(\rho_k \alpha_k v_k)}{\partial z} = 0 \tag{5.9}$$

所以，对每一相，有下列质量方程。

液相：

$$\frac{\partial(\rho_l \alpha_l)}{\partial t} + \frac{\partial(\rho_l \alpha_l v_l)}{\partial z} = 0 \tag{5.10}$$

气相：

$$\frac{\partial(\rho_g \alpha_g)}{\partial t} + \frac{\partial(\rho_g \alpha_g v_g)}{\partial z} = 0 \tag{5.11}$$

2）动量平衡

统一的动量守恒方程如下所示 [107]。

合力 = 流入微元段动量–流出微元段动量 + 在时间 dt内的动量变化

微元段包括以下力。

横截面积压力：

$$\left\{ \alpha_k P_k - \left[\alpha_k P_k + \frac{\partial(\alpha_k P_k)}{\partial z} \right] \right\} A \mathrm{d}z = -\frac{\partial(\alpha_k P_k)}{\partial z} A \mathrm{d}z$$

重力（负方向）：

$$\rho_k g \cos\theta A \mathrm{d}z$$

摩擦力（负方向）：

$$\tau_{kb} S_{kb} \mathrm{d}z$$

剪切力（负方向）：

$$\tau_{kj} S_{kj} \mathrm{d}z$$

从微元段 dz 动量流出：

$$\rho_k \alpha_k v_k^2 A + \frac{\partial(\rho_k \alpha_k v_k^2)}{\partial z} A$$

从微元段 dz 动量流入：

$$\rho_k \alpha_k v_k^2 A$$

在时间 dt 的动量变化：

$$\frac{\partial(\rho_k \alpha_k v_k)}{\partial t} A \mathrm{d}z$$

下标 k 表示任一相（液相、气相）。根据动量，可得各相的动量守恒方程。

液相：

$$\frac{\partial(\rho_l \alpha_l v_l)}{\partial t} + \frac{\partial(\rho_l \alpha_l v_l^2)}{\partial z} + \alpha_l \frac{\partial P_l}{\partial z} = -\rho_l g \alpha_l \cos\theta - \frac{\tau_{lb} S_{lb}}{A} + \frac{\tau_{lg} S_{lg}}{A} \tag{5.12}$$

气相：

$$\frac{\partial(\rho_g\alpha_g v_g)}{\partial t} + \frac{\partial(\rho_g\alpha_g v_g^2)}{\partial z} + \alpha_g\frac{\partial P_g}{\partial z} = -\rho_g g\alpha_g\cos\theta - \frac{\tau_{gb}S_{gb}}{A} - \frac{\tau_{lg}S_{lg}}{A} \tag{5.13}$$

式中，$\tau_{lb}S_{lb}$，$\tau_{gb}S_{gb}$ 分别表示液相与管壁和气相与管壁之间的摩擦力；$\tau_{lg}S_{lg}$ 表示两相间的剪切应力。在此，讨论流相是泡状流 ($\tau_{gb}S_{gb}=0$)。相间的剪切应力和质量传递不考虑（$\tau_{lg}S_{lg}=0$）。

所以，式 (5.12) 和式 (5.13) 可以改写如下。

液相：

$$\frac{\partial(\rho_l\alpha_l v_l)}{\partial t} + \frac{\partial(\rho_l\alpha_l v_l^2)}{\partial z} + \alpha_l\frac{\partial P_l}{\partial z} = -\rho_l g\alpha_l\cos\theta - \frac{\tau_{lb}S_{lb}}{A} \tag{5.14}$$

气相：

$$\frac{\partial(\rho_g\alpha_g v_g)}{\partial t} + \frac{\partial(\rho_g\alpha_g v_g^2)}{\partial z} + \alpha_g\frac{\partial P_g}{\partial z} = -\rho_g g\alpha_g\cos\theta \tag{5.15}$$

3）能量平衡

统一的能量方程 [107] 为

微元体内能量的变化量 = 流入微元体的能量 − 流出微元体的能量 − 向第二界面传递的能量

根据第 4 章，能量包含内能、压能、动能和位能，而内能和压能是关于焓的函数。不考虑质量在相间的传递，则可与 Cazarez 等 [102] 得一样的能量方程如下：

$$\frac{\partial(\rho_k\alpha_k e_k)}{\partial t} + \frac{\partial(\rho_k\alpha_k e_k v_k)}{\partial z} = \alpha_k\frac{\partial P_k}{\partial t} + \rho_k g\alpha_k\rho_k\cos\theta + \mathrm{d}Q \tag{5.16}$$

利用质量方程，可得

$$\rho_k\alpha_k\left(\frac{\partial e_k}{\partial t} + v_k\frac{\partial e_k}{\partial z}\right) = \alpha_k\frac{\partial P_k}{\partial t} + \rho_k g\alpha_k\rho_k\cos\theta + \mathrm{d}Q \tag{5.17}$$

式中，$e_k = h_k + \dfrac{v_k^2}{2}$，$h_k$ 满足下列关系

$$\begin{cases} \dfrac{\partial h_k}{\partial z} = C_{P_k}\dfrac{\partial t_k}{\partial z} - C_J\dfrac{\partial P_k}{\partial z} \\[3mm] \dfrac{\partial h_k}{\partial t} = C_{P_k}\dfrac{\partial t_k}{\partial t} - C_J\dfrac{\partial P_k}{\partial t} \end{cases} \tag{5.18}$$

C_J 是焦耳-汤姆孙系数：

$$\begin{cases} C_J = 0, & k = g \\[3mm] C_J = -\dfrac{1}{C_{PJl}}, & k = l \end{cases} \tag{5.19}$$

根据第 3 章讨论，流相与地层能量传递 $\mathrm{d}Q$ 为

$$\mathrm{d}Q = \alpha_k a(T - T_\mathrm{e})\mathrm{d}z \tag{5.20}$$

根据式 (5.16)～式 (5.20)，可得气相能量方程：

$$C_{P_\mathrm{g}}\left(\frac{\partial T_\mathrm{g}}{\partial t} + v_\mathrm{g}\frac{\partial T_\mathrm{g}}{\partial z}\right) + v_\mathrm{g}\left(\frac{\partial v_\mathrm{g}}{\partial t} + v_\mathrm{g}\frac{\partial v_\mathrm{g}}{\partial z}\right) - \frac{1}{\rho_\mathrm{g}}\frac{\partial P_\mathrm{g}}{\partial t} + v_\mathrm{g}g\cos\theta - \frac{a\alpha_\mathrm{g}(T - T_\mathrm{e})}{\rho_\mathrm{g}} = 0 \tag{5.21}$$

类似地，液相能量方程为

$$\alpha_\mathrm{l}\rho_\mathrm{l}C_{P_\mathrm{l}}\left(\frac{\partial T_\mathrm{l}}{\partial t} + v_\mathrm{l}\frac{\partial T_\mathrm{l}}{\partial z}\right) + \alpha_\mathrm{l}\rho_\mathrm{l}v_\mathrm{l}\left(\frac{\partial v_\mathrm{l}}{\partial t} + v_\mathrm{l}\frac{\partial v_\mathrm{l}}{\partial z}\right) - \alpha_\mathrm{l}v_\mathrm{l}\frac{\partial P_\mathrm{l}}{\partial t} + \alpha_\mathrm{l}\rho_\mathrm{l}v_\mathrm{l}g\cos\theta - a\alpha_\mathrm{l}(T - T_\mathrm{e}) = 0 \tag{5.22}$$

组合式 (5.10)、式 (5.11)、式 (5.14)、式 (5.15)、式 (5.21) 和式 (5.22)，耦合微分方程组如下：

$$\begin{cases}
\dfrac{\partial(\rho_\mathrm{l}\alpha_\mathrm{l})}{\partial t} + \dfrac{\partial(\rho_\mathrm{l}\alpha_\mathrm{l}v_\mathrm{l})}{\partial z} = 0 \\[2mm]
\dfrac{\partial(\rho_\mathrm{g}\alpha_\mathrm{g})}{\partial t} + \dfrac{\partial(\rho_\mathrm{g}\alpha_\mathrm{g}v_\mathrm{g})}{\partial z} = 0 \\[2mm]
\dfrac{\partial(\rho_\mathrm{l}\alpha_\mathrm{l}v_\mathrm{l})}{\partial t} + \dfrac{\partial(\rho_\mathrm{l}\alpha_\mathrm{l}v_\mathrm{l}^2)}{\partial z} + \alpha_\mathrm{l}\dfrac{\partial P_\mathrm{l}}{\partial z} = -\rho_\mathrm{l}g\alpha_\mathrm{l}\cos\theta - \dfrac{\tau_\mathrm{lb}S_\mathrm{lb}}{A} \\[2mm]
\dfrac{\partial(\rho_\mathrm{g}\alpha_\mathrm{g}v_\mathrm{g})}{\partial t} + \dfrac{\partial(\rho_\mathrm{g}\alpha_\mathrm{g}v_\mathrm{g}^2)}{\partial z} + \alpha_\mathrm{g}\dfrac{\partial P_\mathrm{g}}{\partial z} = -\rho_\mathrm{g}g\alpha_\mathrm{g}\cos\theta \\[2mm]
C_{P_\mathrm{g}}\left(\dfrac{\partial T_\mathrm{g}}{\partial t} + v_\mathrm{g}\dfrac{\partial T_\mathrm{g}}{\partial z}\right) + v_\mathrm{g}\left(\dfrac{\partial v_\mathrm{g}}{\partial t} + v_\mathrm{g}\dfrac{\partial v_\mathrm{g}}{\partial z}\right) - \dfrac{1}{\rho_\mathrm{g}}\dfrac{\partial P_\mathrm{g}}{\partial t} \\[2mm]
\quad + v_\mathrm{g}g\cos\theta - \dfrac{a\alpha_\mathrm{g}(T - T_\mathrm{e})}{\rho_\mathrm{g}} = 0 \\[2mm]
\alpha_\mathrm{l}\rho_\mathrm{l}C_{P_\mathrm{l}}\left(\dfrac{\partial T_\mathrm{l}}{\partial t} + v_\mathrm{l}\dfrac{\partial T_\mathrm{l}}{\partial z}\right) + \alpha_\mathrm{l}\rho_\mathrm{l}v_\mathrm{l}\left(\dfrac{\partial v_\mathrm{l}}{\partial t} + v_\mathrm{l}\dfrac{\partial v_\mathrm{l}}{\partial z}\right) \\[2mm]
\quad - \alpha_\mathrm{l}v_\mathrm{l}\dfrac{\partial P_\mathrm{l}}{\partial t} + \alpha_\mathrm{l}\rho_\mathrm{l}v_\mathrm{l}g\cos\theta - a\alpha_\mathrm{l}(T - T_\mathrm{e}) = 0
\end{cases} \tag{5.23}$$

式中，$\alpha_\mathrm{l} = \alpha_\mathrm{w} + \alpha_\mathrm{o}$；$\rho_\mathrm{l} = \dfrac{\alpha_\mathrm{w}\rho_\mathrm{w} + \alpha_\mathrm{o}\rho_\mathrm{o}}{\alpha_\mathrm{l}}$；$P_\mathrm{l} = P_\mathrm{g} = P$；$\alpha_\mathrm{l} + \alpha_\mathrm{g} = 1$；$C_{P_\mathrm{l}} = \dfrac{\rho_\mathrm{o}\alpha_\mathrm{o}C_{P_\mathrm{o}} + \rho_\mathrm{w}\alpha_\mathrm{w}C_{P_\mathrm{w}}}{\rho_\mathrm{l}\alpha_\mathrm{l}}$；$T_\mathrm{g} = T_\mathrm{l} = T$。

3. 模型研究

在井筒中，关键的水力流动参数是压力、含液率 (或截面含气率)、气相和液相流速以及温度。按压力、含液率、气相和液相流速将方程展开：

$$\alpha_\mathrm{g}\frac{\partial P}{\partial t} + v_\mathrm{g}\alpha_\mathrm{g}\frac{\partial P}{\partial z} + P\frac{\partial v_\mathrm{g}}{\partial z} = -Pv_\mathrm{g}\frac{\partial \alpha_\mathrm{g}}{\partial z} - P\frac{\partial \alpha_\mathrm{g}}{\partial t} \tag{5.24}$$

$$-(1-\alpha_g)\frac{\partial v_l}{\partial z} = -\frac{\partial \alpha_g}{\partial z} - v_l\frac{\partial \alpha_g}{\partial z} \tag{5.25}$$

分别将式 (5.10) 和式 (5.11) 代入式 (5.14) 和式 (5.15)，可得

$$\frac{\partial v_g}{\partial t} + v_g\frac{\partial v_g}{\partial z} + \frac{1}{\rho_g}\frac{\partial P}{\partial z} + \frac{P}{\rho_g\alpha_g}\frac{\partial \alpha_g}{\partial z} = g\cos\theta \tag{5.26}$$

$$\frac{\partial v_l}{\partial t} + v_l\frac{\partial v_l}{\partial z} + \frac{1}{\rho_l}\frac{\partial P}{\partial z} - \frac{P}{\rho_l(1-\alpha_g)}\frac{\partial \alpha_g}{\partial z} = \frac{-\tau_{lb}S_{lb} - \rho_l g(1-\alpha_g)A^2\cos\theta}{\rho_l(1-\alpha_g)A^2} \tag{5.27}$$

方程组可以被写为下列统一形式：

$$\frac{\partial U}{\partial t} + B\frac{\partial U}{\partial z} = C \tag{5.28}$$

式中，B 是系数矩阵；C 是常数项向量；U 是求解向量。

$$B = \begin{bmatrix} v_g & \dfrac{Pv_g - Pv_l}{\alpha_g} & P & \dfrac{P(1-\alpha_g)}{\alpha_g} \\ 0 & v_l & 0 & 1-\alpha_g \\ \dfrac{1}{\rho_g} & \dfrac{P}{\alpha_g\rho_g} & v_g & 0 \\ \dfrac{1}{\rho_l} & \dfrac{P}{\rho_l(1-\alpha_g)} & 0 & 0 \end{bmatrix},$$

$$C = \begin{bmatrix} 0 \\ 0 \\ g\cos\theta \\ \dfrac{-\tau_{lb}S_{lb} - \rho_l g(1-\alpha_g)A^2\cos\theta}{\rho_l(1-\alpha_g)A^2} \end{bmatrix},$$

$$U = \begin{bmatrix} P \\ \alpha_g \\ v_g \\ v_l \end{bmatrix}$$

偏微分方程组的数学特征通过矩阵的特征值系统可以给出 [196]，故求下列方程：

$$\det(B - \lambda E) = 0 \tag{5.29}$$

如果方程有互不相等的实特征值，则说明方程的适定性好。通过求解特征根可以发现特征根全互不相等而且为实值，因此双相流瞬态流动模型方程在所有的运行工

况下均为严格双曲型。

$$\begin{cases} \lambda_1 = v_{\mathrm{g}} - \sqrt{P/\rho_{\mathrm{g}}} \\ \lambda_2 = v_{\mathrm{g}} + \sqrt{P/\rho_{\mathrm{g}}} \\ \lambda_3 = v_{\mathrm{l}} - \sqrt{\rho_{\mathrm{l}}(P - 2\alpha_{\mathrm{g}}P)/\alpha_{\mathrm{g}}} \\ \lambda_4 = v_{\mathrm{l}} + \sqrt{(P - 2\alpha_{\mathrm{g}}P)/(\alpha_{\mathrm{g}}\rho_{\mathrm{l}})} \end{cases} \tag{5.30}$$

根据 5.2 节，持液率的变化对求解过程造成较大影响，根据式 (5.26) 和式 (5.27)，消去项 $\dfrac{\partial \alpha_{\mathrm{g}}}{\partial z}$，可得下列方程：

$$\frac{\alpha_{\mathrm{g}}}{P}\frac{\partial P}{\partial t} + \frac{v_{\mathrm{g}}\alpha_{\mathrm{g}}}{P}\frac{\partial P}{\partial z} + (v_{\mathrm{g}} - v_{\mathrm{l}})\frac{\partial \alpha_{\mathrm{g}}}{\partial z} + \alpha_{\mathrm{g}}\frac{\partial v_{\mathrm{g}}}{\partial z} + (1 - \alpha_{\mathrm{g}})\frac{\partial v_{\mathrm{l}}}{\partial z} = 0 \tag{5.31}$$

联立式 (5.24)、式 (5.25) 和式 (5.31)，方程组可以被写为下列统一形式：

$$D\frac{\partial U}{\partial t} + E\frac{\partial U}{\partial z} = F \tag{5.32}$$

$$D = \begin{bmatrix} \dfrac{\alpha_{\mathrm{g}}}{P} & 0 & 0 \\ 0 & \rho_{\mathrm{g}}\alpha_{\mathrm{g}}A & 0 \\ 0 & 0 & \rho_{\mathrm{l}}(1 - \alpha_{\mathrm{l}})A \end{bmatrix}$$

$$E = \begin{bmatrix} \dfrac{v_{\mathrm{g}}\alpha_{\mathrm{g}}}{P} & \alpha_{\mathrm{g}} & 1 - \alpha_{\mathrm{g}} \\ A\alpha_{\mathrm{g}} & \rho_{\mathrm{g}}\alpha_{\mathrm{g}}Av_{\mathrm{g}} & 0 \\ A(1 - \alpha_{\mathrm{g}}) & 0 & \rho_{\mathrm{l}}(1 - \alpha_{\mathrm{l}})v_{\mathrm{l}}A \end{bmatrix}$$

$$F = \begin{bmatrix} -(v_{\mathrm{g}} - v_{\mathrm{l}})\dfrac{\partial \alpha_{\mathrm{g}}}{\partial z} \\ -\tau_{\mathrm{lb}}S_{\mathrm{lb}} - \rho_{\mathrm{g}}\alpha_{\mathrm{g}}gA\cos\theta \\ -\rho_{\mathrm{l}}g(1 - \alpha_{\mathrm{g}})A\cos\theta + AP\dfrac{\partial \alpha_{\mathrm{g}}}{\partial z} \end{bmatrix}$$

$$U = \begin{bmatrix} P & v_{\mathrm{g}} & v_{\mathrm{l}} \end{bmatrix}$$

5.3.3 算法设计

一般来说，对于如上所示的非线性双曲型偏微分方程组，数值求解方法常采用特征线法和有限差分法。两种方法各有优劣，有限差分法计算稳定性好，但计算量大，耗时多；特征线法计算速度快，但时间步长要受到限制 [170]。采用隐格式法进行求解。

网格存储方式如 Harlow 和 Welch [197] 采用的方式，如图 5.10 所示，这样能够避免产生不合理的压差。

显然，方程组属于严格的一阶双曲型微分方程组。对于此类方程组，主要离散格式有 Lax-Friedrichs 格式[198]、Lax-Wendroff 格式[199] 和迎风差分格式[200]。采用迎风差分格式，时间项采用一阶全隐式格式。方程组 (5.32) 能够被写成离散化矩阵形式：

$$E_j(u_j^0)u_j^{t+\delta t} = F_j(u_j^0, u_j^t, u_{j-1}^{t+\delta t}) \tag{5.33}$$

下标 $j-1$ 和上标 t 是根据上层或者初始条件已知的，上标 0 表示通过迭代法求得的虚变量。

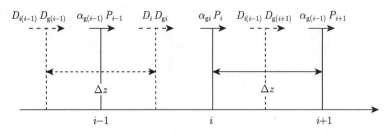

图 5.10　离散格式及变量存储形式

式 (5.33) 是大型系数线性方程组，采用高斯消去法进行求解。通过对能量方程的离散化，代入压力和速度值后可以得到温度数值。

1. 封闭条件和参数计算

在进行仿真之前，一些条件必须给出，令方程组封闭否则无法正常求解。以稳态模拟结果作为初值，利用上一节稳态求得的初值进行输入。边界条件考虑井筒底部气液相流量随时间变化以及气相份额和压力。参数计算参考 5.2 节。

2. 算法步骤

步骤 1：获得每个分点的倾斜角，参见式 (4.16)。

步骤 2：给出初始条件和边界条件。

步骤 3：通过初始条件或者上层时间数据计算矩阵 G 和 H 中的元素。

步骤 4：求解方程组 (5.33)，得到解向量 U 的值。

步骤 5：代入连续方程，利用新时层上的速度值更新得到新的含气率值 α_g。

步骤 6：利用新时层下的压力和速度值通过能量方程计算温度值。注意，由于分别对液相和气相有能量方程，显然温度值是冗余的。在此，采用平均加权作为最终温度值 $T = \dfrac{T_g + T_l}{2}$。

步骤 7：通过气体状态方程计算气相密度，$\rho_g = \dfrac{MP}{RZ_g T}$。

步骤 8：重复步骤 3～ 步骤 7，直到达到时间终点。

5.3.4 气井应用

采用稳态模拟同样的完井进行试用,该井的基本参数如表 5.2~ 表 5.4 所示。

1. 结果及分析

压力沿井筒在不同时间下的分布如图 5.11 所示。当时间保持不变时,压力随着井筒深度的增加而增加;而当深度保持不变时,压力随着时间的增加而增加。此外,还可以从图 5.12 发现,压力在初期变化很快,随着时间的延长趋于稳定。气相速度沿井筒在不同时间下的分布如图 5.13 所示。当时间保持不变时,气相速度随着井筒深度的增加而增加。而当深度保持不变时,气相速度随着时间的增加而增加。此外,还可以从图 5.14 发现,气相速度在初期变化很快,随着时间的延长趋于稳定。

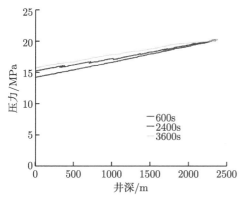

图 5.11　不同时间下的压力分布

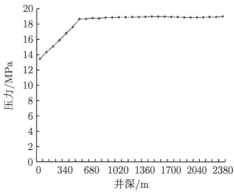

图 5.12　不同时间下的井筒顶部压力

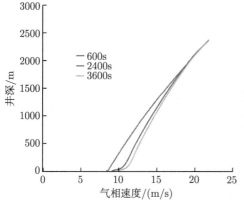

图 5.13　不同时间下的气相速度分布

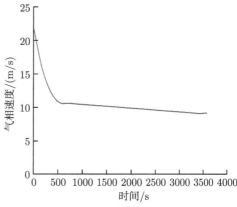

图 5.14　不同时间下的井筒顶部气相速度

　　从图 5.15 可知,当时间固定时,液相速度从 4m/s 到 7m/s 有非常小的上升趋势。顶部液相速度也有类似的趋势,如图 5.16 所示。气相速度显然比液相速度更快。

　　温度沿井筒在不同时间下的分布如图 5.17 所示。当时间保持不变时,温度随着井筒深度的增加而增加。而当深度保持不变时,温度随着时间的增加而增加。主要原因是随着时间的增加,流体增加导致的摩擦热影响井筒温度,并且井筒底部和顶部的温度差随时间的增加也在减小。此外,还可以从图 5.18 发现,温度在初期变化快,随着时间的延长趋于稳定。

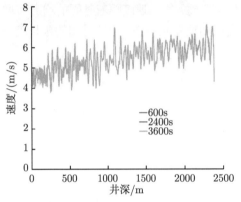

图 5.15　不同时间下的井筒液相速度

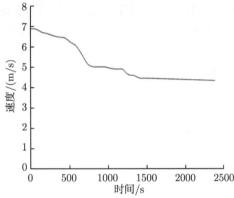

图 5.16　不同时间下的井筒顶部液相速度

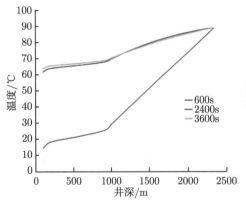

图 5.17　不同时间下的温度分布

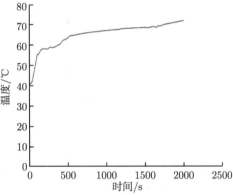

图 5.18　不同时间下的井筒顶部温度

5.4 本章小结

本章建立了基于稳态和瞬态的双相流流动模型组, 用于预测试井过程中的关键参数, 控制方程组包括连续方程、动量方程、能量方程和真实气体状态方程, 在稳态模型中, 采用 Runge-Kutta 算法进行求解, 保证了结果的准确性和解法的收敛性。在瞬态模型中, 采用隐式差分法对模型方程进行离散, 并采用高斯消去法对离散方程进行求解, 从理论上保证模型的适应性。在此基础上, 给出了一个完整真实的工程试用, 对瞬态和稳态结果进行了对比, 从数值上验证了模型的准确性。

第6章 生产过程油气水三相流动关键参数预测模型和过程优化研究

在石油生产和输送过程中，除了单相流动和双相流动以外，还有一种情形是油气水三相流。因为"液相"是油水双相混合，液相可以出现分离或者分散行为，油相和水相作为连续相。

油气水三相混合物的流动广泛应用于石油、化工及其他相关工业中，尤其在石油工业中，油气水三相混合物的流动相当普遍，而且对其流动规律的研究尤其重要[201]。油气水三相混合物流动规律的研究对油井的生产方式优选、参数设计和工况分析等是非常重要的。只有掌握油气水三相混合物的流动规律，才能保证设备安全、经济地运行。因此，油气水三相混合物流动规律的研究既具有广泛的工程应用背景，又有重要的学术价值[202]。

6.1 流型描述

三相流的流型图相当复杂，需要区别液相分离和分散区间，还要区分连续区间。油气水三相流的流型也远远复杂于气液双相流，一般来说，把气液双相分布和油水双相分布分开考虑可以简化流型的描述[174]。在此，关于流型的划分和预测并非重点，故只进行简单介绍。

6.1.1 流型划分

对于双相流建模和三相流建模最大的区别就在于后者由于两种液体的混合导致大量不同的流型[203]。如果两种液相足够混合，一种液相将分散在另一种液相中；否则，液相将呈现独立层态，原因主要取决于相的流速。即使是呈现独立的分层，液液混合界面层也会导致不同的流向分布状态，这将造成流型的复杂[96]。

20世纪90年代以来，研究者开始对垂直井筒中的三相流体进行分析，他们认为三相流体在垂直井筒中流动时，油水并不能按照之前气液双相研究中给出的那样按照含气率或持液率均匀地混合，油和水有可能是以乳状液的形式存在，因此混合物会具有乳状液的一些特殊性质[202]。关于流型的研究主要是依靠试验观察的方法，Woods等利用白矿油、水和气观测到了9种流型[204]；Spedding等用同样的流体又观测到了2种新的流型[160]。Oddie等利用煤油、氮气和水识别出6种流型[205]。Vieira[206] 和 Bannwart 等 [207] 发现了 6 种新的流型,重油、天然气和水同时在圆环轨道中流动,并且是连续相。

三相流在时间和空间都是不均匀分布的,主要指的是液相参数分布不一致,如黏度、密度等。所以,一方面,这种不均匀区别于传统的气液双相流,有必要单独研究三相流行为;另一方面,三相流与双相流极其相关,可以利用二相流理论、关系式等作为基础进行相关研究。Malinowsky [59]、Laflin 和 Oglesby [209]、Stapelberg 和 Mewes [13]、Taitel 等 [105] 扩展了双相流流型图到三相流,取得了不错的成果。

6.1.2 流型预测

有部分人认为双相流流型图可以用于描述三相流流型图,如图 6.1 所示的 Baker 图 [161],它是比较典型的一种流型预测图,可用圆锥曲线和直线对各流型分界线进行回归,得到各流型的分界线。Scott 对 Baker 图作了修正,提出了修正的 Baker 流型图 [210](图 6.2)。

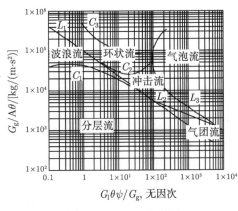

图 6.1 Baker 流型图

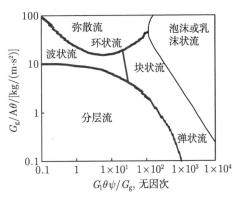

图 6.2 Scott 流型图

Taitel 等将气液双相流的 Taitel-Dukler [211] 流型划分法推广到油气水的三相流动,得到了判别分层流向其他流型转变的方法,并发现在较低气体流速下与试验吻合较好 [105]。Lin 等将气液双相流的线性稳定理论 [212] 推广应用到三相流,给出了判断层流与段塞流之间转变的方法。Saraf 等给出了三相流流态图 [213],并对流态进行了描述 [96]。于立军等得出了 4 种基本流型间相互转换的预报关系式 [214]。当油气水三相流中的油水乳化液处于 O/W 型时,含油率对流型的影响很小,油水可作为一相处理。

6.2   油气水三相稳定流动关键参数预测模型

油气水三相流是石油和化工生产中常见的流型。主要是因为水在油和天然气开发的过程中被排放，这里的水有可能产生在油气藏中（天然水），也有可能是后期生产过程中注入的水。因此，有必要对流体的关键参数如含气率、压降等进行研究以方便进行管柱的设计和操作。

6.2.1   问题描述

相比较大量的双相流文献，关于三相流的文献非常少。大都是将气 - 液 - 液三相流视作一种特殊类型的气液双相流：普通的气液双相流是关于气和均一的液相双相流，而三相流认为是气和液相混合物的双相流。根据 Falcone 等的综述，第一篇关于三相流的文献出现在 51 年前，是关于流型的研究 [215]。关于三相流建模的文章非常少，都是关于商业代码 PeTra，将三相流流型考虑成双相流流型（分层流、环状流、段塞流、泡状流），在分层流和段塞流中假设液相总是分离的 [216, 217]。在最新版中考虑在三相分层流液滴夹带进入气层或者在环状流进入气核 [216]。代码主要是基于一维瞬态三流体模型，要解 5 个连续方程（气相、油层、水层、油滴以及水滴）、3 个动量方程（油层、气相以及气 + 水滴 + 油滴）、1 个混合能量方程和 1 个压力方程 [218]。Cazarez 等发展了三流体模型，对三相泡状流进行模型研究 [102]，引入了气和油相虚拟质量力以稳定数值格式 [219–222]，并且对气–油拖拽力、气相拖拽力以及混合物与管壁摩擦力也进行了考虑 [178, 223–226]。

主要针对三相泡状流建立了关于压力、温度、速度和含率的油气水稳态流的常微分方程组。结合微分方程基本理论，证明了模型的适定性。并给出了一个相应的算法框架，证明了合理的算法步长区间。结合完井进行仿真，进行了趋势分析和敏感性分析以测试参数特征。

6.2.2   模型构建

考虑图 4.1 所示的流体系统，一个倾斜角为 θ 的直圆柱套管，流体面积为常数 A，水力直径为 d，管柱总长为 Z。从底端流到上面，在流动方向上流体经过的距离为 z。

1. 基本假设与符号表示

考虑关于 P, T, v, a 的微分方程，做以下假设。

（1）管柱内气–液–液三相流动是一维方向，并且不考虑相互间质量传递和热交换。

（2）当油气水三相流达到热力平衡时，温度在各相间是相等的。

（3）油水界面间是平坦的。

（4）油相和水相视作不可压缩流体。

（5）不考虑相间压差；表 6.1 中符号将用于建模过程中。

表 6.1　符号表示

符号	含义	符号	含义
A	导管面积（m²）	r_{to}	油管外径（m）
K_e	地层热导率 [W/(m·K)]	T_k	第二界面温度（K）
d	水力直径（m）	ft_D	时间函数（无因次）
Z	管柱长度（m）	t	生产时间（s）
w	气相质量流量（kg/m）	t_D	时间（无因次）
T_w	井筒温度（K）	M	气相分子质量（kg/mol）
U_{to}	总传热系数 [W/(m·K)]	R	气相常数 [8.314J/(mol·K)]
P	流相压力（MPa）	T_{pc}	临界温度（K）
T	流相温度（K）	T_{pr}	对比温度（无因次）
g	重力加速度（m/s²）	P_{pc}	临界压力（PA）
f	摩擦因子（无因次）	P_{pr}	对比压力（无因次）
q	热通量 [W/(m·s)]	Z_g	气相压缩因子
h	热焓（J²/s²）	Re	雷诺数（无因次）
C_J	焦耳－汤姆孙系数（K/Pa）	k_{cas}	隔热层导热系数
C_P	定压比热 [J/(kg·K)]	$P_{pr}k_{cem}$	环空辐射传热系数 [W/(m·K)]
r_{ti}	油管内径（m）	T_e	地层初始温度（K）
θ	z 方向的离散化指标	m	混合相（气液）
w	水相	k	任一相
g	气相	o	油相
i	热流系数 [W/kg·(·K)]		

2. 数学模型

在此，考虑如图 6.3 所示的三相流体系统。根据图 6.3，考虑三相泡状流，水由于密度比油气重位于底层，油层位于顶层。

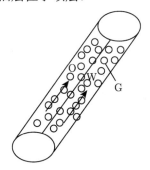

图 6.3　三相泡状流

W-水；G-气体

井筒顶端作为坐标轴起点，垂直方向作为正方向。令 dz 为微分长度。所以，在稳态条件下，根据流体力学知识，对每一个流相有以下方程成立。

1）质量守恒

水相连续方程：

$$\frac{\mathrm{d}(\rho_\mathrm{w}\alpha_\mathrm{w}v_\mathrm{w}A)}{\mathrm{d}z} = 0 \tag{6.1}$$

油相连续方程：

$$\frac{\mathrm{d}(\rho_\mathrm{o}\alpha_\mathrm{o}v_\mathrm{o}A)}{\mathrm{d}z} = 0 \tag{6.2}$$

气相连续方程：

$$\frac{\mathrm{d}(\rho_\mathrm{g}\alpha_\mathrm{g}v_\mathrm{g}A)}{\mathrm{d}z} = 0 \tag{6.3}$$

2）动量守恒

根据第 5 章的讨论以及流体力学基本知识 [227]，可得各相动量方程。

水相动量方程：

$$\frac{\mathrm{d}(\rho_\mathrm{w}\alpha_\mathrm{w}v_\mathrm{w}^2)}{\mathrm{d}z} = -\alpha_\mathrm{w}\frac{\mathrm{d}P}{\mathrm{d}z} - \rho_\mathrm{w}\alpha_\mathrm{w}g\cos\theta - \frac{\tau_\mathrm{wb}S_\mathrm{wb}}{A} - \frac{\tau_\mathrm{wo}S_\mathrm{wo}}{A} \tag{6.4}$$

油相动量方程：

$$\frac{\mathrm{d}(\rho_\mathrm{o}\alpha_\mathrm{o}v_\mathrm{o}^2)}{\mathrm{d}z} = -\alpha_\mathrm{o}\frac{\mathrm{d}P}{\mathrm{d}z} - \rho_\mathrm{o}\alpha_\mathrm{o}g\cos\theta - \frac{\tau_\mathrm{ob}S_\mathrm{ob}}{A} - \frac{\tau_\mathrm{ow}S_\mathrm{ow}}{A} \tag{6.5}$$

气相动量方程：

$$\frac{\mathrm{d}(\rho_\mathrm{g}\alpha_\mathrm{g}v_\mathrm{g}^2)}{\mathrm{d}z} = -\alpha_\mathrm{g}\frac{\mathrm{d}P}{\mathrm{d}z} - \rho_\mathrm{g}\alpha_\mathrm{g}g\cos\theta \tag{6.6}$$

式中，$\tau_\mathrm{wb}S_\mathrm{wb}$，$\tau_\mathrm{ob}S_\mathrm{ob}$ 分别表示水相与管壁以及油相与管壁的摩擦力。$\tau_\mathrm{wo}S_\mathrm{wo}$，$\tau_\mathrm{ow}S_\mathrm{ow}$（$\tau_\mathrm{wo}S_\mathrm{wo} = \tau_\mathrm{ow}S_\mathrm{ow}$）表示油相和水相之间的剪切应力。

3）能量守恒

同样地，根据第 5 章的讨论，得到统一的能量守恒方程：

$$H_k(z) + \frac{m_k v_k^2(z)}{2} - m_k gz\cos\theta = H_k(z+\Delta z) + \frac{m_k v_k^2(z+\Delta z)}{2}$$
$$-m_k g(z+\Delta z)\cos\theta + \mathrm{d}Q \tag{6.7}$$

方程 (6.7) 可以被写为下式：

$$\frac{\mathrm{d}H_k}{\mathrm{d}z} + m_k v_k \frac{\mathrm{d}v_k}{\mathrm{d}z} - m_k g\cos\theta + \frac{\mathrm{d}Q}{\mathrm{d}z} = 0 \tag{6.8}$$

除以 m_k，得

$$\frac{\mathrm{d}q_k}{\mathrm{d}z} + v_k \frac{\mathrm{d}v_k}{\mathrm{d}z} - g\cos\theta + \frac{\mathrm{d}h_k}{\mathrm{d}z} = 0 \tag{6.9}$$

h_k 表示热焓，满足下列关系

$$\frac{\mathrm{d}h_k}{\mathrm{d}z} = C_{Pk}\frac{\mathrm{d}T_k}{\mathrm{d}z} - C_\mathrm{J}C_{Pk}\frac{\mathrm{d}P_k}{\mathrm{d}z} \tag{6.10}$$

C_{J} 是焦耳-汤姆孙系数,满足下式[102]:

$$\begin{cases} C_{\mathrm{J}} = 0, & k = \mathrm{g} \\ C_{\mathrm{J}} = -\dfrac{1}{C_{Pk}\rho_k}, & k = \mathrm{o, w} \end{cases} \tag{6.11}$$

在式 (6.7) 中,$\mathrm{d}Q$ 表示流体与地层之间的热量交换。根据第 4 章的分析,可得

$$\mathrm{d}Q = a(T - T_{\mathrm{e}})\mathrm{d}z \tag{6.12}$$

所以,水相能量方程:

$$\rho_{\mathrm{w}} C_{P\mathrm{w}} \frac{\mathrm{d}T_{\mathrm{w}}}{\mathrm{d}z} + \rho_{\mathrm{w}} v_{\mathrm{w}} \frac{\mathrm{d}v_{\mathrm{w}}}{\mathrm{d}z} + \frac{\mathrm{d}P_{\mathrm{w}}}{\mathrm{d}z} - \rho_{\mathrm{w}} g\cos\theta + a\rho_{\mathrm{w}}(T - T_{\mathrm{e}}) = 0 \tag{6.13}$$

类似地,可得油相能量方程:

$$\rho_{\mathrm{o}} C_{P\mathrm{o}} \frac{\mathrm{d}T_{\mathrm{o}}}{\mathrm{d}z} + \rho_{\mathrm{o}} v_{\mathrm{o}} \frac{\mathrm{d}v_{\mathrm{o}}}{\mathrm{d}z} + \frac{\mathrm{d}P_{\mathrm{o}}}{\mathrm{d}z} - \rho_{\mathrm{o}} g\cos\theta + a\rho_{\mathrm{o}}(T - T_{\mathrm{e}}) = 0 \tag{6.14}$$

根据图 6.3,气体完全分散在油水双相流中,所以不考虑气相能量方程。最后,加上气体状态方程:

$$\rho_{\mathrm{g}} = \frac{MP_{\mathrm{g}}}{RZ_{\mathrm{g}}T} \tag{6.15}$$

组合式 (6.1)~ 式 (6.6)、式 (6.13)~ 式 (6.15),可得下列耦合常微分方程组:

$$\begin{cases} \dfrac{\mathrm{d}(\rho_{\mathrm{w}}\alpha_{\mathrm{w}}v_{\mathrm{w}}A)}{\mathrm{d}z} = 0 \\[2mm] \dfrac{\mathrm{d}(\rho_{\mathrm{o}}\alpha_{\mathrm{o}}v_{\mathrm{o}}A)}{\mathrm{d}z} = 0 \\[2mm] \dfrac{\mathrm{d}(\rho_{\mathrm{g}}\alpha_{\mathrm{g}}v_{\mathrm{g}}A)}{\mathrm{d}z} = 0 \\[2mm] \dfrac{\mathrm{d}(\rho_{\mathrm{w}}\alpha_{\mathrm{w}}v_{\mathrm{w}}^2)}{\mathrm{d}z} = -\alpha_{\mathrm{w}}\dfrac{\mathrm{d}P_{\mathrm{w}}}{\mathrm{d}z} - \rho_{\mathrm{w}}\alpha_{\mathrm{w}}g\cos\theta - \dfrac{\tau_{\mathrm{wb}}S_{\mathrm{wb}}}{A} - \dfrac{\tau_{\mathrm{wo}}S_{\mathrm{wo}}}{A} \\[2mm] \dfrac{\mathrm{d}(\rho_{\mathrm{o}}\alpha_{\mathrm{o}}v_{\mathrm{o}}^2)}{\mathrm{d}z} = -\alpha_{\mathrm{o}}\dfrac{\mathrm{d}P_{\mathrm{o}}}{\mathrm{d}z} - \rho_{\mathrm{o}}\alpha_{\mathrm{o}}g\cos\theta - \dfrac{\tau_{\mathrm{ob}}S_{\mathrm{ob}}}{A} - \dfrac{\tau_{\mathrm{ow}}S_{\mathrm{ow}}}{A} \\[2mm] \dfrac{\mathrm{d}(\rho_{\mathrm{g}}\alpha_{\mathrm{g}}v_{\mathrm{g}}^2)}{\mathrm{d}z} = -\alpha_{\mathrm{g}}\dfrac{\mathrm{d}P_{\mathrm{g}}}{\mathrm{d}z} - \rho_{\mathrm{g}}\alpha_{\mathrm{g}}g\cos\theta \\[2mm] \rho_{\mathrm{w}} C_{P\mathrm{w}} \dfrac{\mathrm{d}T_{\mathrm{w}}}{\mathrm{d}z} + \rho_{\mathrm{w}} v_{\mathrm{w}} \dfrac{\mathrm{d}v_{\mathrm{w}}}{\mathrm{d}z} + \dfrac{\mathrm{d}P_{\mathrm{w}}}{\mathrm{d}z} - \rho_{\mathrm{w}} g\cos\theta + a\rho_{\mathrm{w}}(T_{\mathrm{w}} - T_{\mathrm{e}}) = 0 \\[2mm] \rho_{\mathrm{o}} C_{P\mathrm{o}} \dfrac{\mathrm{d}T_{\mathrm{o}}}{\mathrm{d}z} + \rho_{\mathrm{o}} v_{\mathrm{o}} \dfrac{\mathrm{d}v_{\mathrm{o}}}{\mathrm{d}z} + \dfrac{\mathrm{d}P_{\mathrm{o}}}{\mathrm{d}z} - \rho_{\mathrm{o}} g\cos\theta + a\rho_{\mathrm{o}}(T_{\mathrm{o}} - T_{\mathrm{e}}) = 0 \\[2mm] \rho_{\mathrm{g}} = \dfrac{MP_{\mathrm{g}}}{RZ_{\mathrm{g}}T} \\[2mm] P_{\mathrm{w}} = P_{\mathrm{o}} = P_{\mathrm{g}} = P, \alpha_{\mathrm{w}} + \alpha_{\mathrm{o}} + \alpha_{\mathrm{g}} = 1, T_{\mathrm{w}} = T_{\mathrm{o}} = T_{\mathrm{g}} = T, y(z_0) = \varphi(z_0) \end{cases} \tag{6.16}$$

3. 模型分析

三流体模型显然要比单流体和双流体模型复杂得多，微分方程的个数要比双流体模型多一倍；另外，由于考虑了流体之间相互的关系，方程的非线性和耦合性也要比双流体模型程度高。由于耦合性，方程直接求解将会非常困难，因此对模型进行一定的简化方便数值求解。

首先，考虑气相密度是仅关于压力的函数 $\rho_g = f(P_g)$ [228]，那么：

$$\frac{\mathrm{d}\rho_g}{\mathrm{d}x} = \frac{\mathrm{d}\rho_g}{\mathrm{d}P}\frac{\mathrm{d}P}{\mathrm{d}x} = \frac{1}{c^2}\frac{\mathrm{d}P}{\mathrm{d}x} \tag{6.17}$$

c 表示音速，可以通过下列关系进行计算 [229]：

$$c = \sqrt{\frac{M}{ZRT}} \tag{6.18}$$

所以，式 (6.1)、式 (6.2) 和式 (6.3) 可以被改写为

$$\alpha_w \frac{\mathrm{d}v_w}{\mathrm{d}z} + v_w \frac{\mathrm{d}\alpha_w}{\mathrm{d}z} = 0 \tag{6.19}$$

$$\alpha_o \frac{\mathrm{d}v_o}{\mathrm{d}z} + v_o \frac{\mathrm{d}\alpha_o}{\mathrm{d}z} = 0 \tag{6.20}$$

$$v_g(1 - \alpha_w - \alpha_o)P\frac{\mathrm{d}P}{\mathrm{d}z} - \rho_g^2 v_g \frac{\mathrm{d}\alpha_o}{\mathrm{d}z} - \rho_g^2 v_g \frac{\mathrm{d}\alpha_w}{\mathrm{d}z} + \rho_g^2(1 - \alpha_w - \alpha_o)\frac{\mathrm{d}v_g}{\mathrm{d}z} = 0 \tag{6.21}$$

分别将式 (6.2)、式 (6.3) 和式 (6.21) 代入动量方程，可得下列式子：

$$2\rho_w \alpha_w v_w \frac{\mathrm{d}v_w}{\mathrm{d}z} + \alpha_w \frac{\mathrm{d}P}{\mathrm{d}z} = -\rho_w g \alpha_w \cos\theta - \frac{\tau_{wb}S_{wb}}{A} - \frac{\tau_{wo}S_{wo}}{A} \tag{6.22}$$

$$2\rho_o \alpha_o v_o \frac{\mathrm{d}v_o}{\mathrm{d}z} + \alpha_o \frac{\mathrm{d}P}{\mathrm{d}z} = -\rho_o g \alpha_o \cos\theta - \frac{\tau_{ob}S_{ob}}{A} - \frac{\tau_{ow}S_{ow}}{A} \tag{6.23}$$

$$2\rho_g^2(1 - \alpha_w - \alpha_o)v_g \frac{\mathrm{d}v_g}{\mathrm{d}z} + [(1 - \alpha_w - \alpha_o)(v_g^2 P + \rho_g)]\frac{\mathrm{d}P}{\mathrm{d}z} + \rho_g^2 v_g^2 \frac{\mathrm{d}\alpha_g}{\mathrm{d}z}$$
$$= -\rho_g^2 g(1 - \alpha_w - \alpha_o)\cos\theta \tag{6.24}$$

式 (6.22) 和式 (6.23) 相加，消去两相间的剪切应力，可得下列方程：

$$2\rho_w \alpha_w v_w \frac{\mathrm{d}v_w}{\mathrm{d}z} + 2\rho_o \alpha_o v_o \frac{\mathrm{d}v_o}{\mathrm{d}z} + (\alpha_w + \alpha_o)\frac{\mathrm{d}P}{\mathrm{d}z} = -g\cos\theta(\rho_w \alpha_w + \rho_o \alpha_o)$$
$$- \frac{\tau_{wb}S_{wb}}{A} - \frac{\tau_{ob}S_{ob}}{A} \tag{6.25}$$

组合式 (6.13)、式 (6.14)、式 (6.19)、式 (6.20)、式 (6.21) 和式 (6.25)，可得下列关于压力、气相速度、液相速度和温度的耦合微分方程：

$$
\begin{cases}
v_{\text{g}}(1-\alpha_{\text{w}}-\alpha_{\text{o}})P\dfrac{\text{d}P}{\text{d}z} - \rho_{\text{g}}^2 v_{\text{g}}\dfrac{\text{d}\alpha_{\text{o}}}{\text{d}z} - \rho_{\text{g}}^2 v_{\text{g}}\dfrac{\text{d}\alpha_{\text{w}}}{\text{d}z} + \rho_{\text{g}}^2(1-\alpha_{\text{w}}-\alpha_{\text{o}})\dfrac{\text{d}v_{\text{g}}}{\text{d}z}=0 \\[2mm]
\alpha_{\text{w}}\dfrac{\text{d}v_{\text{w}}}{\text{d}z} + v_{\text{w}}\dfrac{\text{d}\alpha_{\text{w}}}{\text{d}z}=0 \\[2mm]
\alpha_{\text{o}}\dfrac{\text{d}v_{\text{o}}}{\text{d}z} + v_{\text{o}}\dfrac{\text{d}\alpha_{\text{o}}}{\text{d}z}=0 \\[2mm]
(\alpha_{\text{w}}+\alpha_{\text{o}})\dfrac{\text{d}P}{\text{d}z} + 2\rho_{\text{w}}\alpha_{\text{w}}v_{\text{w}}\dfrac{\text{d}v_{\text{w}}}{\text{d}z} + 2\rho_{\text{o}}\alpha_{\text{o}}v_{\text{o}}\dfrac{\text{d}v_{\text{o}}}{\text{d}z} = -g\cos\theta(\rho_{\text{w}}\alpha_{\text{w}}+\rho_{\text{o}}\alpha_{\text{o}}) \\[2mm]
\quad -\dfrac{\tau_{\text{wb}}S_{\text{wb}}+\tau_{\text{ob}}S_{\text{ob}}}{A} \\[2mm]
2\rho_{\text{g}}^2(1-\alpha_{\text{w}}-\alpha_{\text{o}})v_{\text{g}}\dfrac{\text{d}v_{\text{g}}}{\text{d}z} + [(1-\alpha_{\text{w}}-\alpha_{\text{o}})(v_{\text{g}}^2 P+\rho_{\text{g}})]\dfrac{\text{d}P}{\text{d}z} \\[2mm]
\quad -\rho_{\text{g}}^2 v_{\text{g}}^2\dfrac{\text{d}\alpha_{\text{w}}}{\text{d}z} - \rho_{\text{g}}^2 v_{\text{g}}^2\dfrac{\text{d}\alpha_{\text{o}}}{\text{d}z} = -\rho_{\text{g}}^2 g(1-\alpha_{\text{w}}-\alpha_{\text{o}})\cos\theta \\[2mm]
\dfrac{\text{d}P}{\text{d}z} + \rho_{\text{w}}v_{\text{w}}\dfrac{\text{d}v_{\text{w}}}{\text{d}z} + \rho_{\text{w}}C_{P\text{w}}\dfrac{\text{d}T}{\text{d}z} = \rho_{\text{w}}g\cos\theta - a\rho_{\text{w}}(T-T_{\text{e}}) \\[2mm]
\dfrac{\text{d}P}{\text{d}z} + \rho_{\text{o}}v_{\text{o}}\dfrac{\text{d}v_{\text{o}}}{\text{d}z} + \rho_{\text{o}}C_{P\text{o}}\dfrac{\text{d}T}{\text{d}z} = \rho_{\text{o}}g\cos\theta - a\rho_{\text{o}}(T-T_{\text{e}}) \\[2mm]
\rho_{\text{g}}=\dfrac{MP}{RZ_{\text{g}}T} \\[2mm]
P(z_0)=P_0, v_{\text{g}}(z_0)=v_{\text{g}0}, v_{\text{o}}(z_0)=v_{\text{o}0}, v_{\text{w}}(z_0)=v_{\text{w}0}, \alpha_{\text{w}}(z_0)=\alpha_{\text{w}0} \\[2mm]
\alpha_{\text{o}}(z_0)=\alpha_{\text{o}0}, T_{\text{w}}(z_0)=T_0
\end{cases}
\tag{6.26}
$$

关于该微分方程的适定性证明可以参见附录 A。

方程可以被写成下列统一表达形式：

$$A\frac{\text{d}U}{\text{d}z}=B \tag{6.27}$$

式中，A 是系数矩阵；B 是包含所有代数项的矩阵向量；U 是解向量。

$$
A=\begin{bmatrix}
v_{\text{g}}(1-\alpha_{\text{w}}-\alpha_{\text{o}})P & 0 & 0 & \rho_{\text{g}}^2(1-\alpha_{\text{w}}-\alpha_{\text{o}}) & -\rho_{\text{g}}^2 v_{\text{g}} & -\rho_{\text{g}}^2 v_{\text{g}} & 0 \\
0 & \alpha_{\text{w}} & 0 & 0 & v_{\text{w}} & 0 & 0 \\
0 & 0 & \alpha_{\text{o}} & 0 & 0 & v_{\text{o}} & 0 \\
\alpha_{\text{w}}+\alpha_{\text{o}} & 2\rho_{\text{w}}v_{\text{w}}\alpha_{\text{w}} & 2\rho_{\text{o}}v_{\text{o}}\alpha_{\text{o}} & 0 & 0 & 0 & 0 \\
(1-\alpha_{\text{w}}-\alpha_{\text{o}})(v_{\text{g}}^2 P+\rho_{\text{g}}) & 0 & 0 & 2\rho_{\text{g}}^2(1-\alpha_{\text{w}}-\alpha_{\text{o}})v_{\text{g}} & -\rho_{\text{g}}^2 v_{\text{g}}^2 & -\rho_{\text{g}}^2 v_{\text{g}}^2 & 0 \\
1 & \rho_{\text{w}}v_{\text{w}} & 0 & 0 & 0 & 0 & \rho_{\text{w}}C_{P\text{w}} \\
1 & 0 & \rho_{\text{o}}v_{\text{o}} & 0 & 0 & 0 & \rho_{\text{o}}C_{P\text{o}}
\end{bmatrix}
$$

$$
B = \begin{bmatrix}
0 \\
0 \\
0 \\
-g\cos\theta(\rho_{\mathrm{w}}\alpha_{\mathrm{w}} + \rho_{\mathrm{o}}\alpha_{\mathrm{o}}) - \dfrac{\tau_{\mathrm{wb}}S_{\mathrm{wb}} + \tau_{\mathrm{ob}}S_{\mathrm{ob}}}{A} \\
-\rho_{\mathrm{g}}^2 g(1 - \alpha_{\mathrm{w}} - \alpha_{\mathrm{o}})\cos\theta \\
\rho_{\mathrm{w}}g\cos\theta - a\rho_{\mathrm{w}}(T - T_{\mathrm{e}}) \\
\rho_{\mathrm{o}}g\cos\theta - a\rho_{\mathrm{o}}(T - T_{\mathrm{e}})
\end{bmatrix}, \quad
U = \begin{bmatrix}
P \\
\upsilon_{\mathrm{w}} \\
\upsilon_{\mathrm{o}} \\
\upsilon_{\mathrm{g}} \\
\alpha_{\mathrm{w}} \\
\alpha_{\mathrm{o}} \\
T
\end{bmatrix}
$$

6.2.3　算法设计

关于常微分方程组的数值解法有很多，一般来说有 Runge-Kutta 法、线性多步法、预估–纠正法等。Runge-Kutta 法相对于其他方法应用更多 [133]。关于 Runge-Kutta 法的稳定性步长参见附录 A。

方程 (6.27) 是大型稀疏线性方程组，也有很多解法，如高斯消去法、线性分解法等。考虑到矩阵的维数很大，采用奇异值分解法能够提高计算效率，保持解的稳定和收敛 [230]。

将井深分为相等的若干段。段长的变化依靠井壁的厚度、井的直径、管内外流体的密度和井的几何形状。计算模型从井的特殊点 (井的底端) 开始。因而气体密度、流速、气体压力和温度的计算连续不断地进行直到井的顶部。根据所建立的耦合微分方程组及上面的讨论，用 4 阶 Runge-Kutta 法计算。具体算法如图 6.4 所示。

步骤 1：设定步长 h。另外，相对误差设为 ε。$\Delta\lambda$，ε 越小，结果就越准确，但是会增加计算时间。在计算过程中，设 $\Delta h = 50\mathrm{m}$，$\Delta\lambda = 1$ 和 $\varepsilon = 5\%$。

步骤 2：给出初始条件，令 $h = 0$。

步骤 3：计算基于初始条件的参数或者是上一个井筒深度变量，令 $\lambda = 0$。

步骤 4：用 f_i 表示微分方程组的右半部分，$i = 1, 2, \cdots, 7$。一组微分方程组可以被得到：

$$
\begin{cases}
\upsilon_{\mathrm{g}}(1 - \alpha_{\mathrm{w}} - \alpha_{\mathrm{o}})Pf_1 - \rho_{\mathrm{g}}^2\upsilon_{\mathrm{g}}f_6 - \rho_{\mathrm{g}}^2\upsilon_{\mathrm{g}}f_5 + \rho_{\mathrm{g}}^2(1 - \alpha_{\mathrm{w}} - \alpha_{\mathrm{o}})f_4 = 0 \\
\alpha_{\mathrm{w}}f_2 + \upsilon_{\mathrm{w}}f_5 = 0 \\
\alpha_{\mathrm{o}}f_3 + \upsilon_{\mathrm{o}}f_6 = 0 \\
2\rho_{\mathrm{w}}\alpha_{\mathrm{w}}\upsilon_{\mathrm{w}}f_2 + 2\rho_{\mathrm{o}}\alpha_{\mathrm{o}}\upsilon_{\mathrm{o}}f_3 + (\alpha_{\mathrm{w}} + \alpha_{\mathrm{o}})f_1 + P(f_5 + f_6) = \\
\quad -\rho_{\mathrm{w}}g\alpha_{\mathrm{w}}\cos\theta - \rho_{\mathrm{o}}g\alpha_{\mathrm{o}}\cos\theta - \dfrac{\tau_{\mathrm{wb}}S_{\mathrm{wb}}}{A} - \dfrac{\tau_{\mathrm{ob}}S_{\mathrm{ob}}}{A} \\
2\rho_{\mathrm{g}}^2(1 - \alpha_{\mathrm{w}} - \alpha_{\mathrm{o}})\upsilon_{\mathrm{g}}f_4 + (1 - \alpha_{\mathrm{w}} - \alpha_{\mathrm{o}})(\upsilon_{\mathrm{g}}^2 P + \alpha_{\mathrm{g}})f_1 \\
\quad -\rho_{\mathrm{g}}^2\upsilon_{\mathrm{g}}^2 f_6 - \rho_{\mathrm{g}}^2\upsilon_{\mathrm{g}}^2 f_5 = -\rho_{\mathrm{g}}^2 g(1 - \alpha_{\mathrm{w}} - \alpha_{\mathrm{o}})\cos\theta \\
\rho_{\mathrm{w}}C_{P\mathrm{w}}f_7 + \rho_{\mathrm{w}}\upsilon_{\mathrm{w}}f_2 + f_1 - \rho_{\mathrm{w}}g\cos\theta + a(T - T_{\mathrm{e}}) = 0 \\
\rho_{\mathrm{o}}C_{P\mathrm{o}}f_7 + \rho_{\mathrm{o}}\upsilon_{\mathrm{o}}f_3 + f_1 - \rho_{\mathrm{o}}g\cos\theta + a(T - T_{\mathrm{e}}) = 0
\end{cases}
$$

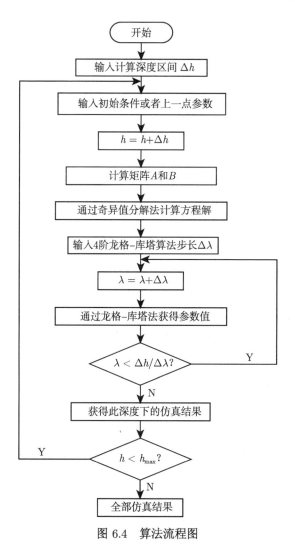

图 6.4 算法流程图

步骤 5：假设 $P, v_w, v_o, v_g, \alpha_w, \alpha_o, T$ 分别是 $y_i(i = 1, 2, \cdots, 7)$。通过奇异值分解法解方程组，可得下列一些基本参数：

$$
\begin{cases}
a_i = f_i(y_1, y_2, y_3, y_4, y_5, y_6, y_7) \\
b_i = f_i(y_1 + \Delta\lambda a_1/2, y_2 + \Delta\lambda a_2/2, y_3 + \Delta\lambda a_3/2, y_4 + \Delta\lambda a_4/2, \\
\quad y_5 + \Delta\lambda a_5/2, y_6 + \Delta\lambda a_6/2, y_7 + \Delta\lambda a_7/2) \\
c_i = f_i(y_1 + \Delta\lambda b_1/2, y_2 + \Delta\lambda b_2/2, y_3 + \Delta\lambda b_3/2, y_4 + \Delta\lambda b_4/2, \\
\quad y_5 + \Delta\lambda b_5/2, y_6 + \Delta\lambda b_6/2, y_7 + \Delta\lambda b_7/2) \\
d_i = f_i(y_1 + \Delta\lambda c_1, y_2 + \Delta\lambda c_2, y_3 + \Delta\lambda c_3, y_4 + \Delta\lambda c_4, \\
\quad y_5 + \Delta\lambda c_5, y_6 + \Delta\lambda c_6, y_7 + \Delta\lambda c_7)
\end{cases}
$$

步骤 6：计算位于 $j+1$ 点气相速度、水相速度、油相速度、含油率、含水率、压力和温度。

$$y_i^{j+1} = y_i^j + \lambda(a_i + 2b_i + 2c_i + d_i)/6, \quad i = 1, 2, \cdots, 7, \quad j = 1, 2, \cdots, n$$

步骤 7：计算气相密度。

$$\rho_g^j = \frac{MP_k^j}{RZ_g T_k^j}$$

步骤 8：$\lambda = \lambda + \Delta\lambda$ 重复步骤 6～ 步骤 8 直到 $\lambda \geqslant \Delta h/\Delta\lambda$。

步骤 9：$h = h + \Delta h$ 重复步骤 4～ 步骤 9 直到 $h \geqslant h_{\max}$。

6.2.4　气井应用

很多模型利用实验数据来测定方程的有效性 [96,102,104]，这也是一个行之有效的方法，因为它能够让分析更加深入，模型的适应性也可以通过控制参数和操作条件来进行分析研究。但是，作为完井使用来讲，不能利用实验来模拟真实的情况，误差巨大。直到现在，4570m 的井称为深井，而进行仿真的是 7100m 的超深井。在深井和超深井测试中，管柱力学分析非常复杂，所以无法利用实验来进行仿真研究。因此，利用现场数据进行模型仿真实验。

1. 模拟所需参数

模拟所需的所有参数：管内流体密度为1000kg/m³，管外流体密度为1000kg/m³，井深为 7100m，摩擦系数为 1.2，地表温度为 16℃，地温梯度为 2.18℃/m，步长为1m。

油管参数如表 6.2 所示。

表 6.2　油管参数

直径/m	壁厚/m	米重/kg	热膨胀系数	杨氏模量/GPa	泊松比	使用长度/m
88.9	9.53	18.9	0.0000115	215	0.3	1400
88.9	7.34	15.18	0.0000115	215	0.3	750
88.9	6.45	13.69	0.0000115	215	0.3	4200
73	7.82	12.8	0.0000115	215	0.3	600
73	5.51	9.52	0.0000115	215	0.3	150

套管参数如表 6.3 所示。

表 6.3 套管参数

测深/m	内径/m	外径/m
4325.69	168.56	193.7
6301.7	168.3	193.7
7100	121.42	146.1

井斜角、方位角及气井垂直深度如表 6.4 所示。

表 6.4 井斜角、方位角和垂直深度

序号	测深/m	斜角/(°)	方位角/(°)	垂直深度/m	序号	测深/m	斜角/(°)	方位角/(°)	垂直深度/m
1	0	0	120.33	0	14	3901	0.16	121.45	3899.22
2	303	1.97	121.2	302.87	15	4183	2.92	121.24	4181.09
3	600	1.93	120.28	599.73	16	4492	2.73	129.22	4489.95
4	899	0.75	126.57	898.59	17	4816.07	1.98	121.61	4813.87
5	1206	1.25	124.9	1205.45	18	5099.07	2.74	129.93	5096.74
6	1505	1.04	124.62	1504.32	19	5394.07	0.13	120.46	5391.61
7	1800	0.49	123.75	1799.18	20	5706.07	0.63	129.59	5703.47
8	2105	2.49	125.27	2104.04	21	5983.07	2.09	120.14	5980.34
9	2401	1.27	123.13	2399.91	22	6302.07	2.69	122.91	6299.19
10	2669	2.44	120.12	2667.79	23	6597.07	2.45	129.41	6594.06
11	3021	0.14	127.39	3019.63	24	6911.12	0.15	124.88	6907.96
12	3299	1.18	122.6	3297.5	25	7100	1.15	123.2	7085.88
13	3605	2.05	123.25	3603.36					

2. 步长分析

首先决定 RK4 法的最佳适应步长。首先,通过附录 A 可以得到最大的步长不能少于 10 步。如图 6.5 所示,在压力井筒分布仿真中,125、250、500 和 2500 步被选择,250 和 500 步得到的结果几乎是一致的。但是,可以发现一个现象,并不是步长越小,所得的结果越精确。主要的原因是误差的叠加性。

3. 趋势分析

趋势分析用来判断模型从物理上是否正确。主要考察油相速度、气相速度、水相速度、水含率、油含率、压力、温度和密度沿井筒的分布。如图 6.5 所示,压力随着井筒深度的增加而增加,顶端压力为 24.6MPa。主要原因是流动克服重力和摩擦力,压降变得越来越大,压降受速度和含率的影响,速度越大,压降越大。同时,流体与地层交换热量,井筒深度增加,温度增加,如图 6.6 所示。井筒顶端的温度为 162.02℃。

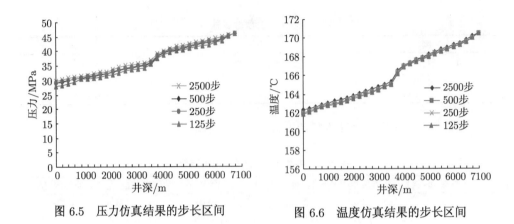

图 6.5　压力仿真结果的步长区间　　　　图 6.6　温度仿真结果的步长区间

图 6.7 所示为各相体积分数。油相的最小体积分数为 79.52%，远远大于气相体积分数（最大值 = 8.1%）和水相体积分数（最大值 = 12.38%）。这是因为此井为油井，显然油占绝大多数。顶端油相体积分数要小于底部油相体积分数。

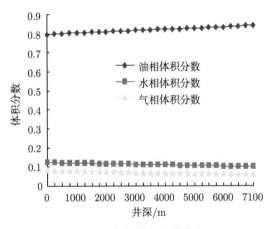

图 6.7　各相体积分数分布

图 6.8 所示为各相速度分布。通过质量守恒方程，三相流各相速度与压力和含率呈现相反趋势。气相和水相沿井筒分布速度下降的主要原因是这两相的体积分数在增加，要求速度下降以满足质量守恒方程。气相速度在相同初始条件下要大于其他两相速度，顶端气相速度为 6.388m/s，而水相速度和油相速度分别为 5.001m/s、5.205m/s 。气相速度要大于水相速度，这个现象也被 Cazarez 等 [102] 观测到，他们把它归结为密度原因，气相密度最小，而水相密度最大。然而，水相速度却比油相速度更大，原因主要是含水率使速度更大。如图 6.9 所示，气相密度随井深的增加而增加，最小的密度在井筒顶部，为 153.0781kg/m³。

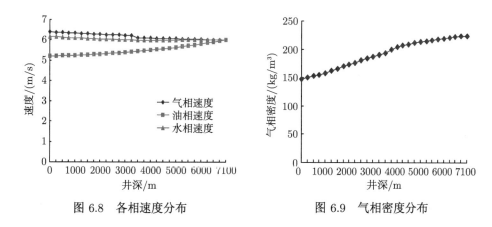

图 6.8 各相速度分布   图 6.9 气相密度分布

可以发现一个有趣的现象，在 3750m 井深时有一个突变（由于水和气的含率比较低，现象不是很明显）。这是因为在 3750m 处更换了接头，管径从 73 mm 到 88.9mm。

4. 敏感性分析

在这一过程中，主要是热传导影响因素被考虑，利用是否加入径向热传导来考察模型的适应性。热传导在很多模型中都被忽略掉[53,102]，考虑的目的主要是测试参数的重要性。图 6.10 所示为考虑热传导与否的压力分布。热传导几乎不对压力造成影响（顶端压力从有热传导的 29.19MPa 下降到没有热传导的 29.01MPa）。如图 6.11 所示，热传导对温度有明显的影响效果。温度变化随井筒明显加大（顶端温度几乎差距 3℃）。此外，如图 6.12~ 图 6.16 所示，热传导几乎不影响速度和体积分数。图 6.17 显示气体密度分布。在同样的深度下，热传导对气体密度有较小的影响（从 149.1kg/m³ 到 147.7kg/m³）。这主要是因为气相密度不仅受温度影响还受其他很多参数的影响。

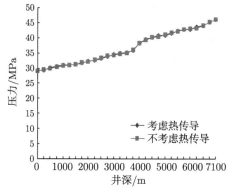 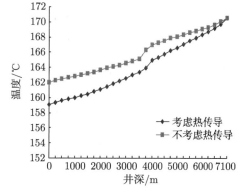

图 6.10 考虑热传导与否的压力分布   图 6.11 考虑热传导与否的温度分布

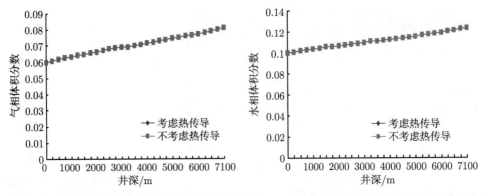

图 6.12　考虑热传导与否的气相体积分数分布　图 6.13　考虑热传导与否的水相体积分数分布

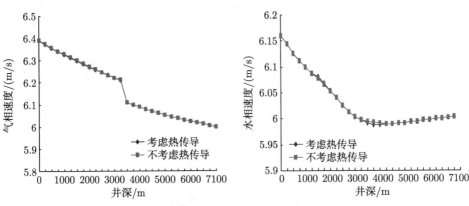

图 6.14　考虑热传导与否的气相速度分布　图 6.15　考虑热传导与否的水相速度分布

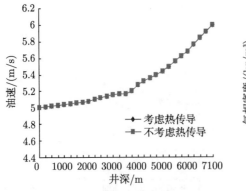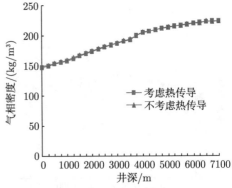

图 6.16　考虑热传导与否的油相速度分布　图 6.17　考虑热传导与否的密度分布

事实上，发现热传导几乎只影响温度，说明能量方程与质量和动量方程不是耦合的。如果只为计算压力和速度值,能量方程不是必需的。这个结论也可以在其他研究中发现[54, 89, 106, 231]。

5. 对比分析

在此,由于对三相流缺乏实验条件和现实数据,利用均一模型预测压力、速度,与现行模型进行对比。

从图 6.18 和图 6.19 可知,压力和温度在两个模型仿真结果中,靠近井筒底部时要比井端更为一致。这主要是因为在井筒底部含油率非常高,可以视作单向流,而沿着井筒分布,含油率变低而水和气相增加,误差增加。所以,最大的误差将会出现在井筒顶端,压力和温度最大误差分别为 9.5 % 和 1.6%。其他计算结果参见表 6.5。

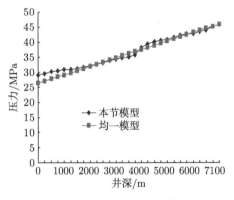

图 6.18 压力分布对比结果

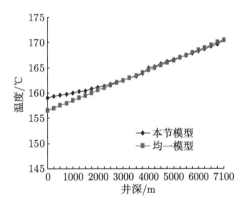

图 6.19 温度分布对比结果

表 6.5 对比结果

井筒顶部	压力/MPa	温度/°C	气相速度/(m/s)	气相密度/(kg/m³)
建立模型	29.19	159.08	6.388	149.1
Octavio's 均一模型	26.4	156.5	6.302	147.2
相对误差	9.5%	1.6%	1.3%	1.2%

6.3 油气水三相瞬变流动关键参数预测模型

在油藏开采过程中,边底水的存在是相当普遍的现象,而且到了开采的中后期,常常会采用注水、注气的方式来补充地层能量继续开采油田。油气水三相混合物存在于井筒中,因此无论哪种举升方式的油井,其井筒中流动的大多数都是油气或油气水三相混合物。与前两章类似,给出关于三相流瞬态模型,以测定参数随时间的变化规律,方便进行管柱设计和操作。

6.3.1　问题描述

　　三相流体在井筒内的流动区别于单相流和双相流的主要特征是存在更多的相面，并且相界面的形状以及各相的含率状况也随着空间和时间的变化而变化。在油气水三相流中，由于三相的体积分数变化以及沿着垂直井筒压力逐渐降低，油气水三相流型、相分布及压降沿着管道不断变化，所以若要较为准确地计算各个参数，就必须研究油气水三相流不同流型间的转变界线以及在某种流型下三相流体的流速、截面含气率、压力梯度变化规律等方面的内容。三相流流动复杂，形态转化众多，在此只对其中一种流型（环状流）进行数值建模，进而发展到其他流型的研究。

　　主要利用双流体模型针对三相环状流建立油气水瞬态流的偏微分方程组。为了简化，将油水视为均匀混合液体，结合微分方程基本理论，证明模型的适定性。利用有限差分法，结合完井进行仿真，取得了较为可靠的结果。

6.3.2　模型构建

　　考虑图 4.1 所示的流体系统，一个倾斜角为 θ 的直圆柱套管，流体面积为常数 A，水力直径为 d，管柱总长为 Z。从底端流到上面，在流动方向上流体经过的距离为 z。

　　环状流通常由位于中心管道内夹杂着小液滴的气核与壁面处一层薄薄的液膜构成，在流动方向，一些液体/气体通过夹带/沉积形成液滴/液膜，导致在相界面上会形成滚动波。此时夹杂着小液滴的气体区域流动称为气核区域流动，而液膜区域部分的流动称为液膜流动，如图 6.20 所示。

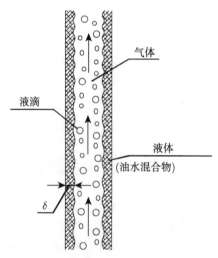

图 6.20　井筒内三相环状流示意图

1. **基本假设**

（1）气核为均一性混合物, 且液滴具有和所处位置气体相同的速度。

（2）液膜表面极小尺度的波纹波的影响可以被忽略。

（3）液膜和液滴是水和油的均匀混合物。

（4）气相和液膜之间的质量传递被忽略, 压力和温度在各相之间被视作相等的。

（5）通道界面是恒定的。

根据 Kishore 等 [232] 和 Liu 等 [233] 的文章, 假设 (1)~(4) 对于小液滴是合理和有效的。

2. **数学模型**

在此, 双流体模型用以仿真环状三相流过程。气核（夹带着液滴）和液膜（油和水混合物）分别被视为独立的两相。井筒顶端作为坐标轴起点, 垂直方向作为正方向。令 dz 为微分长度, 基于流体力学, 各相瞬态连续性方程如下。

1）质量平衡

对于恒定井筒界面的质量守恒方程有以下形式 [234]。

气核质量守恒方程:

$$\frac{\partial(\rho_c \alpha_c)}{\partial t} + \frac{\partial(\rho_c \alpha_c v_c)}{\partial z} = \dot{d} - \dot{e} = S_{\text{mass}} \tag{6.28}$$

液膜质量守恒方程:

$$\frac{\partial(\rho_l \alpha_l)}{\partial t} + \frac{\partial(\rho_l \alpha_l v_l)}{\partial z} = \dot{e} - \dot{d} = -S_{\text{mass}} \tag{6.29}$$

式中, ρ_c 和 ρ_l 分别表示气核和液膜的密度; α_c 和 α_l 分别是气核和液膜的体积分数, $\alpha_c + \alpha_l = 1$。v_l 和 v_c 分别表示气核和液膜的速度; 夹带或者沉积引起的气核和液膜之间的质量传递由 S_{mass} 表示; $\dot{d}$ 和 $\dot{e}$ 分别表示夹带率和沉积率。

2）动量守恒

通过 Xu 等的推导, 动量守恒方程如下。

气核动量守恒方程:

$$\frac{\partial(\rho_c \alpha_c v_c)}{\partial t} + \frac{\partial(\rho_c \alpha_c v_c^2)}{\partial z} = -\alpha_c \frac{\partial P_c}{\partial z} - \alpha_c \rho_c g \cos\theta + \dot{e} v_{lc} - \dot{d} v_{cl} - \tau_{lg} S_g \tag{6.30}$$

液膜动量守恒方程:

$$\frac{\partial(\rho_l \alpha_l v_l)}{\partial t} + \frac{\partial(\rho_l \alpha_l v_l^2)}{\partial z} = -\alpha_l \frac{\partial P_l}{\partial z} - \alpha_l \rho_l g \cos\theta + \dot{d} v_{cl} - \dot{e} v_{lc} + \tau_{gl} S_g - \tau_{lw} S_l \tag{6.31}$$

式中，τ_g、τ_{gl} 和 τ_w 分别表示气核和液膜之间的剪切应力以及液膜与管壁之间的摩擦力；P_l, P_c 分别表示液膜和气核的压力；S_l, S_g 是液膜和气核的湿周长；v_{cl}, v_{lc} 分别表示当气核/液膜转换到液膜/气核时的深度。根据 Alipchenkov 等 [235] 的讨论，$v_{cl} = v_c, v_{lc} = v_l$。

3）能量方程

根据 Xu 等和 Cazarez 等 [102] 的讨论，能量方程如下。

气核能量方程：

$$\rho_c C_{P_c}\left[\frac{\partial T_c}{\partial t} + v_c \frac{\partial T_c}{\partial z}\right] + v_c\left[\frac{\partial v_c}{\partial t} + \rho_c v_c \frac{\partial v_c}{\partial z}\right] - \frac{\partial P_c}{\partial t} = v_c g\cos\theta + \dot{e}h_c - \dot{d}h_l \quad (6.32)$$

液膜能量方程：

$$\rho_l C_{P_l}\left[\frac{\partial T_l}{\partial t} + v_l \frac{\partial T_l}{\partial z}\right] + v_l\left[\frac{\partial v_l}{\partial t} + \rho_l v_l \frac{\partial v_l}{\partial z}\right] - v_l\frac{\partial P_l}{\partial t} = v_l g\cos\theta$$
$$+ \dot{d}h_l - \dot{e}h_c + a\rho_l(T_l - T_e) \quad (6.33)$$

式中，$C_{P_l}, C_{P_c}, T_l, T_c$ 和 h_l, h_c 分别是液膜和气核的热容、温度以及热焓；$a = \dfrac{2\pi r_{to} U_{to} K_e}{w(r_{to} U_{to} f(t_D) + K_e)}$ 表示液膜与地层之间的热传导系数；T_e 是地层温度。气核混合物近似认为是气相，所以气相焦耳-汤姆孙系数被使用。根据假设，温度和压力在各相面相等（$P = P_c = P_l$；$T = T_c = T_l$）。

3. 模型简化

因为模型的高度耦合性，所以直接求解和分析模型非常困难。所以，对模型进行数学分析以方便求解。

通过假设 (2)，气核混合物被视为气相流，液膜被视为不可压缩流体（密度的变化被忽略）。

首先，考虑气体密度是压力的函数 $\rho_c = f(P)$ [236, 237]，有以下方程。

$$\frac{\partial \rho_c}{\partial z} = \frac{\partial \rho_c}{\partial P}\frac{\partial P}{\partial z} = \frac{1}{c_g^2}\frac{\partial P}{\partial z} \quad (6.34)$$

$$\frac{\partial \rho_c}{\partial t} = \frac{\partial \rho_c}{\partial P}\frac{\partial P}{\partial t} = \frac{1}{c_g^2}\frac{\partial P}{\partial t} \quad (6.35)$$

式中，c_g 表示气相声速。

式 (6.28) 和式 (6.29) 可以写为

$$\rho_c\frac{\partial \alpha_c}{\partial t} + \frac{\alpha_c}{c_g^2}\frac{\partial P}{\partial t} + \rho_c\alpha_c\frac{\partial v_c}{\partial z} + \frac{\alpha_c v_c}{c_g^2}\frac{\partial P}{\partial z} + \rho_c v_c\frac{\partial \alpha_c}{\partial z} = S_{\text{mass}} \quad (6.36)$$

$$\rho_l \frac{\partial \alpha_l}{\partial t} + \rho_l \alpha_l \frac{\partial v_l}{\partial z} + \rho_l v_l \frac{\partial \alpha_l}{\partial z} = -S_{\text{mass}} \tag{6.37}$$

类似地, 式 (6.30) 和式 (6.31) 可以简化为

$$\rho_c \alpha_c \frac{\partial v_c}{\partial t} + \rho_c v_c \frac{\partial \alpha_c}{\partial t} + \frac{\alpha_c v_c}{c_g^2} \frac{\partial P}{\partial t} + \rho_c \alpha_c v_c \frac{\partial v_c}{\partial z} + \rho_c v_c^2 \frac{\partial \alpha_c}{\partial z} + \frac{\alpha_c v_c^2}{c_g^2} \frac{\partial P}{\partial z} = \tag{6.38}$$
$$-\alpha_c \frac{\partial P}{\partial z} - \alpha_c \rho_c g \cos\theta + \dot{e}v_l - \dot{d}v_c - \tau_{lg} S_g$$

$$\rho_l \alpha_l \frac{\partial v_l}{\partial t} + \rho_l v_l \frac{\partial \alpha_l}{\partial t} + \rho_l \alpha_l v_l \frac{\partial v_l}{\partial z} + \rho_l v_l^2 \frac{\partial \alpha_l}{\partial z} = -\alpha_l \frac{\partial P}{\partial z} \tag{6.39}$$
$$-\alpha_l \rho_l g \cos\theta + \dot{d}v_{cl} - \dot{e}v_{lc} + \tau_{gl} S_g - \tau_{lw} S_l$$

组合式 (6.32)、式 (6.33)、式 (6.36)~ 式 (6.39), 关于压力、速度和体积分数的耦合微分方程的数学形式如下:

$$\left\{ \begin{array}{l} \rho_c \dfrac{\partial \alpha_c}{\partial t} + \dfrac{\alpha_c}{c_g^2} \dfrac{\partial P}{\partial t} + \rho_c v_c \dfrac{\partial \alpha_c}{\partial z} + \rho_c \alpha_c \dfrac{\partial v_c}{\partial z} + \dfrac{\alpha_c v_c}{c_g^2} \dfrac{\partial P}{\partial z} = S_{\text{mass}} \\[3mm] -\rho_l \dfrac{\partial \alpha_c}{\partial t} - \rho_l v_l \dfrac{\partial \alpha_c}{\partial z} + \rho_l(1-\alpha_c) \dfrac{\partial v_l}{\partial z} = -S_{\text{mass}} \\[3mm] \rho_c v_c \dfrac{\partial \alpha_c}{\partial t} + \rho_c \alpha_c \dfrac{\partial v_c}{\partial t} + \dfrac{\alpha_c v_c}{c_g^2} \dfrac{\partial P}{\partial t} + \rho_c v_c^2 \dfrac{\partial \alpha_c}{\partial z} + \rho_c \alpha_c v_c \dfrac{\partial v_c}{\partial z} + \left(\dfrac{\alpha_c v_c^2}{c_g^2} + \alpha_c \right) = \\[3mm] \dfrac{\partial P}{\partial z} - \alpha_c \rho_c g \cos\theta + \dot{e}v_l - \dot{d}v_c - \tau_{lc} S_c \\[3mm] -\rho_l v_l \dfrac{\partial \alpha_c}{\partial t} + \rho_l(1-\alpha_c) \dfrac{\partial v_l}{\partial t} - \rho_l v_l^2 \dfrac{\partial \alpha_c}{\partial z} + \rho_l(1-\alpha_c)v_l \dfrac{\partial v_l}{\partial z} + (1-\alpha_c) \\[3mm] \dfrac{\partial P}{\partial z} = -(1-\alpha_c)\rho_l g \cos\theta + \dot{d}v_c - \dot{e}v_l + \tau_{cl} S_c - \tau_{lw} S_l \\[3mm] v_c \dfrac{\partial v_c}{\partial t} - \dfrac{\partial P_c}{\partial t} + \rho_c C_{P_c} \dfrac{\partial T}{\partial t} + \rho_c v_c^2 \dfrac{\partial v_c}{\partial z} + \rho_c C_{P_c} v_c \dfrac{\partial T}{\partial z} = v_c g \cos\theta + \dot{e}h_c - \dot{d}h_l \\[3mm] v_l \dfrac{\partial v_l}{\partial t} - v_l \dfrac{\partial P_l}{\partial t} + \rho_l C_{P_l} \dfrac{\partial T}{\partial t} + \rho_l v_l^2 \dfrac{\partial v_l}{\partial z} + \rho_l C_{P_l} v_l \dfrac{\partial T}{\partial z} = v_l g \cos\theta \\[3mm] +\dot{d}h_l - \dot{e}h_c + a\rho_l(T-T_e) \\[3mm] \alpha_c(z_0) = \alpha_{c0}, v_c(z_0) = v_{c0}, v_l(z_0) = v_{l0}, P(z_0) = P_0, T(z_0) = T_0 \end{array} \right. \tag{6.40}$$

4. 模型分析

在进行数值仿真之前，有必要对方程组的适定性进行相关分析。

非线性模型 (6.40) 对于其特征根是实根还是复根非常敏感。如果微分方程的特征值是复值，那么基于初值问题是不适定的。模型将不稳定并且结果不收敛于唯一解[238]。本小节主要对系统的适定性进行相关讨论。事实上，根据 Xu 等关于三相泡状流的分析，能量方程与质量方程和动量方程不耦合，温度可以通过迭代计算。所以在适定性分析中，不考虑能量方程。模型为包括质量方程和动量方程的一阶偏微分方程组，可以写为下列矩阵形式：

$$A\frac{\partial \psi}{\partial t} + B\frac{\partial \psi}{\partial z} = C \tag{6.41}$$

式中，A 和 B 是系数矩阵，其元素可由流体参数计算出；C 是包含所有代数项的向量；ψ 是解向量，$\psi = (\alpha_c, v_c, v_l, P)^T$。

通过以上的定义，矩阵 A、B 和 C 有如下形式：

$$A = \begin{bmatrix} \rho_c & 0 & 0 & \dfrac{\alpha_c}{c_g^2} \\ -\rho_l & 0 & 0 & 0 \\ \rho_c v_c & \rho_c \alpha_c & 0 & \dfrac{\alpha_c v_c}{c_g^2} \\ -\rho_l v_l & 0 & \rho_l(1-\alpha_c) & 0 \end{bmatrix}$$

$$B = \begin{bmatrix} \rho_c v_c & \rho_c v_c & 0 & \dfrac{\alpha_c v_c}{c_g^2} \\ -\rho_l v_l & 0 & \rho_l(1-\alpha_c) & 0 \\ \rho_c v_c^2 & \alpha_c \rho_c v_c & 0 & \dfrac{\alpha_c v_c^2}{c_g^2} + \alpha_c \\ -\rho_l v_l^2 & 0 & \rho_l(1-\alpha_c)v_l & 1-\alpha_c \end{bmatrix}$$

$C = (S_{\text{mass}}, -S_{\text{mass}}, -\alpha_c \rho_c g\cos\theta + \dot{e}v_l - \dot{d}v_c - \tau_{\text{lg}}S_g, -(1-\alpha_c)\rho_l g\cos\theta + \dot{d}v_{cl} - \dot{e}v_{lc} + \tau_{\text{gl}}S_g - \tau_{\text{lw}}S_l)^T$

通过矩阵相关理论，偏微分方程的特征值可以通过求解下列方程获得：

$$\det[\lambda A - B] = 0 \tag{6.42}$$

式中，λ 表示方程组的特征值。显然，行列式可以展开为以下多项式：

$$k_1 \lambda^4 + k_2 \lambda^3 + k_3 \lambda^2 + k_4 \lambda + k_5 = 0 \tag{6.43}$$

在方程 (6.43) 中，k_1, k_2, k_3, k_4 和 k_5 如下：

$$k_1 = \frac{\rho_c \varphi_2^2 \alpha_c}{c_g^2}$$

$$k_2 = \frac{\rho_c \varphi_1 \varphi_2 v_c \alpha_c - \rho_c \varphi_2^2 \alpha_c^2 - \rho_c \varphi_2^2 v_c \alpha_c}{c_g^2}$$

$$k_3 = \frac{\begin{array}{c} \rho_c \varphi_2^2 v_c \alpha_c^2 + \rho_c v_1 \varphi_2^2 v_c \alpha_c + \rho_c v_1 \varphi_2^2 \alpha_c^2 - \rho_c (1-\alpha_c) c_g^2 \varphi_2^2 \\ -\rho_c \varphi_1 \varphi_2 v_c^2 \alpha_c - \rho_c \varphi_1 v_1 \varphi_2 v_c \alpha_c - \rho_c \varphi_1 c_g^2 \varphi_2 \alpha_c \end{array}}{c_g^2}$$

$$k_4 = \frac{\begin{array}{c} -(1-\alpha_c) c_g^2 \varphi_1^2 \varphi_2 + (1-\alpha_c) c_g^2 \varphi_1 \varphi_2^2 + \rho_c v_1 \varphi_1 \varphi_2 v_c^2 \alpha_c \\ +\rho_c v_1 c_g^2 \varphi_1 \varphi_2 \alpha_c - \rho_c v_1 \varphi_2^2 v_c \alpha_c^2 + \rho_c (1-\alpha_c) c_g^2 \varphi_2^2 \alpha_c \end{array}}{c_g^2}$$

$$k_5 = \varphi_1^2 \varphi_2 v_c (1-\alpha_c) - \varphi_1 \varphi_2^2 \alpha_c (1-\alpha_c)$$

式中，$\varphi_1 = \rho_c v_c$ 和 $\varphi_2 = \rho_1 (1-\alpha_c)$。

四次方程 (6.43) 能够通过标准的费拉里公式 [239] 解出。但是，解非常复杂而且不易进行稳定性分析。利用下列假设：$\alpha_c v_c^2 \ll c_g^2$。在这个条件下，$\frac{\alpha_c}{c_g^2}$、$\frac{\alpha_c v_c}{c_g^2}$ 和 $\frac{\alpha_c v_c^2}{c_g^2}$ 几乎等于零。那么，方程退化成二次型方程（类似的处理方法也在 Cazarez 等 [102] 的文章中可以发现，他们通过类似的假设将六次型方程退化成二次型方程）。

$$\eta_1 \lambda^2 + \eta_2 \lambda + \eta_3 = 0 \tag{6.44}$$

在方程 (6.44) 中，η_1, η_2 和 η_3 如下：

$$\eta_1 = -\varphi_2 \alpha_c (1-\alpha_c) \rho_c^2 - \rho_1 \varphi_1 \varphi_2 \alpha_c$$

$$\eta_2 = -(1-\alpha_c) \varphi_1^2 \varphi_2 + \rho_1 v_1 \alpha_c \varphi_1 \varphi_2 + 2\rho_c \alpha_c (1-\alpha_c) \varphi_1 \varphi_2$$

$$\eta_3 = \varphi_1^2 \varphi_2 v_c (1-\alpha_c) - \varphi_1^2 \varphi_2 \alpha_c (1-\alpha_c)$$

三相环状流的特征根解如下：

$$\lambda_{1,2} = \frac{-\eta_2 \pm \sqrt{\eta_2^2 - 4\eta_1 \eta_3}}{2\eta_1} \tag{6.45}$$

如果要有实根，则它的判别式 Δ 必须大于等于 0：

$$\Delta = \eta_2^2 - 4\eta_1 \eta_3 \tag{6.46}$$

关于式子的数值评估需要输入气相和液相体积分数，以及相关速度。实际的环状流工程值也需要被代入公式进行相关验证。在这里，引入 Caetano 等 [240] 提出的关系式 (6.47)，这个关系也是经常被用来判别流型的经验关系。由式 (6.47)，从搅拌流过渡到环状流的阈值仅仅与气核的表观速度和液相参数相关，而与液膜表观速度和井筒尺寸无关。然而，大量的研究却证明后二者是影响环状流的两个重要因素。

$$\frac{v_{sc}\rho_c^{0.5}}{[\sigma g(\rho_1 - \rho_c)]^{0.25}} = 3 \tag{6.47}$$

通过分析大量关于油气水三相环状流的实验数据，Furukawa 等[241] 发现如果 $\alpha_c <$ 0.75，气相总是不连续的，而 $\alpha_c \geqslant 0.75$ 气相和液相都连续。

通过以上分析，取气核速度和液膜速度分别为 4.0m/s 和 0.5m/s。图 6.21 显示在气相含率取不同的值（范围从 0.75 到 0.99）曲线下，所计算的特征根的值 λ_1 和 λ_2 都是实根，所以系统适定性较好。

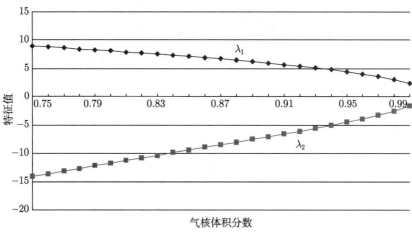

图 6.21　特征值分析计算

5. 封闭条件

为了使模型封闭，一些参数计算公式必须给出。封闭条件包括夹带率、沉积率、液膜和管壁的摩擦力、液膜和气核的剪切应力、几何参数、热焓以及气核密度。

1）夹带率和沉积率

夹带率和沉积率是环状流两个重要的参数，对其他指标有重要影响。

沉积率有如下形式：

$$\dot{d} = K_d C$$

式中，C 是液滴浓度，kg/m³；K_d 是沉积率系数。有很多研究者对此项公式的相关系数进行了实验研究[242-246]。Hewitt[242] 的沉积关系利用 Hutchinson 和 Whalley 的实验数据，沉积系数几乎为常数（$K_d = 0.15$m/s 和 $C = \dfrac{\dot{m}_D}{\dot{m}_g/\rho_g + \dot{m}_D/\rho_D}$）。

对于夹带率，Sawant 等 [245] 的关系式在不同的参数条件下最为准确，同样的关系也在 Liu 等 [233] 的文章中被采用。因此，在此利用他们的关系式：

$$E = E_m \tanh(2.31 \times 10^{-4} Re_f^{-0.35} We^{1.25}), \quad E_m = 1 - \frac{250\ln(Re_f) - 1265}{Re_f}$$

那么，夹带率可以用下式进行计算：$\dot{e} = Em_l$。

2）剪切应力

对于流体和管壁以及它们之间的剪切应力需要给出封闭环状流模型。利用下列方程进行计算。

最常用来计算管道内壁面的剪切应力的式子如下：

$$\tau_{lw} = \frac{1}{2} f_{lw} \rho_l v_l |v_l| \tag{6.48}$$

根据 Taitel 等 [99] 给出的公式，计算如下：$f_{lw} = 0.046 Re_l^{-0.2}$ （对于湍流）和 $f_{lw} = 16 Re_l^{-1}$ （对于层流）。其中，Re_l 可以利用式 $Re_l = \frac{\rho_l v_l D_{hl}}{\mu_l}$ 计算，$D_{hl} = \frac{4A_l}{S_l}$。

而气核和液膜的剪切应力由于液膜波面的拖拽作用计算比较复杂 [247]。根据假设 (3)，下列公式用来计算界面剪切应力。

$$\tau_{lc} = \frac{1}{2} f_{lg} \rho_c (v_l - v_c) |v_l - v_c| \tag{6.49}$$

界面间的摩擦因子近似认为与气体摩擦因子相等。

$f_{lg} = 0.046 Re_c^{-0.2}$ （对于湍流）和 $f_{lg} = 16 Re_c^{-1}$ （对于层流）。其中，Re_l 可以利用式 $Re_c = \frac{\rho_c v_c D_{hc}}{\mu_g}$ 计算，$D_{hc} = \frac{4A_c}{S_c}$。

3）几何参数

如图 6.22 所示，一些几何参数关系可以给出。

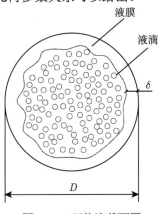

图 6.22　环状流截面图

界面面积如下：

$$\alpha_c = \frac{A_c}{A} \tag{6.50}$$

所以，

$$S_c = \pi D \sqrt{\alpha_c}, \quad S_l = \pi D \tag{6.51}$$

通过假设 (4)，气核的湿周长为 $D - 2\delta = D(1 - \underline{\delta})$。其中，$\underline{\delta} = \delta/D$。那么，液膜厚度可以近似计算：

$$\delta = D(1 - \sqrt{\alpha_c}) \tag{6.52}$$

4）热焓

Tortike [134] 给出了当 $0℃ \leqslant T \leqslant 72℃$ 时一系列的经验公式，采用下列经验式近似计算热焓：

$$h_l = 23665.2 - 366.232T + 2.26952T^2 - 0.00730365T^3 + 1.3024 \times 10^{-5}T^4$$
$$- 1.22103 \times 10^{-8}T^5 + 4.70878 \times 10^{-12}T^6$$

$$h_g = -22026.9 + 365.317T - 2.25837T^2 + 0.0073742T^3 - 1.33437 \times 10^{-5}T^4$$
$$+ 1.26913 \times 10^{-8}T^5 - 4.9688 \times 10^{-12}T^6$$

关系式中用的是 SI 公制单位。

5）气核密度

Cioncolini 等 [248] 给出了关于气核密度的检验关系式：

$$\rho_c = (1 - \varepsilon_c)\rho_l + \varepsilon_c\rho_g, \quad \varepsilon_c = \frac{\alpha_c}{\alpha_c + \gamma(1 - \alpha_c)} \tag{6.53}$$

式中，$\gamma = e\dfrac{\alpha_c}{1 - \alpha_c}\dfrac{1 - x}{x}\dfrac{\rho_g}{\rho_l}$。在此，为了简化计算利用常数近似 $\gamma = 1$。

6.3.3　算法设计

一般来说，对于偏微分方程的数值解法采用有限微分法、有限元或者有限体积法。有限差分法要比其他方法适应性更广，并且更易于计算 [249]。有限差分法将所有求解变量利用差商进行离散，当求解区域不是很复杂时，这是最为简便和快速的方法。根据第 5 章的讨论，利用 SIMPLE 算法计算偏微分方程的数值解。

1. 网格生成

网格的划分对于偏微分方程的最终求解极为关键，一直是研究的热点 [197]。Patankar 等提出了 Patankar 交错网格 [250]，速度量和压力及其他标量 (如相份额、物性等) 分开放在网格中，一维区域的交错网格如图 6.23 所示。图 6.23 中，速度量放在虚线位置；压力及其他标量放在实线位置。采用交错网格主要有两方面的优点：第一，无须对有关的速度分量进行任何内差运算，就可以计算通过控制容积界面的质量流量；第二，在动量离散方程中有相邻两点的压力差，这样就可以避免不合理的压力场的出现[170]。

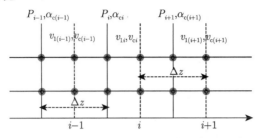

图 6.23 交错网格离散格式及变量存储形式

2. 半隐格式

很显然，方程组是一阶双曲型方程组，主要离散格式有 Lax-Friedrichs 格式、Lax-Wendroff 格式和迎风差分格式等。在此采用迎风差分格式，时间项采用一阶全隐式格式。同样的处理方法可以在很多参考文献中得到[102,106,251]。式 (6.36)～ 式 (6.39) 的离散格式如下。

1）质量方程

$$(\rho_c)_j^t \frac{(\alpha_c)_j^{t+\Delta t} + (\alpha_c)_{j-1}^{t+\Delta t} - (\alpha_c)_j^t - (\alpha_c)_{j-1}^t}{2\Delta t}$$
$$+ \frac{(\alpha_c)_j^t}{(c_g^2)_j^t} \frac{P_j^{t+\Delta t} + P_{j-1}^{t+\Delta t} - P_j^t - P_{j-1}^t}{2\Delta t} \tag{6.54}$$
$$+ (\rho_c)_j^t (\alpha_c)_j^t \frac{(v_c)_j^{t+\Delta t} - (v_c)_{j-1}^{t+\Delta t}}{\Delta z} + \frac{(\alpha_c)_j^t (v_c)_j^t}{(c_g^2)_j^t} \frac{P_j^{t+\Delta t} - P_{j-1}^{t+\Delta t}}{\Delta z} = (S_{mass})_j^t$$

$$- \rho_l \frac{(\alpha_c)_j^{t+\Delta t} + (\alpha_c)_{j-1}^{t+\Delta t} - (\alpha_c)_j^t - (\alpha_c)_{j-1}^t}{2\Delta t} - \rho_l (v_l)_j^t \frac{(\alpha_c)_j^{t+\Delta t} - (\alpha_c)_{j-1}^{t+\Delta t}}{\Delta z}$$
$$+ \rho_l (1 - (\alpha_c)_j^t) \frac{(v_l)_j^{t+\Delta t} - (v_l)_{j-1}^{t+\Delta t}}{\Delta z} = -(S_{mass})_j^t \tag{6.55}$$

2）动量方程

$$(\rho_c)_j^t (v_c)_j^t \frac{(\alpha_c)_j^{t+\Delta t} + (\alpha_c)_{j-1}^{t+\Delta t} - (\alpha_c)_j^t - (\alpha_c)_{j-1}^t}{2\Delta t}$$
$$+ (\rho_c)_j^t (\alpha_c)_j^t \frac{(v_c)_j^{t+\Delta t} + (v_c)_{j-1}^{t+\Delta t} - (v_c)_j^t - (v_c)_{j-1}^t}{2\Delta t}$$
$$+ \frac{(\alpha_c)_j^t (v_c)_j^t}{(c_g^2)_j^t} \frac{P_j^{t+\Delta t} + P_{j-1}^{t+\Delta t} - P_j^t - P_{j-1}^t}{2\Delta t}$$
$$+ (\rho_c)_j^t (v_c)_j^{t\,2} \frac{(\alpha_c)_j^{t+\Delta t} - (\alpha_c)_{j-1}^{t+\Delta t}}{\Delta z}$$
$$+ (\rho_c)_j^t (\alpha_c)_j^t (v_c)_j^t \frac{(v_c)_j^{t+\Delta t} - (v_c)_{j-1}^{t+\Delta t}}{\Delta z}$$

$$+ \left(\frac{(\alpha_c)_j^t (v_c)_j^{t\,2}}{(c_g^2)_j^t} + (\alpha_c)_j^t \right) \frac{P_j^{t+\Delta t} - P_{j-1}^{t+\Delta t}}{\Delta z}$$

$$= -(\rho_c)_j^t (\alpha_c)_j^t g(\cos\theta)_j^t + (\dot{e})_j^t (v_1)_j^t - (\dot{d})_j^t (v_c)_j^t - (\tau_{cl})_j^t (S_c)_j^t \tag{6.56}$$

$$\rho_1 (v_1)_j^t \frac{(\alpha_c)_j^{t+\Delta t} + (\alpha_c)_{j-1}^{t+\Delta t} - (\alpha_c)_j^t - (\alpha_c)_{j-1}^t}{2\Delta t}$$

$$+ \rho_1 (1 - (\alpha_c)_j^t) \frac{(v_1)_j^{t+\Delta t} + (v_1)_{j-1}^{t+\Delta t} - (v_1)_j^t - (v_1)_{j-1}^t}{2\Delta t}$$

$$- \rho_1 (v_1)_j^{t\,2} \frac{(\alpha_c)_j^{t+\Delta t} - (\alpha_c)_{j-1}^{t+\Delta t}}{\Delta z} + \rho_1 (1 - (\alpha_c)_j^t)(v_1)_j^t \frac{(v_1)_j^{t+\Delta t} - (v_1)_{j-1}^{t+\Delta t}}{\Delta z} \tag{6.57}$$

$$+ (1 - (\alpha_c)_j^t) \frac{P_j^{t+\Delta t} - P_{j-1}^{t+\Delta t}}{\Delta z} = -\rho_1 (1 - (\alpha_c)_j^t) g(\cos\theta)_j^t$$

$$- (\dot{e})_j^t (v_1)_j^t + (\dot{d})_j^t (v_c)_j^t + (\tau_{cl})_j^t (S_c)_j^t - (\tau_{1w})_j^t (S_1)_j^t$$

3）能量方程

$$(v_c)_j^t \frac{(v_c)_j^{t+\Delta t} + (v_c)_{j-1}^{t+\Delta t} - (v_c)_j^t - (v_c)_{j-1}^t}{2\Delta t} - \frac{P_j^{t+\Delta t} + P_{j-1}^{t+\Delta t} - P_j^t - P_{j-1}^t}{2\Delta t}$$

$$+ (\rho_c)_j^t (C_{P_c})_j^t \frac{(T)_j^{t+\Delta t} + (T)_{j-1}^{t+\Delta t} - (T)_j^t - (T)_{j-1}^t}{2\Delta t}$$

$$+ (\rho_c)_j^t (v_c)_j^{t\,2} \frac{(v_c)_j^{t+\Delta t} - (v_c)_{j-1}^{t+\Delta t}}{\Delta z} + (\rho_c)_j^t (v_c)_j^t (C_{P_c})_j^t \frac{T_j^{t+\Delta t} - T_{j-1}^{t+\Delta t}}{\Delta z} \tag{6.58}$$

$$= (v_c)_j^t g(\cos\theta)_j^t - (\dot{e})_j^t (h_c)_j^t + (\dot{d})_j^t (h_1)_j^t$$

$$(v_1)_j^t \frac{(v_1)_j^{t+\Delta t} + (v_1)_{j-1}^{t+\Delta t} - (v_1)_j^t - (v_1)_{j-1}^t}{2\Delta t} - (v_1)_j^t \frac{P_j^{t+\Delta t} + P_{j-1}^{t+\Delta t} - P_j^t - P_{j-1}^t}{2\Delta t}$$

$$+ (\rho_1)_j^t (C_{P_1})_j^t \frac{(T)_j^{t+\Delta t} + (T)_{j-1}^{t+\Delta t} - (T)_j^t - (T)_{j-1}^t}{2\Delta t}$$

$$+ \rho_1 (v_1)_j^{t\,2} \frac{(v_1)_j^{t+\Delta t} - (v_1)_{j-1}^{t+\Delta t}}{\Delta z} + \rho_1 (v_1)_j^t (C_{P_1})_j^t \frac{T_j^{t+\Delta t} - T_{j-1}^{t+\Delta t}}{\Delta z} \tag{6.59}$$

$$= (v_1)_j^t g(\cos\theta)_j^t + (\dot{e})_j^t (h_c)_j^t - (\dot{d})_j^t (h_1)_j^t + a_j^t \rho_1 (T_j^t - (T_e)_j^t)$$

式中，上标 t 和 Δt 表示旧时层和新时层计算得到的独立变量值；j 是层数。式 (6.54)～式 (6.59) 可以写为统一的矩阵形式：

$$Fy = G \tag{6.60}$$

式中，F 为矩阵系数；G 和 $y = [\alpha_c, v_c, v_1, P, T]^T$（上标 T 在这里表示矩阵转置）为变量。

$$y = [[(\alpha_c)_i^{t+\Delta t}, (v_c)_i^{t+\Delta t}, (v_l)_i^{t+\Delta t}, P_i^{t+\Delta t}]^T$$

$$F = \begin{bmatrix} \dfrac{(\rho_c)_j^t}{\Delta t} & \dfrac{2(\rho_c)_j^t(\alpha_c)_j^t}{\Delta z} & 0 & \dfrac{(\alpha_c)_j^t}{\Delta t(c_g^2)_j^t} + \dfrac{2(\alpha_c)_j^t(v_c)_j^t}{\Delta z(c_g^2)_j^t} + \dfrac{2(\alpha_c)_j^t}{\Delta z} \\[2ex] -\dfrac{\rho_l - \rho_l(v_l)_j^t}{\Delta t} & 2\rho_l(1-(\alpha_c)_j^t)\left(\dfrac{1}{\Delta t}+\dfrac{2(v_c)_j^t}{\Delta z}\right) & 0 & 0 \\[2ex] (\rho_c)_j^t(v_c)_j^t\left(\dfrac{1}{\Delta t}+\dfrac{2(v_c)_j^t}{\Delta z}\right) & (\rho_c)_j^t(\alpha_c)_j^t\left(\dfrac{1}{\Delta t}+\dfrac{2(v_c)_j^t}{\Delta z}\right) & 0 & \dfrac{(\alpha_c)_j^t(v_c)_j^t}{(c_g^2)_j^t}\left(\dfrac{1}{\Delta t}+\dfrac{2(v_c)_j^t}{\Delta z}\right) + \dfrac{2(1-(\alpha_c)_j^t)}{\Delta z} \\[2ex] \rho_l(v_l)_j^t\left(\dfrac{1}{\Delta t}-\dfrac{2(v_l)_j^t}{\Delta z}\right) & 0 & \rho_l(1-(\alpha_c)_j^t)\left(\dfrac{1}{\Delta t}+\dfrac{2(v_l)_j^t}{\Delta z}\right) & 0 \end{bmatrix}$$

$$G = \begin{bmatrix} -(\rho_c)_j^t\dfrac{(\alpha_c)_{j-1}^{t+\Delta t} - (\alpha_c)_j^t}{\Delta t} - (\rho_c)_j^t\dfrac{(\alpha_c)_j^t - (\alpha_c)_{j-1}^t}{\Delta z} - \dfrac{(\alpha_c)_j^t}{(c_g^2)_j^t}\dfrac{P_{j-1}^{t+\Delta t} - P_j^t}{\Delta t} + 2(\rho_c)_j^t(\alpha_c)_j^t\dfrac{(v_c)_{j-1}^{t+\Delta t} - (v_c)_{j-1}^t}{\Delta z} + 2\rho_l(1-(\alpha_c)_j^t)\dfrac{(v_l)_{j-1}^{t+\Delta t}}{\Delta z} + 2(S_{\mathrm{mass}})_j^t \\[2ex] \rho_l\dfrac{(\alpha_c)_{j-1}^{t+\Delta t} - (\alpha_c)_j^t}{\Delta t} - \dfrac{(\alpha_c)_j^t - (\alpha_c)_{j-1}^t}{\Delta z} - \dfrac{(\alpha_c)_j^t}{(c_g^2)_j^t}\dfrac{P_{j-1}^{t+\Delta t} - P_{j-1}^t}{\Delta t} - (\rho_c)_j^t(\alpha_c)_j^t\dfrac{(v_c)_{j-1}^{t+\Delta t} - (v_c)_j^t}{\Delta z} + 2\rho_l(1-(\alpha_c)_j^t)\dfrac{(v_l)_{j-1}^{t+\Delta t}}{\Delta z} - 2(S_{\mathrm{mass}})_j^t \\[2ex] -\rho_c(v_c)_j^t\dfrac{(\alpha_c)_{j-1}^{t+\Delta t} - (\alpha_c)_j^t}{\Delta t} + 2(\rho_c)_j^t(v_c)_j^t{}^2\dfrac{(\alpha_c)_{j-1}^{t+\Delta t} - (\alpha_c)_{j-1}^t}{\Delta z} + 2(\rho_c)_j^t(\alpha_c)_j^t(v_c)_j^t\dfrac{(v_c)_{j-1}^{t+\Delta t} - (v_c)_j^t}{\Delta t} + 2\dfrac{(\alpha_c)_j^t(v_c)_j^t}{(c_g^2)_j^t} + (\alpha_c)_j^t\dfrac{(v_c)_j^t{}^2}{(c_g^2)_j^t} - \dfrac{(\alpha_c)_j^t(v_c)_j^t}{(c_g^2)_j^t}\dfrac{(P)_{j-1}^{t+\Delta t} - (P)_{j-1}^t}{\Delta t} - 2(\rho_c)_j^t(\alpha_c)_j^t g(\cos\theta)_j^t + 2(\dot e)_j^t(v_l)_j^t - 2(\dot d)_j^t(v_c)_j^t - 2(\tau_{\mathrm{cl}})_j^t(S_c)_j^t \\[2ex] -\rho_l(v_l)_j^t\dfrac{(\alpha_c)_{j-1}^{t+\Delta t} - (\alpha_c)_j^t}{\Delta t} - \rho_l(1-(\alpha_c)_j^t)(v_l)_j^t\dfrac{(v_l)_{j-1}^{t+\Delta t} - (v_l)_j^t}{\Delta t} - \dfrac{P_{j-1}^{t+\Delta t} - P_{j-1}^t}{\Delta t} + 2(1-(\alpha_c)_j^t)(v_l)_j^t\dfrac{(\alpha_c)_{j-1}^t}{\Delta z} - 2\rho_l(1-(\alpha_c)_j^t)g(\cos\theta)_j^t + 2\rho_l(1-(\alpha_c)_j^t)(v_l)_j^t\dfrac{(v_l)_{j-1}^{t+\Delta t}}{\Delta z} + 2(1-(\alpha_c)_j^t)\dfrac{P_{j-1}^{t+\Delta t}}{\Delta z} - 2\rho_l(v_l)_j^t{}^2\dfrac{(\alpha_c)_{j-1}^{t+\Delta t}}{\Delta z} - 2(\dot e)_j^t(v_l)_j^t + 2(\dot d)_j^t(v_c)_j^t + 2(\tau_{\mathrm{cl}})_j^t(S_c)_j^t - 2(\tau_{\mathrm{lw}})_j^t(S_l)_j^t \end{bmatrix}$$

3. 定解条件

为了进行预测模型仿真, 定解条件 (包括初始条件和边界条件) 需要给出。初始条件可以利用静气柱法得到, 初始条件包括压力、温度、速度以及密度在初始时间的井筒分布。

4. 利用 ICCG 方法进行离散方程求解

方程组 (6.40) 包括 5 个未知变量 $(P, v_1, v_c, \alpha_c, T)$。实际上, 根据前面的描述, 耦合方程实际上是式 (6.36)~ 式 (6.39), 温度值可以通过迭代方法获得。相似的数值处理方法也被 Yao 等 [252] 采用。事实上, 对于气核和液膜分别有能量方程, 根据假设 (5), 气核和液膜的温度是相等的。因此对于温度迭代方程来讲是冗余的, 相似的现象也被 Taitel 等 [105] 利用测试方程获得。

如果将整条管道划分为 N 段, 那么方程组将有 $4(N+1)$ 个变量。事实上, 每个计算网格有 $4N$ 个差分方程, 再加上四个边界条件, 则有 $4(N+1)$ 个方程, 方程数和未知变量数相等, 方程组封闭。方程的矩阵为一个大型稀疏方程组, 形式如下所示:

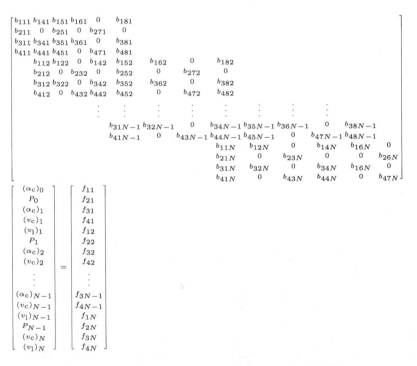

对于方程组的数值求解有许多方法, 如 TRIOMPH 方法 [106,251]、LINPACK 方法 [102,249] 和高斯消去法等。如果利用一般的解线性方程组的方法, 计算时间会非常

长而且占用内存也非常大。近年来利用不完全 Cholesky 共轭梯度（ICCG）迭代方法解大型稀疏线性系统取得较好效果[253,254]。利用 ICCG 方法进行方程求解以减少计算机内存占用。

5. 步长选择

最高的计算精度为 $o(\Delta t^2) + o(\Delta z^2)$ [255,256]。

$j = 1, 2, \cdots, M, M$ 表示空间网格数 $M = Z/\zeta$。

$i = 1, 2, \cdots, N, N$ 表示时间网格数 $N = T/\delta$。

为了保证微分方程在计算过程中的稳定性，步长选择应该满足下列公式：

$$\gamma = \frac{\delta}{\zeta} < \frac{1}{\max |\lambda_{1,2}|} = \frac{-\eta_2 \pm \sqrt{\eta_2^2 - 4\eta_1\eta_3}}{2\eta_1} \tag{6.61}$$

6. 计算流程

（1）划分网格：时间步长为 Δt，空间步长为 Δz。另外，设相对误差为 ε。

（2）计算每个分点的倾斜角。

（3）进行稳态计算，求解各网格剖分面上的工艺参数值。

（4）利用初值或上一时层的参数来更新流体的物性以及方程系数。

（5）直接求解压力和动量方程，得到新时层的参数值。

（6）计算新时层的温度值（由于能量方程的冗余性，利用平均温度作为新时层的温度值 $T = (T_1 + T_2)/2$）。

（7）计算下一个时层，重复（4）～（6），直到满足要求。

6.3.4 气井应用

按照前面的模型及算法，对中石化某高温高压井（井深：6115m）进行了实际计算，获得了较好的效果。

1. 模拟所需参数

模拟所需的所有参数：管内流体密度为 1000kg/m³，管外流体密度为 1000kg/m³，井深为 6115m，摩擦系数为 1.2，地表温度为 16℃，地温梯度为 2.18℃/m。该井的基本参数如表 6.6～ 表 6.8 所示。

表 6.6 油管参数

直径/m	壁厚/m	米重/kg	热膨胀系数	杨氏模量/GPa	泊松比	使用长度/m
88.9	12.95	23.791	0.0000115	215	0.3	700
88.9	9.53	18.28	0.0000115	215	0.3	2850
88.9	7.34	15.034	0.0000115	215	0.3	1430
88.9	6.45	13.582	0.0000115	215	0.3	950
73	5.51	9.493	0.0000115	215	0.3	185

表 6.7　套管参数

测深/m	内径/m	外径/m
3301.7	154.78	193.7
5936.83	152.5	177.8
6115	108.62	127

表 6.8　井斜角、方位角和垂直深度

序号	测深/m	斜角/(°)	方位角/(°)	垂直深度/m	序号	测深/m	斜角/(°)	方位角/(°)	垂直深度/m
1	1000	2.82	240.84	999.88	16	4800	3.04	229.14	4798.38
2	1200	2.28	237.69	1199.53	17	4900	3.59	243.86	4898.23
3	1300	1.13	213.69	1299.49	18	5000	5.79	366.45	4997.87
4	2800	1.19	26.21	2799.41	19	5100	8.14	258.61	5097.01
5	3000	1.74	44.39	2999.25	20	5200	7.01	236.71	5196.12
6	3400	1.92	190.95	3399.21	21	5300	5.78	239.1	5295.51
7	3900	1.98	268.9	3899.14	22	5400	5.05	244.42	5395.04
8	4000	2.00	297.38	3999.11	23	5500	3.92	228.03	5494.72
9	4100	4.68	324.34	4098.96	24	5600	4.44	233.71	5594.49
10	4200	1.97	302.88	4198.74	25	5700	5.03	234.87	5694.17
11	4300	1.03	204.57	4298.72	26	5800	5.13	233.21	5793.77
12	4400	1.54	164.16	4398.68	27	5900	4.53	234.82	5893.44
13	4500	2.37	195.11	4498.61	28	6000	3.67	232.4	5993.21
14	4600	2.12	214.67	4598.54	29	6115	4.94	233.11	6107.88
15	4700	1.96	216.31	4698.47					

2. 压力

压力降梯度对环状流是一个很重要的参数，尤其是对长距离输运以及类似的工业应用场合，很多研究者都对此参数进行了实验研究[248,257,258]，也积累了大量压降参数的实验数据，很多研究者根据自己的实验结果拟合了相应的关联式，另外也有研究者利用数学模型对压力降进行了研究[259,260]，压降预测结果如图 6.24 所示。

3. 温度

如图 6.25 所示，温度变化趋势与稳态情况几乎相同，这是因为瞬态模型中，为了简化求解过程，没有考虑能量方程，对于温度这种变化滞后的参数是较合理的近似。而且通过数据论证，温度与速度、压力及含液率非耦合。

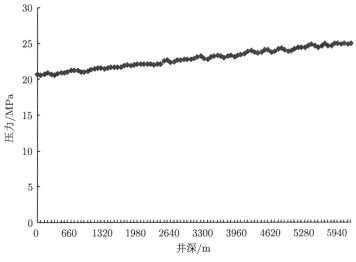

图 6.24 模型预测的压力分布结果

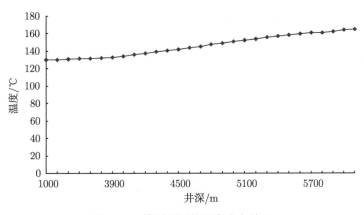

图 6.25 模型预测的温度分布结果

4. 液膜厚度

液膜厚度与液膜粗糙度相关,准确地预测液膜厚度分布是三相流水力模型建模的基础,对于管道工程设计有重要意义。研究者对于预测液膜厚度给出了很多经验关系式[257,261−264]。

由上面的讨论,液膜与含气率相关。图 6.26 所示为液膜厚度沿轴向的变化曲线。从图中可以看出,液膜厚度沿轴向长度不断减薄,从井底 6115m 处的 3.171mm 变为井口的 3.1549mm。在相同条件下,环形间隙越大,形成的液膜越厚。对于试用管柱来讲,最大的液膜厚度为管柱直径的 3.6%,与 Wallis 的准则 5% 一致。

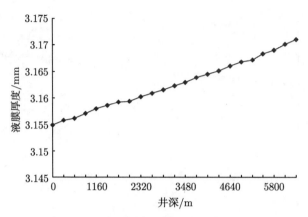

图 6.26　模型预测的液膜厚度分布结果

6.4　本 章 小 结

　　本章分别提出了稳态和瞬态两个自推模型,对圆管内三相流的流动进行了数值模拟,所建立的模型减少了对经验关联式的使用,通过与实测值以及其他模型的比较,说明理论模型是合理的。

第7章 总结与展望

在油气生产和运输过程中，有许多管理问题出现，如管道设计、工控参数及开采时间等。利用理论数学模型研究井筒内流体流动模型，已越来越受到研究者的重视。主要考虑油气实井和生产过程中注入和生产过程，针对四种类型的流动形态分别建立数学模型，并讨论了模型解的存在性，获得了实井数值模拟问题的理论，研究了模型的求解算法，用实际完井验证了模型的可靠性和算法的可行性。

（1）在管道工艺计算方面，由于在众多的模型中，没有一个能全面准确地计算所有的参数，本书对基于均相流模型、漂移流模型、组合模型所得到的工艺计算方法进行了全面研究，从物性参数到管道压降、温降、持液率等的计算都编制出了计算模块，并通过具体完井试用对计算方法进行了评价。

（2）利用能量守恒方程、动量定理建立求解蒸汽干度变化的方程，利用质量守恒和动量守恒建立相关耦合方程，充分考虑到地层温度的时间变化性，利用有限差分和龙格–库塔混合数值计算方法对模型求解。完井试用计算和分析证明了模型是可靠的、算法是可行的。

（3）通过流体的质量守恒、动量守恒和能量守恒等关系，建立了单相流动稳态及瞬态模型。在稳态模型中，综合考虑了压力、气相流速、液相流速、温度和持液率的关系，并同时采用龙格–库塔法进行求解，保证了结果的准确性和解法的收敛性。在瞬态模型中，利用有限差分方法进行网格划分求解，结果可靠。

（4）讨论了气液双相流动的稳态和瞬态模型，并对相互作用进行了分析。研究了气液双相流动理论，包括解的存在性、解的唯一性。给出了完井试用算例，利用龙格–库塔和有限差分算法进行求解，计算和分析证明了模型是可靠的、算法是可行的。

（5）讨论了油气水三相流动的稳态和瞬态模型。分别对三相泡状流和环状流建立稳态和瞬态模型，研究了三相流动理论，包括解的存在性、解的唯一性，给出了算法的收敛步长，给出了具体的完井试用算例。利用龙格–库塔和有限差分算法进行求解，计算和分析证明了模型是可靠的、算法是可行的。

目前关于油气井试用参数数值模拟还处于发展研究期，还有许多的问题需要进行深入的研究和探讨，今后在以下方面还需要做出进一步的探索。

（1）针对更多复杂流型进行建模研究，以期能提出完善的模型群。

（2）针对建立的模型，特别是瞬态模型，更好地从数学上分析其特性，从而指导实验发展。

（3）可以考虑生产过程中的流型随时间变化的数学模型理论研究。

附录 A　各章定理的数学形式证明及相关附录

A.1　第 2 章相关附录

下面介绍关于微分方程的解的一些基本定理，这是常微分方程一般理论的基础。

引理　考虑 Cauchy 问题（E）[265]：

$$\begin{cases} \dfrac{\mathrm{d}x}{\mathrm{d}t} = f(t,x) \\ x(t_0) = x_0 \end{cases} \tag{A.1}$$

式中，x 是 $\mathbf{R}^n$ 中的向量；$f(t,x)$ 是实变量 t 和 n 维向量 x 的 n 维向量值函数，又设 $f(t,x)$ 在闭区域 G：

$$|t - t_0| \leqslant a, \quad \|x - x_0\| \leqslant b \tag{A.2}$$

上连续，并且对 x 适合 Lipschitz 条件：

$$\begin{cases} \|f(t,x_1) - f(t,x_2)\| \leqslant L\|x_1 - x_2\| \\ (t,x_i) \in G, \quad i = 1,2 \end{cases} \tag{A.3}$$

式中，Lipschitz 常数 $L > 0$。令

$$M = \max_G \|f(t,x,\mu)\|, \quad h = \min\left(a, \frac{b}{M}\right) \tag{A.4}$$

则对于任意 $\mu\,(\|\mu - \mu_0\| \leqslant c)$，那么 Cauchy 问题在区间 $|t - t_0| \leqslant h$ 上有一个解 $x = \varphi(t)$，并且它是唯一的，$x = \varphi(t)$ 是 (t,μ) 的连续函数。

证明　（1）Cauchy 问题（E）等价于积分方程

$$x = x_0 + \int_{t_0}^{t} f(t,x)\mathrm{d}t \tag{A.5}$$

显然，令 $x = \varphi(t)$ 是 Cauchy 问题（E）的解，于是由原式对 t 积分即

$$\varphi(t) = C + \int_{t_0}^{t} f(t,\varphi(t))\mathrm{d}t \tag{A.6}$$

根据初值条件确定 $C = x_0$，因此 $x = \varphi(t)$ 是 E 的解。反之，设 $x = \varphi(t)$ 是积分方程 (A.5) 的解，则 $\varphi(t)$ 是连续的，从而 $f(t,\varphi(t))$ 也是连续的，因此 $\varphi(t)$ 是可微

的；于是，对积分方程 (A.6) 的两侧对 t 求导数，便得到

$$\varphi'(t) = f(t, \varphi(t)) \tag{A.7}$$

并且 $x = \varphi(t)$ 满足初值条件

$$\varphi(t_0) = x_0 \tag{A.8}$$

即 $\varphi(t)$ 是 Cauchy 问题（E）的解。

(2) 作方程 (A.5) 的 Picard 近似解序列 $\varphi_n(t)$。

令 $\varphi_0(t) \equiv x_0$，

$$\varphi_1(t) = x_0 + \int_{t_0}^{t} f(t, x_0)\mathrm{d}t, \qquad |t - t_0| \leqslant h \tag{A.9}$$

则

$$\|\varphi_1(t) - \varphi_0(t)\| \leqslant \int_{t_0}^{t} \|f(t, x_0)\|\mathrm{d}t \leqslant M, \qquad |t - t_0| \leqslant b \tag{A.10}$$

采用归纳程序：设第 n 次近似解为

$$\varphi_n(t) = x_0 + \int_{t_0}^{t} f(t, \varphi_{n-1}(t))\mathrm{d}t \tag{A.11}$$

当 $|t - t_0| \leqslant h$ 时，有

$$\|\varphi_n(t) - x_0\| \leqslant b \tag{A.12}$$

令第 $n+1$ 次近似解为

$$\varphi_{n+1}(t) = x_0 + \int_{t_0}^{t} f(t, \varphi_n(t))\mathrm{d}t \tag{A.13}$$

则当 $|t - t_0| \leqslant h$ 时，有

$$\|\varphi_n(t) - x_0\| \leqslant \left\| \int_{t_0}^{t} f(t, \varphi_n(t))\mathrm{d}t \right\| \leqslant M|t - t_0| \leqslant Mh \leqslant b \tag{A.14}$$

(3) 序列 $\varphi_n(t)$ 的一致收敛性。

证明一般项

$$\|\varphi_n(t) - \varphi_{n-1}(t)\| \leqslant \frac{M}{L} \frac{(L|t - t_0|)^n}{n!}, \qquad n = 1, 2, 3, \cdots \tag{A.15}$$

由方程 (A.10) 可知方程 (A.14) 对 $n = 1$ 成立。现设不等式 (A.14) 对 $n = m$ 成立，则有下述不等式：

$$\|\varphi_{m+1}(t) - \varphi_m(t)\| = \left\| \int_{t_0}^{t} (f(t, \varphi_m(t)) - f(t, \varphi_{m-1}(t)))\mathrm{d}t \right\| \tag{A.16}$$

$$\leqslant L \left| \int_{t_0}^{t} \|\varphi_m(t) - \varphi_{m-1}(t)\|\mathrm{d}t \right| \leqslant \frac{M}{L} \frac{(L|t - t_0|)^{m+1}}{m!} \tag{A.17}$$

由此可知不等式 (A.14) 对所有正整数 n 都成立。当 $|t - t_0| \leqslant h$ 时，得到

$$\|\varphi_n(t) - \varphi_{n-1}(t)\| \leqslant \frac{M}{L} \frac{(Lh)^n}{n!} \tag{A.18}$$

由 Weierstrass 判别法推出级数一致收敛，从而序列 $\varphi_n(t)$ 一致收敛。令 $\lim\limits_{n \to \infty} \phi_n(t) = \phi(t)$，则 $x = \phi(t)$ 连续，且 $\|\phi(t) - x_0\| \leqslant b(|t - t_0| \leqslant h)$。

A.2　第 4 章定理的数学形式证明及相关附录

A.2.1　耦合微分方程组模型解的存在性

通过讨论耦合微分方程组 (4.15) 解的存在性，可获得耦合微分方程组的解。设 $\dfrac{\mathrm{d}\rho}{\mathrm{d}z} = f_1(z; \rho, v, P, T)$，$\dfrac{\mathrm{d}v}{\mathrm{d}z} = f_2(z; \rho, v, P, T)$，$\dfrac{\mathrm{d}P}{\mathrm{d}z} = f_3(z; \rho, v, P, T)$，$\dfrac{\mathrm{d}T}{\mathrm{d}z} = f_4(z; \rho, v, P, T)$。令 $F = (f_1, f_2, f_3, f_4)^{\mathrm{T}}$，$y = (\rho, v, P, T)^{\mathrm{T}}$，$y(0) = y(z_0) = (\rho(z_0), v(z_0), P(z_0), T(z_0))^{\mathrm{T}}$，因此式 (4.15) 可改写为

$$y' = F(z; y), \quad y(0) = y(z_0)$$

定义向量 F 的范数如下：

$$\|F\| = \max(|f_1|, |f_2|, |f_3|, |f_4|)$$

对 f_1, f_2, f_3, f_4，有

$$
\begin{aligned}
|f_1| &= \frac{\left| \left(C_{\mathrm{J}}\rho - \dfrac{M}{RZ_{\mathrm{g}}} \right) \left(\rho g \cos\theta - \dfrac{f\rho v^2}{2d} \right) + \dfrac{\rho a(T - T_{\mathrm{e}}) - \rho g \cos\theta}{C_P} \right|}{\left| T + v^2 \left(\dfrac{1}{C_P} + C_{\mathrm{J}}\rho - \dfrac{M}{RZ_g} \right) \right|} \\
&\leqslant \frac{|\rho||K_1||K_2| + \left| \dfrac{\rho}{C_P} \right| |K_3|}{|K_4|} \\
&= \frac{|\rho| \left(|K_1||K_2| + \left| \dfrac{1}{C_P} \right| |K_3| \right)}{|K_4|}
\end{aligned}
$$

式中，$|K_1| = \left| C_{\mathrm{J}}\rho - \dfrac{M}{RZ_{\mathrm{g}}} \right| \leqslant |C_{\mathrm{J}}\rho| + \left| \dfrac{M}{RZ_{\mathrm{g}}} \right|$；$|K_2| = \left| g\cos\theta - \dfrac{fv^2}{2d} \right| \leqslant |g\cos\theta| + \left| \dfrac{fv^2}{2d} \right| \leqslant g + \left| \dfrac{fv^2}{2d} \right|$；$|K_3| = |a(T - T_{\mathrm{e}}) - g\cos\theta| \leqslant |a(T - T_{\mathrm{e}})| + g$；$|K_4| = \left| T + v^2 \left(\dfrac{1}{C_P} + C_{\mathrm{J}}\rho - \dfrac{M}{RZ_{\mathrm{g}}} \right) \right|$。

所有参数都是有界量，因此 $|K_1|,|K_2|,|K_3|,|\rho|,\left|\dfrac{1}{\rho}\right|,|K_4|$ 都是有界的。记

$$N_1 = \sup\left\{\frac{|\rho||K_1||K_2| + \left|\dfrac{\rho}{C_P}\right||K_3|}{|K_4|}\right\}$$

则

$$|f_1| \leqslant N_1$$

$$|f_2| = \left|-\frac{v}{\rho}f_1\right| = \left|\frac{v}{\rho}\right||f_1| \leqslant \left|\frac{v}{\rho}\right|N_1$$

类似地，记

$$N_2 = \sup\left\{\left|\frac{v}{\rho}\right|N_1\right\}$$

因此，有

$$|f_2| \leqslant N_2$$

同理，有

$$|f_3| = \left|v^2 f_1 - \rho g\cos\theta - \frac{f\rho v^2}{2d}\right|$$

$$\leqslant |v^2||f_1| + |\rho g\cos\theta| + \left|\frac{f\rho v^2}{2d}\right|$$

$$\leqslant |v^2||f_1| + |\rho g| + \left|\frac{f\rho v^2}{2d}\right|$$

记

$$N_3 = \sup\left\{|v^2||f_1| + |\rho g| + \left|\frac{f\rho v^2}{2d}\right|\right\}$$

那么，有

$$|f_3| \leqslant N_3$$

类似地，有

$$|f_4| = \left|C_J f_3 + \frac{\dfrac{v^2}{\rho}f_1 + g\cos\theta - a(T - T_e)}{C_P}\right|$$

$$\leqslant |C_J f_3| + \frac{\left|\dfrac{v^2}{\rho}f_1\right| + |g\cos\theta| + |a(T - T_e)|}{|C_P|}$$

$$\leqslant |C_J|N_3 + \frac{\left|\dfrac{v^2}{\rho}\right|N_1 + g + |a(T - T_e)|}{|C_P|}$$

记

$$N_4 = \sup \left\{ |C_{\mathrm{J}}| N_3 + \frac{\left| \dfrac{v^2}{\rho} \right| |N_1 + g + |a(T - T_{\mathrm{e}})||}{|C_P|} \right\}$$

有

$$|f_4| \leqslant N_4$$

因此，可得

$$\|F\| \leqslant \max\{N_1, N_2, N_3, N_4\}$$

下面讨论 f_1, f_2, f_3, f_4 关于 ρ, v, P, T 的偏微分是有界的。

$$\frac{\partial f_1}{\partial \rho} = \frac{\left(2C_{\mathrm{J}}\rho - \dfrac{M}{RZ_{\mathrm{g}}}\right)\left(g\cos\theta - \dfrac{fv^2}{2d}\right) + \dfrac{a(T - T_{\mathrm{e}}) - g\cos\theta}{C_P}}{T + v^2\left(\dfrac{1}{C_P} + C_{\mathrm{J}}\rho - \dfrac{M}{RZ_{\mathrm{g}}}\right)}$$

$$- \frac{C_{\mathrm{J}}\left[\left(C_{\mathrm{J}}\rho - \dfrac{M}{RZ_{\mathrm{g}}}\right)\left(\rho g\cos\theta - \dfrac{f\rho v^2}{2d}\right) + \dfrac{\rho a(T - T_{\mathrm{e}}) - \rho g\cos\theta}{C_P}\right]}{\left[T + v^2\left(\dfrac{1}{C_P} + C_{\mathrm{J}}\rho - \dfrac{M}{RZ_{\mathrm{g}}}\right)\right]^2}$$

$$\frac{\partial f_1}{\partial v} = \frac{-\dfrac{f\rho v}{d}\left(C_{\mathrm{J}}\rho - \dfrac{M}{RZ_{\mathrm{g}}}\right)}{T + v^2\left(\dfrac{1}{C_P} + C_{\mathrm{J}}\rho - \dfrac{M}{RZ_{\mathrm{g}}}\right)}$$

$$- \frac{2v\left(\dfrac{1}{C_P} + C_{\mathrm{J}}\rho - \dfrac{M}{RZ_{\mathrm{g}}}\right)\left[\left(C_{\mathrm{J}}\rho - \dfrac{M}{RZ_{\mathrm{g}}}\right)\left(\rho g\cos\theta - \dfrac{f\rho v^2}{2d}\right) + \dfrac{\rho a(T - T_{\mathrm{e}}) - \rho g\cos\theta}{C_P}\right]}{\left[T + v^2\left(\dfrac{1}{C_P} + C_{\mathrm{J}}\rho - \dfrac{M}{RZ_{\mathrm{g}}}\right)\right]^2}$$

$$\frac{\partial f_1}{\partial P} = \frac{\rho\dfrac{\partial C_{\mathrm{J}}}{\partial P}\left(\rho g\cos\theta - \dfrac{f\rho v^2}{2d}\right) - \dfrac{\rho a(T - T_{\mathrm{e}}) - \rho g\cos\theta}{C_P^2}\dfrac{\partial C_P}{\partial P}}{T + v^2\left(\dfrac{1}{C_P} + C_{\mathrm{J}}\rho - \dfrac{M}{RZ_{\mathrm{g}}}\right)}$$

$$\frac{v^2\left(-\dfrac{1}{C_P^2}\dfrac{\partial C_P}{\partial P} + \rho\dfrac{\partial C_{\mathrm{J}}}{\partial P}\right)\left[\left(C_{\mathrm{J}}\rho - \dfrac{M}{RZ_{\mathrm{g}}}\right)\left(\rho g\cos\theta - \dfrac{f\rho v^2}{2d}\right) + \dfrac{\rho a(T - T_{\mathrm{e}}) - \rho g\cos\theta}{C_P}\right]}{\left[T + v^2\left(\dfrac{1}{C_P} + C_{\mathrm{J}}\rho - \dfrac{M}{RZ_{\mathrm{g}}}\right)\right]^2}$$

$$\frac{\partial f_1}{\partial T} = \frac{\rho \dfrac{\partial C_J}{\partial T}\left(\rho g\cos\theta - \dfrac{f\rho v^2}{2d}\right) + \dfrac{\rho a C_P - (\rho a(T-T_e) - \rho g\cos\theta)\dfrac{\partial C_P}{\partial T}}{C_P^2}}{T + v^2\left(\dfrac{1}{C_P} + C_J\rho - \dfrac{M}{RZ_g}\right)}$$

$$- \frac{\left[1 + v^2\left(\dfrac{-1}{C_P^2}\dfrac{\partial C_P}{\partial T} + \rho\dfrac{\partial C_J}{\partial T}\right)\right]\left[\left(C_J\rho - \dfrac{M}{RZ_g}\right)\left(\rho g\cos\theta - \dfrac{f\rho v^2}{2d}\right) + \dfrac{\rho a(T-T_e) - \rho g\cos\theta}{C_P}\right]}{\left[T + v^2\left(\dfrac{1}{C_P} + C_J\rho - \dfrac{M}{RZ_g}\right)\right]^2}$$

则有

$$\left|\frac{\partial f_1}{\partial \rho}\right| = \left|\frac{(C_J\rho + K_1)K_2 + \dfrac{K_3}{C_P}}{K_4} - \frac{C_J(K_1 K_2 + K_3)}{K_4^2}\right|$$

$$\leqslant \frac{|C_J\rho||K_1| + |K_1||K_2| + \dfrac{|K_3|}{|C_P|}}{|K_4|} + \frac{|C_J|(|K_1||K_2| + |K_3|)}{K_4^2}$$

令

$$M_{11} = \sup\left\{\frac{|C_J\rho||K_1| + |K_1||K_2| + \dfrac{|K_3|}{|C_P|}}{|K_4|} + \frac{|C_J|(|K_1||K_2| + |K_3|)}{K_4^2}\right\}$$

则可得

$$\left|\frac{\partial f_1}{\partial \rho}\right| \leqslant M_{11}$$

类似地，有

$$\left|\frac{\partial f_1}{\partial v}\right| = \left|-\frac{2\rho v\left(\dfrac{1}{C_P} + K_1\right)(K_1 K_2 + K_3)}{K_4^2} - \frac{f\rho v K_1}{dK_4}\right|$$

$$\leqslant \frac{|f\rho v||K_1|}{|dK_4|} + \frac{2|\rho v|\left(\left|\dfrac{1}{C_P}\right| + |K_1|\right)(|K_1||K_2| + |K_3|)}{K_4^2}$$

令

$$M_{12} = \sup\left\{\frac{|f\rho v||K_1|}{|dK_4|} + \frac{2|\rho v|\left(\left|\dfrac{1}{C_P}\right| + |K_1|\right)(|K_1||K_2| + |K_3|)}{K_4^2}\right\}$$

则可得

$$\left|\frac{\partial f_1}{\partial v}\right| \leqslant M_{12}$$

类似地，有

$$\left|\frac{\partial f_1}{\partial P}\right| = \left|\frac{\rho^2 \dfrac{\partial C_J}{\partial P} K_2 - \dfrac{K_3}{C_P}\dfrac{\partial C_P}{\partial P}}{K_4} - \frac{v\left(-\dfrac{1}{C_P^2}\dfrac{\partial C_P}{\partial P} + \rho\dfrac{\partial C_J}{\partial P}\right)(K_1 K_2 + K_3)}{K_4^2}\right|$$

$$\leqslant \frac{(\rho)^2\left|\dfrac{\partial C_J}{\partial P}\right||K_2| + \left|\dfrac{K_3}{C_P}\right|\dfrac{\partial C_P}{\partial P}}{|K_4|}$$

$$+ \frac{|v|\left(\dfrac{1}{C_P^2}\left|\dfrac{\partial C_P}{\partial P}\right| + |\rho|\left|\dfrac{\partial C_J}{\partial P}\right|\right)(|K_1||K_2| + |K_3|)}{K_4^2}$$

令

$$M_{13} = \sup\left\{\begin{array}{l} \dfrac{|(\rho)^2\left|\dfrac{\partial C_J}{\partial P}\right||K_2| + \left|\dfrac{K_3}{C_P}\right|\dfrac{\partial C_P}{\partial P}|}{|K_4|} \\[20pt] + \dfrac{|v|\left(\dfrac{1}{C_P^2}\left|\dfrac{\partial C_P}{\partial P}\right| + |\rho|\left|\dfrac{\partial C_J}{\partial P}\right|\right)(|K_1||K_2| + |K_3|)}{K_4^2} \end{array}\right\}$$

则有

$$\left|\frac{\partial f_1}{\partial P}\right| \leqslant M_{13}$$

同理可得

$$\left|\frac{\partial f_1}{\partial T}\right| = \left|\frac{\rho^2 \dfrac{\partial C_J}{\partial T} K_2 + \dfrac{\rho a C_P - \dfrac{\partial C_P}{\partial T} K_3}{C_P^2}}{K_4} - \frac{1 + v^2\left(-\dfrac{1}{C_P^2}\dfrac{\partial C_P}{\partial T} + \rho\dfrac{\partial C_J}{\partial T}(K_1 K_2 + K_3)\right)}{K_4^2}\right|$$

$$\leqslant \frac{(\rho)^2\left|\dfrac{\partial C_J}{\partial T}\right||K_2| + \dfrac{|\rho||a||C_P| + \left|\dfrac{\partial C_P}{\partial T}\right||K_3|}{C_P^2}}{|K_4|}$$

$$+ \frac{1 + v^2\left(\dfrac{1}{C_P^2}\left|\dfrac{\partial C_P}{\partial T}\right| + |\rho|\left|\dfrac{\partial C_J}{\partial T}\right|(|K_1||K_2| + |K_3|)\right)}{K_4^2}$$

令

$$M_{14} = \sup\left\{ \frac{\rho^2 \left|\dfrac{\partial C_J}{\partial T}\right| |K_2| + \dfrac{|\rho||a||C_P| + \left|\dfrac{\partial C_P}{\partial T}\right| |K_3|}{C_P^2}}{|K_4|} \right.$$

$$\left. + \frac{1 + v^2 \left(\dfrac{1}{C_P^2}\left|\dfrac{\partial C_P}{\partial T}\right| + |\rho|\left|\dfrac{\partial C_J}{\partial T}\right| (|K_1||K_2| + |K_3|)\right)}{K_4^2} \right\}$$

则有

$$\left|\frac{\partial f_1}{\partial T}\right| \leqslant M_{14}$$

式中，$|K_1| = \left|C_J\rho - \dfrac{M}{RZ_g}\right| \leqslant |C_J\rho| + \left|\dfrac{M}{RZ_g}\right|$；$|K_2| = \left|g\cos\theta - \dfrac{fv^2}{2d}\right| \leqslant |g\cos\theta| + \left|\dfrac{fv^2}{2d}\right| \leqslant g + \left|\dfrac{fv^2}{2d}\right|$；$|K_3| = |a(T-T_e) - g\cos\theta| \leqslant |a(T-T_e)| + g$；$|K_4| = \left|T + v^2\left(\dfrac{1}{C_P} + C_J\rho - \dfrac{M}{RZ_g}\right)\right|$。

用类似方法，有

$$\begin{cases} \dfrac{\partial f_2}{\partial \rho} = -\dfrac{v}{\rho^2}f_1 - \dfrac{v}{\rho}\dfrac{\partial f_1}{\partial \rho} \\[2mm] \dfrac{\partial f_2}{\partial v} = -\dfrac{1}{\rho}f_1 - \dfrac{v}{\rho}\dfrac{\partial f_1}{\partial v} \\[2mm] \dfrac{\partial f_2}{\partial P} = -\dfrac{v}{\rho}\dfrac{\partial f_1}{\partial P} \\[2mm] \dfrac{\partial f_2}{\partial T} = -\dfrac{v}{\rho}\dfrac{\partial f_1}{\partial T} \end{cases}$$

因此，

$$\left|\frac{\partial f_2}{\partial \rho}\right| \leqslant \frac{|v|}{\rho^2}|f_1| + \left|\frac{v}{\rho}\right|\left|\frac{\partial f_1}{\partial \rho}\right|$$

$$\leqslant \frac{|v|}{\rho^2}N_1 + \left|\frac{v}{\rho}\right|M_{11}$$

令

$$M_{21} = \sup\left\{\frac{|v|}{\rho^2}N_1 + \left|\frac{v}{\rho}\right|M_{11}\right\}$$

因此可得

$$\left|\frac{\partial f_2}{\partial \rho}\right| \leqslant M_{21}$$

类似有

$$\frac{\partial f_2}{\partial v} = -\frac{1}{\rho}f_1 - \frac{v}{\rho}\frac{\partial f_1}{\partial v}$$

$$\leqslant \frac{1}{|\rho|}|f_1| + \left|\frac{v}{\rho}\right|\left|\frac{\partial f_1}{\partial v}\right|$$

$$\leqslant \frac{1}{|\rho|}N_1 + \left|\frac{v}{\rho}\right|M_{12}$$

令

$$M_{22} = \sup\left\{\frac{1}{|\rho|}N_1 + \left|\frac{v}{\rho}\right|M_{12}\right\}$$

因此, 有

$$\left|\frac{\partial f_2}{\partial v}\right| \leqslant M_{22}$$

类似地, 有

$$\frac{\partial f_2}{\partial P} = -\frac{v}{\rho}\frac{\partial f_1}{\partial P}$$

$$\left|\frac{\partial f_2}{\partial P}\right| = \left|\frac{v}{\rho}\right|\left|\frac{\partial f_1}{\partial P}\right|$$

$$\leqslant \left|\frac{v}{\rho}\right|M_{13}$$

令

$$M_{23} = \sup\left\{\left|\frac{v}{\rho}\right|M_{13}\right\}$$

那么,

$$\left|\frac{\partial f_2}{\partial P}\right| \leqslant M_{23}$$

类似的有,

$$\frac{\partial f_2}{\partial T} = -\frac{v}{\rho}\frac{\partial f_1}{\partial T}$$

$$\left|\frac{\partial f_2}{\partial T}\right| = \left|\frac{v}{\rho}\right|\left|\frac{\partial f_1}{\partial T}\right|$$

$$\leqslant \left|\frac{v}{\rho}\right|M_{14}$$

令

$$M_{24} = \sup\left\{\left|\frac{v}{\rho}\right|M_{14}\right\}$$

因此,

$$\left|\frac{\partial f_2}{\partial T}\right| \leqslant M_{24}$$

f_3 和 f_4 关于 ρ, v, P, T 的偏微分方程组可写为

$$\begin{cases} \dfrac{\partial f_3}{\partial \rho} = v^2 \dfrac{\partial f_1}{\partial \rho} + g\cos\theta - \dfrac{fv^2}{2d} \\[2mm] \dfrac{\partial f_3}{\partial v} = 2vf_1 + v^2 \dfrac{\partial f_1}{\partial v} - \dfrac{f\rho v}{d} \\[2mm] \dfrac{\partial f_3}{\partial P} = v^2 \dfrac{\partial f_1}{\partial P} \\[2mm] \dfrac{\partial f_3}{\partial T} = v^2 \dfrac{\partial f_1}{\partial T} \end{cases}$$

和

$$\begin{cases} \dfrac{\partial f_4}{\partial \rho} = C_{\mathrm{J}} \dfrac{\partial f_3}{\partial \rho} + \dfrac{1}{C_P}\left(-\dfrac{v^2}{\rho^2}f_1 + \dfrac{v^2}{\rho}\dfrac{\partial f_1}{\partial \rho}\right) \\[3mm] \dfrac{\partial f_4}{\partial v} = C_{\mathrm{J}} \dfrac{\partial f_3}{\partial v} + \dfrac{1}{C_P}\left(\dfrac{2v}{\rho}f_1 + \dfrac{v^2}{\rho}\dfrac{\partial f_1}{\partial v}\right) \\[3mm] \dfrac{\partial f_4}{\partial P} = C_{\mathrm{J}} \dfrac{\partial f_3}{\partial P} + \dfrac{\partial C_{\mathrm{J}}}{\partial P}f_3 + \dfrac{\dfrac{v^2}{\rho}\dfrac{\partial f_1}{\partial P}C_P - \left[\dfrac{v^2}{\rho}f_1 + g\cos\theta - a(T-T_{\mathrm{e}})\right]\dfrac{\partial C_P}{\partial P}}{C_P^2} \\[5mm] \dfrac{\partial f_4}{\partial T} = C_{\mathrm{J}} \dfrac{\partial f_3}{\partial T} + \dfrac{\partial C_{\mathrm{J}}}{\partial T}f_3 + \dfrac{\left(\dfrac{v^2}{\rho}\dfrac{\partial f_1}{\partial T} - a\right)C_P - \left[\dfrac{v^2}{\rho}f_1 + g\cos\theta - a(T-T_{\mathrm{e}})\right]\dfrac{\partial C_P}{\partial T}}{C_P^2} \end{cases}$$

重复上面的方法, 有

$$\left|\frac{\partial f_3}{\partial \rho}\right| \leqslant M_{31}, \quad \left|\frac{\partial f_3}{\partial v}\right| \leqslant M_{32}, \quad \left|\frac{\partial f_3}{\partial P}\right| \leqslant M_{33}, \quad \left|\frac{\partial f_3}{\partial T}\right| \leqslant M_{34}$$

$$\left|\frac{\partial f_4}{\partial \rho}\right| \leqslant M_{41}, \quad \left|\frac{\partial f_4}{\partial v}\right| \leqslant M_{42}, \quad \left|\frac{\partial f_4}{\partial P}\right| \leqslant M_{43}, \quad \left|\frac{\partial f_4}{\partial T}\right| \leqslant M_{44}$$

在讨论微分方程组解的过程中, Lipschitz 条件是非常重要的, 因此首先讨论 $F(z;y)$ 的 Lipschitz 条件。又一次写出原始问题如下:

$$\frac{\mathrm{d}\rho}{\mathrm{d}z} = f_1(z;\rho,v,P,T), \quad \frac{\mathrm{d}v}{\mathrm{d}z} = f_2(z;\rho,v,P,T)$$

$$\frac{\mathrm{d}P}{\mathrm{d}z} = f_3(z;\rho,v,P,T), \quad \frac{\mathrm{d}T}{\mathrm{d}z} = f_4(z;\rho,v,P,T)$$

可写为

$$\rho' = f_1(z; \rho, v, P, T), \quad v' = f_2(z; \rho, v, P, T)$$
$$P' = f_3(z; \rho, v, P, T), \quad T' = f_4(z; \rho, v, P, T)$$

其初始条件为

$$\rho(z_0) = \rho_0, \quad v(z_0) = v_0, \quad P(z_0) = P_0, \quad T(z_0) = T_0$$

对 $i = 0, 1, 2, \cdots$，由 Euler 方法可得

$$\rho_{i+1} = \rho_i + (z_{i+1} - z_i)f_1(z_i; \rho_i, v_i, P_i, T_i), \quad v_{i+1} = v_i + (z_{i+1} - z_i)f_2(z_i; \rho_i, v_i, P_i, T_i)$$

$$P_{i+1} = P_i + (z_{i+1} - z_i)f_3(z_i; \rho_i, v_i, P_i, T_i), \quad T_{i+1} = T_i + (z_{i+1} - z_i)f_4(z_i; \rho_i, v_i, P_i, T_i)$$

式中，ρ_i, v_i, P_i, T_i 近似于 $\rho(z_i), v(z_i), P(z_i), T(z_i)$，$z_0 < z_1 < z_2 < \cdots$ 是积分细分区间。记 $y_i = (\rho_i, v_i, P_i, T_i)^{\mathrm{T}}$，则

$$y_{i+1} = y_i + (z_{i+1} - z_i)F(z_i; y_i), \quad i = 0, 1, 2, \cdots, n-1$$

若设 $h_i = z_{i+1} - z_i$，则对细分区间可写为 $h = (h_0, h_1, \cdots, h_{n-1})$。若用直线将 $y_0, y_1, \cdots, y_n$ 连接，则可得 Euler 多边形：

$$y_h(z) = y_i + (z - z_i)f(z_i; y_i), \quad z_i \leqslant z \leqslant z_{i+1}$$

定理 A.1 对 $\|F(z; y)\| \leqslant N = \max\{N_1, N_2, N_3, N_4\}$，那么按上面定义的方法对 ρ_i, v_i, P_i, T_i，有估计式：

$$\|y_i - y_0\| \leqslant N|z_i - z_0|$$

式中，$y_i = (\rho_i, v_i, P_i, T_i)^{\mathrm{T}}$。

对于 $\left|\dfrac{\partial f_k}{\partial \rho}\right| \leqslant M_{k1}, \quad \left|\dfrac{\partial f_k}{\partial v}\right| \leqslant M_{k2}, \quad \left|\dfrac{\partial f_k}{\partial P}\right| \leqslant M_{k3}, \quad \left|\dfrac{\partial f_k}{\partial T}\right| \leqslant M_{k4}$，有

$$\|F(z; y) - F(z; \hat{y})\| \leqslant L\|y - \hat{y}\|$$

式中，$k = 1, 2, 3, 4; L = \max\limits_{k}\left(\sum\limits_{i=1}^{4} M_{ki}\right)$。

证明 (1) 从 $\rho_{i+1} = \rho_i + (z_{i+1} - z_i)f_1(z_i; \rho_i, v_i, P_i, T_i)$ 和 $\|F(z; \rho, v, P, T)\|$ 的定义可知，

$$|\rho_{i+1} - \rho_i| = |z_{i+1} - z_i||f_1(z_i; \rho_i, v_i, P_i, T_i)| \leqslant N(z_{i+1} - z_i)$$

因此，

$$|\rho_i - \rho_{i-1}| \leqslant N(z_i - z_{i-1}), \quad \cdots, \quad |\rho_2 - \rho_1| \leqslant N(z_2 - z_1), \quad |\rho_1 - \rho_0| \leqslant N(z_1 - z_0)$$

于是,

$$|\rho_i - \rho_{i-1}| + \cdots + |\rho_2 - \rho_1| + |\rho_1 - \rho_0| \leqslant N(z_i - z_0)$$

因为

$$|\rho_i - \rho_{i-1} + \cdots + \rho_2 - \rho_1 + \rho_1 - \rho_0| \leqslant |\rho_i - \rho_{i-1}| + \cdots + |\rho_2 - \rho_1| + |\rho_1 - \rho_0|$$

即

$$|\rho_i - \rho_0| \leqslant N(z_i - z_0)$$

类似地, 有

$$|v_i - v_0| \leqslant N(z_i - z_0)$$

$$|P_i - P_0| \leqslant N(z_i - z_0)$$

$$|T_i - T_0| \leqslant N(z_i - z_0)$$

从 $\|y_i - y_0\|$ 的定义, 可知

$$\|y_i - y_0\| \leqslant N(z_i - z_0)$$

(2) 对 $f_1(z;y), f_2(z;y), f_3(z;y), f_4(z;y), y = (\rho, v, P, T)^{\mathrm{T}}$, 有

$$f_1(z;\hat{y}) - f_1(z;y) = \frac{\partial f_1}{\partial \rho}(\hat{\rho} - \rho) + \frac{\partial f_1}{\partial v}(\hat{v} - v) + \frac{\partial f_1}{\partial P}(\hat{P} - P) + \frac{\partial f_1}{\partial T}(\hat{T} - T)$$

于是

$$|f_1(z;\hat{y}) - f_1(z;y)| \leqslant \left|\frac{\partial f_1}{\partial \rho}\right||\hat{\rho} - \rho| + \left|\frac{\partial f_1}{\partial v}\right||\hat{v} - v| + \left|\frac{\partial f_1}{\partial P}\right||\hat{P} - P| + \left|\frac{\partial f_1}{\partial T}\right||\hat{T} - T|$$

令 $\Delta y = \max\{|\hat{\rho} - \rho|, |\hat{v} - v|, |\hat{P} - P|, |\hat{T} - T|\}$, 那么有

$$|f_1(z;\hat{y}) - f_1(z;y)| \leqslant \left(\left|\frac{\partial f_1}{\partial \rho}\right| + \left|\frac{\partial f_1}{\partial v}\right| + \left|\frac{\partial f_1}{\partial P}\right| + \left|\frac{\partial f_1}{\partial T}\right|\right)\Delta y$$

同理可得

$$|f_2(z;\hat{y}) - f_2(z;y)| \leqslant \left(\left|\frac{\partial f_2}{\partial \rho}\right| + \left|\frac{\partial f_2}{\partial v}\right| + \left|\frac{\partial f_2}{\partial P}\right| + \left|\frac{\partial f_2}{\partial T}\right|\right)\Delta y$$

$$|f_3(z;\hat{y}) - f_3(z;y)| \leqslant \left(\left|\frac{\partial f_3}{\partial \rho}\right| + \left|\frac{\partial f_3}{\partial v}\right| + \left|\frac{\partial f_3}{\partial P}\right| + \left|\frac{\partial f_3}{\partial T}\right|\right)\Delta y$$

$$|f_4(z;\hat{y}) - f_4(z;y)| \leqslant \left(\left|\frac{\partial f_4}{\partial \rho}\right| + \left|\frac{\partial f_4}{\partial v}\right| + \left|\frac{\partial f_4}{\partial P}\right| + \left|\frac{\partial f_4}{\partial T}\right|\right)\Delta y$$

从范数定义可知

$$\|F(z;\hat{y}) - F(z;y)\| = \max\{|f_1(z;\hat{y}) - f_1(z;y)|, |f_2(z;\hat{y}) - f_2(z;y)|,$$

$$|f_3(z;\hat{y}) - f_3(z;y)|, |f_4(z;\hat{y}) - f_4(z;y)|\}$$

令 $L = \max\limits_{k} \left(\sum\limits_{i=1}^{4} M_{ki} \right)$ 和 $\|\hat{y} - y\| = \Delta y$，因此

$$\|F(z;\hat{y}) - F(z;y)\| \leqslant L\|\hat{y} - y\|$$

下面考虑积分区间的细分区间：

$$z_0, z_1, \cdots, z_{n-1}, z_n = Z$$

定理 A.2　对一固定的划分 h，$y_h(x)$ 和 $\hat{y}_h(x)$ 是相应于初始值 y_0 和 $\hat{y}_0$ 的 Euler 多边形。在一个包含 $(z; y_h(z))$ 和 $(z; \hat{y}_h(x))$ 的凸区域下面考虑积分区间的细分区间，$F(z;y)$ 满足定理 A.1 的 Lipschitz 条件，那么

$$\|y_h(z) - \hat{(y)}_h(z)\| \leqslant e^{L(z-z_0)}\|y_0 - \hat{y}_0\|$$

证明　从 $y_{i+1} = y_i + (z_{i+1} - z_i)F(z_i; y_i)$，可得

$$y_1 - y_0 = (z_1 - z_0)F(z_0; y_0), \quad \hat{y}_1 - \hat{y}_0 = (z_1 - z_0)F(z_0; \hat{y}_0)$$

则

$$y_1 - \hat{y}_1 = (y_0 - \hat{y}_0)(z_1 - z_0)[F(z_0; y_0) - F(z_0; \hat{y}_0)]$$

从定理 A.1，有

$$\|F(z;y) - F(z;\hat{y})\| \leqslant L\|y - \hat{y}\|$$

因此

$$\|F(z_0; y_0) - F(z_0; \hat{y}_0)\| \leqslant L\|y_0 - \hat{y}_0\|$$

于是

$$\|y_1 - \hat{y}_1\| \leqslant (1 + L(z_1 - z_0))\|y_0 - \hat{y}_0\|$$

从 $(1 + L(z_1 - z_0)) \leqslant e^{L(z_1 - z_0)}$，可知

$$\|y_1 - \hat{y}_1\| \leqslant e^{L(z_1 - z_0)}\|y_0 - \hat{y}_0\|$$

对 $y_2 - \hat{y}_2$，$y_3 - \hat{y}_3, \cdots$，用同样的方法，可得

$$\|y_h(z) - \hat{(y)}_h(z)\| \leqslant e^{L(z-z_0)}\|y_0 - \hat{y}_0\|$$

定理 A.3　设 $F(z; y)$ 是连续的，$\|F(z; y)\| \leqslant N$ 且在 $D = \{(z; y)|z_0 \leqslant z \leqslant Z, \|y - y_0\| \leqslant b\}$ 上满足定理 A.1 的 Lipschitz 条件。若 $Z - z_0 \leqslant \dfrac{b}{N}$，则有以下结果：

(1) 对 $|h| = \max\limits_{i=0,1,2,\cdots,n-1}(|z_{i+1} - z_i|) \to 0$，Euler 多边形 $y_{|h|}(z) = (\rho_{|h|}(z), v_{|h|}(z), P_{|h|}(z), T_{|h|}(z))^{\mathrm{T}}$ 一致收敛到一连续向量函数 $\phi(z)$。

(2) $\phi(z)$ 是连续可微的，且是原问题在 $z_0 \leqslant z \leqslant Z$ 上的一个解。

(3) 原问题在 $z_0 \leqslant z \leqslant Z$ 上不存在其他的解。

证明　(1) 取 $\epsilon > 0$。因为 F 在 D 上是一致连续的，则存在 $\delta > 0$，

$$|z_2 - z_1| \leqslant \delta, \quad \|y_1 - y_2\| \leqslant N\delta$$

可导出

$$\|F(z_2; y_2) - F(z_1; y_1)\| \leqslant \epsilon$$

假定划分 h 满足

$$|z_{i+1} - z_i| \leqslant \delta, \quad \text{i.e. } |h| \leqslant \delta$$

首先研究增加一个新网格点的影响。第一步考虑细分 $h(1)$，仅在第一个子区间增加新点即可，且有估计 $\|y_{h(1)}(z_1) - y_h(z_1)\| \leqslant \epsilon|z_1 - z_0|$。由于划分和 h 在 $h(1)$ 上是恒等的，应用定理 A.2 可获得

$$\|y_{h(1)}(z) - y_h(z)\| \leqslant \mathrm{e}^{L(z-z_1)}\|y_{h(1)}(z_1) - y_h(z_1)\|$$

因此，

$$\|y_{h(1)}(z) - y_h(z)\| \leqslant \mathrm{e}^{L(z-z_1)}|z_1 - z_0|\epsilon, \quad z_1 \leqslant z \leqslant Z$$

接下来，在子区间 (z_1, z_2) 上增加新点，定义新的划分 $h(2)$。用上面同样的方法，可获得

$$\|y_{h(2)}(z_1) - y_{h(1)}(z_1)\| \leqslant \epsilon|z_2 - z_1|$$

和

$$\|y_{h(2)}(z) - y_{h(1)}(z)\| \leqslant \mathrm{e}^{L(z-z_2)}|z_2 - z_1|\epsilon, \quad z_2 \leqslant z \leqslant Z$$

定义 $\hat{h}$ 为最后的划分，对 $z_2 \leqslant z \leqslant z_{i+1}$ 可得

$$\begin{aligned}
\|y_{\hat{h}}(z) - y_h(z)\| &\leqslant \|y_{\hat{h}}(z) - y_{h(i-1)}(z)\| + \|y_{h(i-1)}(z) - y_{h(i-2)}(z)\| + \cdots \\
&\quad + \|y_{h(2)}(z) - y_{h(1)}(z)\| + \|y_{h(1)}(z) - y_h(z)\| \\
&\leqslant \epsilon[\mathrm{e}^{L(z-z_1)}|z_1 - z_0| + \cdots + \mathrm{e}^{L(z-z_i)}|z_i - z_{i+1}|] \\
&\leqslant \epsilon\int_{z_0}^{Z}\mathrm{e}^{L(z-s)}\mathrm{d}s = \frac{\epsilon}{L}(\mathrm{e}^{L(z-z_0)} - 1)
\end{aligned} \tag{A.19}$$

对不同的划分 h 和 $\acute{h}$, 都满足 $|z_2 - z_1| \leqslant \delta$, $\|y_1 - y_2\| \leqslant N\delta$, 设第三种划分 $\hat{h}$ 是前两种划分的更细的划分。将上式应用到 $\hat{h}$ 和 $\acute{h}$ 中, 可获得

$$\|y_h(z) - y_{\acute{h}}(z)\| \leqslant \|y_h(z) - y_{\hat{h}}(z)\| + \|y_{\hat{h}}(z) - y_{\acute{h}}(z)\| \leqslant 2\frac{\epsilon}{L}(e^{L(z-z_0)} - 1)$$

使 $\epsilon > 0$ 足够小, 则 Euler 多边形一致收敛到一连续向量函数 $\phi(z)$。

(2) 设 $\epsilon(\delta) := \sup\{\|F(z_1; y_1) - F(z_2; y_2)\|; |z_1 - z_2| \leqslant \delta; \|y_1 - y_2\| \leqslant N\delta, (z_i; y_i) \in D\}$。若 z 属于划分 h, 则有

$$\|y_h(z + \delta) - y_h(z) - \delta F(z; y_h(z))\| \leqslant \epsilon(\delta)\delta$$

使 $|h| \to 0$, 可得

$$\|\phi(z + \delta) - \phi(z) - \delta F(z; \phi(z))\| \leqslant \epsilon(\delta)\delta$$

因为 $\epsilon(\delta) \to 0$ 时, $\delta \to 0$, 这证明了 $\phi(z)$ 的可微性及 $\phi'(z) = F(z; \phi(z))$。

(3) 从（2）可知原问题解的存在性。设 $\phi(z)$ 和 $\varphi(z)$ 是原问题的两个解, 那么

$$\phi(z) = y_0 + \int_{z_0}^{Z} F(x; \phi(x))\mathrm{d}x \tag{A.20}$$

及

$$\varphi(z) = y_0 + \int_{z_0}^{z} F(x; \varphi(x))\mathrm{d}x \tag{A.21}$$

从上面两式及定理 A.1 的 Lipschitz 条件, 可得

$$\|\phi(z) - \varphi(z)\| \leqslant L\left|\int_{z_0}^{z} \|\phi(x) - \varphi(x)\|\mathrm{d}x\right| \tag{A.22}$$

令

$$g(z) = \int_{z_0}^{z} \|\phi(x) - \varphi(x)\|\mathrm{d}x, \quad z \geqslant z_0$$

则

$$g'(z) = \|\phi(z) - \varphi(z)\|$$

因此, 可被改写为

$$g'(z) \leqslant Lg(z)$$

即

$$(e^{-L(z-z_0)}g(z))' \leqslant 0$$

于是有

$$e^{-L(z-z_0)}g(z) \leqslant g(z_0) = 0$$

当 $z \geqslant z_0$, $g(z) \geqslant 0$ 时, 有

$$g(z) \equiv 0, \quad z \geqslant z_0$$

因此,

$$\phi(z) = \varphi(z)$$

A.2.2　C-S 模型

考虑如下气柱, 有公式:

$$\int_{P_{\mathrm{tf}}}^{P_{\mathrm{wf}}} \frac{\dfrac{P}{TZ}\mathrm{d}P}{\left(\dfrac{P}{TZ}\right)^2 + F^2} = \int_0^H 0.03415\gamma_{\mathrm{g}}\mathrm{d}h$$

式中,

$$F^2 = \frac{1.324 \times 10^{-18} fQ_{\mathrm{sc}}^2}{d^5}$$

令

$$I = \frac{\dfrac{P}{TZ}}{\left(\dfrac{P}{TZ}\right)^2 + F^2}$$

则有

$$P_{\mathrm{mf}} = P_{\mathrm{tf}} + \frac{0.03415\gamma_{\mathrm{g}}H}{I_{\mathrm{mf}} + I_{\mathrm{tf}}}, \quad P_{\mathrm{wf}} = P_{\mathrm{mf}} + \frac{0.03415\gamma_{\mathrm{g}}H}{I_{\mathrm{wf}} + I_{\mathrm{mf}}}$$

对于温度, 利用平均温度

$$\bar{T} = \frac{T_{\mathrm{tf}} + T_{\mathrm{wf}}}{2}$$

A.3　第 6 章定理的数学形式证明及相关附录

A.3.1　耦合微分方程组 (6.16) 模型解的存在性

这里需要讨论给出的方程组的性质, 以分析系统的稳定性。如 Cazarez 等[102] 的处理方式一样, 在考虑模型的稳定时, 将油和水合并成一相, 修改后的方程变为

$$\begin{cases} \dfrac{\mathrm{d}\alpha_g}{\mathrm{d}z} = \dfrac{-\alpha_g(\rho_g^2 + \rho_g v_g^2 P - 2Pv_g^2)\left(\dfrac{f\rho_l v_l^2}{2d} + \rho_l g\cos\theta(1-\alpha_g)\right) + \alpha_g(1-\alpha_g)\rho_g^3 g\cos\theta}{2\rho_g^2 v_g^2 - \rho_g^3 v_g^2 - 2\alpha_g\rho_g^2 v_g^2 + \alpha_g\rho_g^3 v_g^2 + 2\alpha_g\rho_g^2\rho_l v_l^2 - 4P\alpha_g v_g^2\rho_l v_l^2 + 2P\alpha_g\rho_g\rho_l v_g^2 v_l^2} \\[4mm] \dfrac{\mathrm{d}v_l}{\mathrm{d}z} = \dfrac{v_l\dfrac{\mathrm{d}\alpha_g}{\mathrm{d}z}}{1-\alpha_g} \\[4mm] \dfrac{\mathrm{d}P}{\mathrm{d}z} = \dfrac{-\rho_l g\cos\theta(1-\alpha_g) - \dfrac{f\rho_l v_l^2}{2d} - 2\rho_l(1-\alpha_g)v_l\dfrac{\mathrm{d}v_l}{\mathrm{d}z}}{1-\alpha_g} \\[4mm] \dfrac{\mathrm{d}v_g}{\mathrm{d}z} = -\dfrac{\alpha_g v_g P\dfrac{\mathrm{d}P}{\mathrm{d}z} + \rho_g^2 v_g\dfrac{\mathrm{d}\alpha_g}{\mathrm{d}z}}{\rho_g^2\alpha_g} \\[4mm] \dfrac{\mathrm{d}T}{\mathrm{d}z} = \dfrac{\rho_l g\cos\theta - \alpha(T-T_e) - \dfrac{\mathrm{d}P}{\mathrm{d}z} - \rho_l v_l\dfrac{\mathrm{d}v_l}{\mathrm{d}z}}{\rho_l C_{Pl}} \end{cases}$$

式中，$\alpha_l = \alpha_o + \alpha_w$；$\rho_l = \dfrac{\rho_w\alpha_w + \rho_o\alpha_o}{\alpha_l}$；$v_l = v_o = v_w$；$C_{Pl} = \dfrac{\rho_w C_{Pw} + \rho_o C_{Po}}{\alpha_l\rho_l}$；$T_l = T_o = T_w$。

令 $\dfrac{\mathrm{d}\alpha_g}{\mathrm{d}z} = f_1(z;\alpha_g,v_l,P,v_g,T)$，$\dfrac{\mathrm{d}v_l}{\mathrm{d}z} = f_2(z;\alpha_g,v_l,P,v_g,T)$，$\dfrac{\mathrm{d}P}{\mathrm{d}z} = f_3(z;\alpha_g,v_l,P,$ $v_g,T)$，$\dfrac{\mathrm{d}v_g}{\mathrm{d}z} = f_4(z;\alpha_g,v_l,P,v_g,T)$，$\dfrac{\mathrm{d}T}{\mathrm{d}z} = f_5(z;\alpha_g,v_l,P,v_g,T)$。令 $F = (f_1,f_2,f_3,f_4,$ $f_5)^{\mathrm{T}}$，$y = (\alpha_g,v_l,P,v_g,T)^{\mathrm{T}}$，$y(0) = y(z_0) = (\alpha_g(z_0),v_l(z_0),P(z_0),v_g(z_0),T(z_0))^{\mathrm{T}}$。那么，常微分方程组可以写为

$$y' = F(z;y), \quad y(0) = y(z_0)$$

范数 f 由下式可得

$$\|F\| = \max(|f_1|,|f_2|,|f_3|,|f_4|,|f_5|)$$

对于 f_1,f_2,f_3,f_4,f_5，

$$\begin{aligned} |f_1| &= \dfrac{\left|-\alpha_g(\rho_g^2 + \rho_g v_g^2 P - 2Pv_g^2)\left(\dfrac{f\rho_l v_l^2}{2d} + \rho_l g\cos\theta(1-\alpha_g)\right) + \alpha_g(1-\alpha_g)\rho_g^3 g\cos\theta\right|}{|2\rho_g^2 v_g^2 - \rho_g^3 v_g^2 - 2\alpha_g\rho_g^2 v_g^2 + \alpha_g\rho_g^3 v_g^2 + 2\alpha_g\rho_g^2\rho_l v_l^2 - 4P\alpha_g v_g^2\rho_l v_l^2 + 2P\alpha_g\rho_g\rho_l v_g^2 v_l^2|} \\ &\leqslant \dfrac{|K_1||K_2| + |K_3|}{|K_4|} \end{aligned}$$

式中，$|K_1| = |-\alpha_g(\rho_g^2 + \rho_g v_g^2 P - 2Pv_g^2)| \leqslant |\rho_g^2| + |\rho_g||v_g^2||P| + 2|P||v_g^2|$；$|K_2| = $ $\left|\dfrac{f\rho_l v_l^2}{2d} + \rho_l g\cos\theta(1-\alpha_g)\right| \leqslant 2\dfrac{|f||\rho_l||v_l^2|}{|d|} + |\rho_l||g|$；$|K_3| = |\alpha_g(1-\alpha_g)\rho_g^3 g\cos\theta| \leqslant$

$|\rho_{\mathrm{g}}^3||g|$; $|K_4| = |2\rho_{\mathrm{g}}^2 v_{\mathrm{g}}^2 - \rho_{\mathrm{g}}^3 v_{\mathrm{g}}^2 - 2\alpha_{\mathrm{g}}\rho_{\mathrm{g}}^2 v_{\mathrm{g}}^2 + \alpha_{\mathrm{g}}\rho_{\mathrm{g}}^3 v_{\mathrm{g}}^2 + 2\alpha_{\mathrm{g}}\rho_{\mathrm{g}}^2 \rho_{\mathrm{l}} v_{\mathrm{l}}^2 - 4P\alpha_{\mathrm{g}} v_{\mathrm{g}}^2 \rho_{\mathrm{l}} v_{\mathrm{l}}^2 + 2P\alpha_{\mathrm{g}}\rho_{\mathrm{g}}\rho_{\mathrm{l}} v_{\mathrm{g}}^2 v_{\mathrm{l}}^2|$。

因为所有的参数都是有界的，所以 $|K_1|, |K_2|, |K_3|, |K_4|$ 有界。

令 $N_1 = \sup\left\{\dfrac{|K_1||K_2| + |K_3|}{|K_4|}\right\}$，那么，$|f_1| \leqslant N_1$。

类似地，$|f_2| = \left|\dfrac{v_1}{1 - \alpha_{\mathrm{g}}} f_1\right| \leqslant \left|\dfrac{v_1}{1 - \alpha_{\mathrm{g}}}\right| N_1$。令 $N_2 = \sup\left\{\left|\dfrac{v_1}{1 - \alpha_{\mathrm{g}}}\right| N_1\right\}$，那么

$|f_2| \leqslant N_2$。$|f_3| \leqslant \dfrac{|\rho_{\mathrm{l}}||g| + \left|\dfrac{|f||\rho_{\mathrm{l}}||v_{\mathrm{l}}^2|}{2|d|}\right| + 2|\rho_{\mathrm{l}}||v_{\mathrm{l}}|N_2}{|1 - \alpha_{\mathrm{g}}|}$。令

$$N_3 = \sup\left\{\dfrac{|\rho_{\mathrm{l}}||g| + \left|\dfrac{|f||\rho_{\mathrm{l}}||v_{\mathrm{l}}^2|}{2|d|}\right| + 2|\rho_{\mathrm{l}}||v_{\mathrm{l}}|N_2}{|1 - \alpha_{\mathrm{g}}|}\right\}$$

那么，$|f_3| \leqslant N_3$。$|f_4| \leqslant \dfrac{|v_{\mathrm{g}}||P|N_3 + |\rho_{\mathrm{g}}^2||v_{\mathrm{g}}|N_1}{|\rho_{\mathrm{g}}^2|}$。令 $N_4 = \sup\left\{\dfrac{|v_{\mathrm{g}}||P|N_3 + |\rho_{\mathrm{g}}^2||v_{\mathrm{g}}|N_1}{|\rho_{\mathrm{g}}^2|}\right\}$，

那么 $|f_4| \leqslant N_4$。$|f_5| \leqslant \dfrac{|g|}{|C_{P\mathrm{l}}|} + \dfrac{|a||T - T_{\mathrm{e}}|}{|\rho_{\mathrm{l}}||C_{P\mathrm{l}}|} + \dfrac{|f_3|}{|\rho_{\mathrm{l}}||C_{P\mathrm{l}}|} + \dfrac{|v_{\mathrm{l}}||f_2|}{|C_{P\mathrm{l}}|}$。令 $N_5 = \sup\left\{\dfrac{|g|}{|C_{P\mathrm{l}}|} + \right.$

$\left.\dfrac{|a||T - T_{\mathrm{e}}|}{|\rho_{\mathrm{l}}||C_{P\mathrm{l}}|} + \dfrac{|f_3|}{|\rho_{\mathrm{l}}||C_{P\mathrm{l}}|} + \dfrac{|v_{\mathrm{l}}||f_2|}{|C_{P\mathrm{l}}|}\right\}$，那么 $|f_5| \leqslant N_5$。

所以，

$$\|F\| \leqslant \max\{N_1, N_2, N_3, N_4, N_5\}$$

f_1, f_2, f_3, f_4, f_5 关于 $\alpha_{\mathrm{g}}, v_{\mathrm{l}}, P, v_{\mathrm{g}}, T$ 的微分方程组有界，讨论如下：

$$\frac{\partial f_1}{\partial \alpha_{\mathrm{g}}} = \frac{(\rho_{\mathrm{g}}^2 + \rho_{\mathrm{g}} v_{\mathrm{g}}^2 P - 2P v_{\mathrm{g}}^2)(\rho_{\mathrm{l}} g \cos\theta - \dfrac{f\rho_{\mathrm{l}} v_{\mathrm{l}}^2}{2d} - \rho_{\mathrm{l}} g \cos\theta(1 - \alpha_{\mathrm{g}})) + (1 - 2\alpha_{\mathrm{g}})\rho_{\mathrm{g}}^3 g \cos\theta}{2\rho_{\mathrm{g}}^2 v_{\mathrm{g}}^2 - \rho_{\mathrm{g}}^3 v_{\mathrm{g}}^2 - 2\alpha_{\mathrm{g}}\rho_{\mathrm{g}}^2 v_{\mathrm{g}}^2 + \alpha_{\mathrm{g}}\rho_{\mathrm{g}}^3 v_{\mathrm{g}}^2 + 2\alpha_{\mathrm{g}}\rho_{\mathrm{g}}^2 \rho_{\mathrm{l}} v_{\mathrm{l}}^2 - 4P\alpha_{\mathrm{g}} v_{\mathrm{g}}^2 \rho_{\mathrm{l}} v_{\mathrm{l}}^2 + 2P\alpha_{\mathrm{g}}\rho_{\mathrm{g}}\rho_{\mathrm{l}} v_{\mathrm{g}}^2 v_{\mathrm{l}}^2}$$

$$- \frac{(-2\rho_{\mathrm{g}}^2 v_{\mathrm{g}}^2 + \rho_{\mathrm{g}}^3 v_{\mathrm{g}}^2 + 2\rho_{\mathrm{g}}^2 \rho_{\mathrm{l}} v_{\mathrm{l}}^2 - 4P v_{\mathrm{g}}^2 \rho_{\mathrm{l}} v_{\mathrm{l}}^2 + 2P\rho_{\mathrm{g}}\rho_{\mathrm{l}} v_{\mathrm{g}}^2 v_{\mathrm{l}}^2)[-\alpha_{\mathrm{g}}(\rho_{\mathrm{g}}^2 + \rho_{\mathrm{g}} v_{\mathrm{g}}^2 P - 2v_{\mathrm{g}}^2)}{[2\rho_{\mathrm{g}}^2 v_{\mathrm{g}}^2 - \rho_{\mathrm{g}}^3 v_{\mathrm{g}}^2 - 2\alpha_{\mathrm{g}}\rho_{\mathrm{g}}^2 v_{\mathrm{g}}^2 + \alpha_{\mathrm{g}}\rho_{\mathrm{g}}^3 v_{\mathrm{g}}^2 + 2\alpha_{\mathrm{g}}\rho_{\mathrm{l}} v_{\mathrm{l}}^2 - 4P\alpha_{\mathrm{g}} v_{\mathrm{g}}^2 \rho_{\mathrm{l}} v_{\mathrm{l}}^2 + 2P\alpha_{\mathrm{g}}\rho_{\mathrm{g}}^2 \rho_{\mathrm{g}}\rho_{\mathrm{l}} v_{\mathrm{g}}^2 v_{\mathrm{l}}^2]^2}$$

$$+ \frac{\alpha_{\mathrm{g}}(1 - \alpha_{\mathrm{g}})\rho_{\mathrm{g}}^3 g \cos\theta]}{[2\rho_{\mathrm{g}}^2 v_{\mathrm{g}}^2 - \rho_{\mathrm{g}}^3 v_{\mathrm{g}}^2 - 2\alpha_{\mathrm{g}}\rho_{\mathrm{g}}^2 v_{\mathrm{g}}^2 + \alpha_{\mathrm{g}}\rho_{\mathrm{g}}^3 v_{\mathrm{g}}^2 + 2\alpha_{\mathrm{g}}\rho_{\mathrm{l}} v_{\mathrm{l}}^2 - 4P\alpha_{\mathrm{g}} v_{\mathrm{g}}^2 \rho_{\mathrm{l}} v_{\mathrm{l}}^2 + 2P\alpha_{\mathrm{g}}\rho_{\mathrm{g}}^2 \rho_{\mathrm{g}}\rho_{\mathrm{l}} v_{\mathrm{g}}^2 v_{\mathrm{l}}^2]^2}$$

$$\frac{\partial f_1}{\partial v_l} = \frac{\dfrac{f\rho_l v_l}{d}\alpha_g(\rho_g^2 + \rho_g v_g^2 P - 2v_g^2)}{2\rho_g^2 v_g^2 - \rho_g^3 v_g^2 - 2\alpha_g \rho_g^2 v_g^2 + \alpha_g \rho_g^3 v_g^2 + 2\alpha_g \rho_g^2 \rho_l v_l^2 - 4P\alpha_g v_g^2 \rho_l v_l^2 + 2P\alpha_g \rho_g \rho_l v_g^2 v_l^2}$$

$$- \frac{(4\alpha_g \rho_g^2 \rho_l v_l - 8\alpha_g v_g^2 \rho_l v_l + 4P\alpha_g \rho_g \rho_l v_g^2 v_l)[-\alpha_g(\rho_g^2 + \rho_g v_g^2 P - 2v_g^2)}{[2\rho_g^2 v_g^2 - \rho_g^3 v_g^2 - 2\alpha_g \rho_g^2 v_g^2 + 2\alpha_g \rho_g^2 \rho_l v_l^2 - 4\alpha_g v_g^2 \rho_l v_l^2 + 2P\alpha_g \rho_g^2 \rho_g \rho_l v_g^2 v_l^2]^2}$$

$$\cdot \frac{\left(\dfrac{f\rho_l v_l^2}{2d} + \rho_l g\cos\theta(1-\alpha_g)\right) + \alpha_g(1-\alpha_g)\rho_g^3 g\cos\theta]}{[2\rho_g^2 v_g^2 - \rho_g^3 v_g^2 - 2\alpha_g \rho_g^2 v_g^2 + 2\alpha_g \rho_g^2 \rho_l v_l^2 - 4\alpha_g v_g^2 \rho_l v_l^2 + 2P\alpha_g \rho_g^2 \rho_g \rho_l v_g^2 v_l^2]^2}$$

$$\frac{\partial f_1}{\partial P} = -\frac{-\alpha_g \rho_g v_g^2 \left(\dfrac{f\rho_l v_l^2}{2d} + \rho_l g\cos\theta(1-\alpha_g)\right)}{2\rho_g^2 v_g^2 - \rho_g^3 v_g^2 - 2\alpha_g \rho_g^2 v_g^2 + \alpha_g \rho_g^3 v_g^2 + 2\alpha_g \rho_g^2 \rho_l v_l^2 - 4P\alpha_g v_g^2 \rho_l v_l^2 + 2P\alpha_g \rho_g \rho_l v_g^2 v_l^2}$$

$$- \frac{2\alpha_g \rho_g \rho_l v_g^2 v_l^2 [-\alpha_g(\rho_g^2 + \rho_g v_g^2 P - 2v_g^2)\left(\dfrac{f\rho_l v_l^2}{2d} + \rho_l g\cos\theta(1-\alpha_g)\right)}{[2\rho_g^2 v_g^2 - \rho_g^3 v_g^2 - 2\alpha_g \rho_g^2 v_g^2 + \alpha_g \rho_g^3 v_g^2 + 2\alpha_g \rho_g^2 \rho_l v_l^2 - 4P\alpha_g v_g^2 \rho_l v_l^2 + 2P\alpha_g \rho_g \rho_l v_g^2 v_l^2]^2}$$

$$+ \frac{\alpha_g(1-\alpha_g)\rho_g^3 g\cos\theta]}{[2\rho_g^2 v_g^2 - \rho_g^3 v_g^2 - 2\alpha_g \rho_g^2 v_g^2 + \alpha_g \rho_g^3 v_g^2 + 2\alpha_g \rho_g^2 \rho_l v_l^2 - 4P\alpha_g v_g^2 \rho_l v_l^2 + 2P\alpha_g \rho_g \rho_l v_g^2 v_l^2]^2}$$

$$\frac{\partial f_1}{\partial v_g} = \frac{-\alpha_g(2\rho_g v_g P - 4v_g)\left(\dfrac{f\rho_l v_l^2}{2d} + \rho_l g\cos\theta(1-\alpha_g)\right)}{2\rho_g^2 v_g^2 - \rho_g^3 v_g^2 - 2\alpha_g \rho_g^2 v_g^2 + \alpha_g \rho_g^3 v_g^2 + 2\alpha_g \rho_g^2 \rho_l v_l^2 - 4P\alpha_g v_g^2 \rho_l v_l^2 + 2P\alpha_g \rho_g \rho_l v_g^2 v_l^2}$$

$$- \frac{(4\rho_g^2 v_g - 2\rho_g^3 v_g - 4\alpha_g \rho_g^2 v_g - 8\alpha_g \rho_l v_g v_l^2 + 4P\alpha_g \rho_g \rho_l v_l^2 v_g)}{[2\rho_g^2 v_g^2 - \rho_g^3 v_g^2 - 2\alpha_g \rho_g^2 v_g^2 + \alpha_g \rho_g^3 v_g^2 + 2\alpha_g \rho_g^2 \rho_l v_l^2 - 4P\alpha_g v_g^2 \rho_l v_l^2 + 2P\alpha_g \rho_g \rho_l v_g^2 v_l^2]^2}$$

$$\cdot \frac{\left[\left(\dfrac{f\rho_l v_l^2}{2d} + \rho_l g\cos\theta(1-\alpha_g)\right)(P - \rho_g v_g^2)\right] + \alpha_g \rho_g g\cos\theta(1-\alpha_g)P}{[2\rho_g^2 v_g^2 - \rho_g^3 v_g^2 - 2\alpha_g \rho_g^2 v_g^2 + \alpha_g \rho_g^3 v_g^2 + 2\alpha_g \rho_g^2 \rho_l v_l^2 - 4P\alpha_g v_g^2 \rho_l v_l^2 + 2P\alpha_g \rho_g \rho_l v_g^2 v_l^2]^2}$$

$$\frac{\partial f_1}{\partial T} = 0$$

那么，

$$\left|\frac{\partial f_1}{\partial \alpha_g}\right| = \left|\frac{-K_2(\rho_g^2 + \rho_g v_g^2 P - 2v_g^2) + (1-2\alpha_g)\rho_g^3 g\cos\theta}{K_4}\right.$$

$$\left. - \frac{(-2\rho_g^2 v_g^2 + 2\rho_g^2 \rho_l v_l^2 - 4v_g^2 \rho_l v_l^2 + 2P\rho_g \rho_l v_g^2 v_l^2)(K_1 K_2 + K_3)}{K_4^2}\right|$$

$$\leqslant \frac{(|\rho_g^2| + |\rho_g||v_g^2||P| + 2|v_g^2|)|K_2| + |\rho_g^3||g|}{|K_4|}$$

$$+ \frac{(2|\rho_g^2||v_g^2| + 2|\rho_g^2||\rho_l||v_l^2| + 4|v_g^2||\rho_l||v_l^2| + 2|P||\rho_g||\rho_l||v_g^2||v_l^2|)(|K_1||K_2| + |K_3|)}{|K_4^2|}$$

令

$$
\begin{aligned}
M_{11} = \sup \Bigg\{ & \frac{(|\rho_{\mathrm{g}}^2| + |\rho_{\mathrm{g}}||v_{\mathrm{g}}^2||P| + 2|v_{\mathrm{g}}^2|)|K_2| + |\rho_{\mathrm{g}}^3||g|}{|K_4|} \\
& + \frac{(2|\rho_{\mathrm{g}}^2||v_{\mathrm{g}}^2| + 2|\rho_{\mathrm{g}}^2||\rho_{\mathrm{l}}||v_{\mathrm{l}}^2| + 4|v_{\mathrm{g}}^2||\rho_{\mathrm{l}}||v_{\mathrm{l}}^2| + 2|P||\rho_{\mathrm{g}}||\rho_{\mathrm{l}}||v_{\mathrm{g}}^2||v_{\mathrm{l}}^2|)(|K_1||K_2| + |K_3|)}{|K_4^2|} \Bigg\}
\end{aligned}
$$

那么 $\left| \dfrac{\partial f_1}{\partial \alpha_{\mathrm{g}}} \right| \leqslant M_{11}$。

$$
\left| \frac{\partial f_1}{\partial v_{\mathrm{l}}} \right| = \left| \frac{\dfrac{f\rho_{\mathrm{l}}v_{\mathrm{l}}}{d}K_1}{K_4} - \frac{(4\alpha_{\mathrm{g}}\rho_{\mathrm{g}}^2\rho_{\mathrm{l}}v_{\mathrm{l}} - 8\alpha_{\mathrm{g}}v_{\mathrm{g}}^2\rho_{\mathrm{l}}v_{\mathrm{l}} + 4P\alpha_{\mathrm{g}}\rho_{\mathrm{g}}\rho_{\mathrm{l}}v_{\mathrm{g}}^2v_{\mathrm{l}})(K_1K_2 + K_3)}{K_4^2} \right|
$$

$$
\leqslant \frac{|K_1| + |\rho_{\mathrm{g}}||g|}{|K_4|} + \frac{(4|\rho_{\mathrm{g}}^2||\rho_{\mathrm{l}}||v_{\mathrm{l}}| + 8|v_{\mathrm{g}}^2||\rho_{\mathrm{l}}||v_{\mathrm{l}}| + 4|P||\rho_{\mathrm{g}}||\rho_{\mathrm{l}}||v_{\mathrm{g}}^2||v_{\mathrm{l}}|)(|K_1||K_2| + |K_3|)}{|K_4^2|}
$$

令

$$
M_{12} = \sup \left\{ \frac{|K_1| + |\rho_{\mathrm{g}}||g|}{|K_4|} + \frac{(4|\rho_{\mathrm{g}}^2||\rho_{\mathrm{l}}||v_{\mathrm{l}}| + 8|v_{\mathrm{g}}^2||\rho_{\mathrm{l}}||v_{\mathrm{l}}| + 4|P||\rho_{\mathrm{g}}||\rho_{\mathrm{l}}||v_{\mathrm{g}}^2||v_{\mathrm{l}}|)(|K_1||K_2| + |K_3|)}{|K_4^2|} \right\}
$$

那么 $\left| \dfrac{\partial f_1}{\partial v_{\mathrm{l}}} \right| \leqslant M_{12}$。

$$
\left| \frac{\partial f_1}{\partial P} \right| = \left| \frac{K_1 + \alpha_{\mathrm{g}}\rho_{\mathrm{g}}g\cos\theta(1 - \alpha_{\mathrm{g}})}{K_4} - \frac{(v_{\mathrm{g}}^2 - \rho_{\mathrm{g}}v_{\mathrm{g}}^2 + \alpha_{\mathrm{g}}\rho_{\mathrm{l}}v_{\mathrm{l}}^2)(K_1K_2 + K_3)}{K_4^2} \right|
$$

$$
\leqslant \frac{|K_1| + |\rho_{\mathrm{g}}||g|}{|K_4|} + \frac{(|v_{\mathrm{g}}^2| + |\rho_{\mathrm{g}}||v_{\mathrm{g}}^2| + |\rho_{\mathrm{l}}||v_{\mathrm{l}}^2|)(|K_1||K_2| + |K_3|)}{|K_4^2|}
$$

令

$$
M_{13} = \sup \left\{ \frac{|K_1| + |\rho_{\mathrm{g}}||g|}{|K_4|} + \frac{(|v_{\mathrm{g}}^2| + |\rho_{\mathrm{g}}||v_{\mathrm{g}}^2| + |\rho_{\mathrm{l}}||v_{\mathrm{l}}^2|)(|K_1||K_2| + |K_3|)}{|K_4^2|} \right\}
$$

那么 $\left| \dfrac{\partial f_1}{\partial P} \right| \leqslant M_{13}$。

$$
\left| \frac{\partial f_1}{\partial v_{\mathrm{g}}} \right| = \left(\left| \frac{\dfrac{-\alpha_{\mathrm{g}}\rho_{\mathrm{g}}v_{\mathrm{g}}^2K_1}{K_4}}{} \right. \right.
$$
$$
\left. \left. \frac{(4\rho_{\mathrm{g}}^2v_{\mathrm{g}} - 2\rho_{\mathrm{g}}^3v_{\mathrm{g}} - 4\alpha_{\mathrm{g}}\rho_{\mathrm{g}}^2v_{\mathrm{g}} - 8\alpha_{\mathrm{g}}v_{\mathrm{g}}\rho_{\mathrm{l}}v_{\mathrm{l}}^2 + 4P\alpha_{\mathrm{g}}\rho_{\mathrm{g}}\rho_{\mathrm{l}}v_{\mathrm{g}}v_{\mathrm{l}})(K_1K_2 + K_3)}{K_4^2} \right| \right)
$$

$$\leqslant \frac{|\rho_g||v_g^2||K_1|}{|K_4|}$$

$$+ \frac{(4|\rho_g^2||v_g|+2|\rho_g^3||v_g|+4|\rho_g^2||v_g|+8|v_g||\rho_1||v_1^2|+4|P||\rho_g||\rho_1||v_g||v_1|)(|K_1||K_2|+|K_3|)}{|K_4^2|}$$

令

$$M_{14} = \sup \cdot \left\{ \begin{array}{l} \dfrac{|\rho_g||v_g^2||K_1|}{|K_4|} \\[3mm] + \dfrac{(4|\rho_g^2||v_g|+2|\rho_g^3||v_g|+4|\rho_g^2||v_g|+8|v_g||\rho_1||v_1^2|}{|K_4^2|} \\[3mm] + \dfrac{4|P||\rho_g||\rho_1||v_g||v_1|)(|K_1||K_2|+|K_3|)}{|K_4^2|} \end{array} \right\},$$

那么 $\left|\dfrac{\partial f_1}{\partial v_g}\right| \leqslant M_{14}$ 和 $\left|\dfrac{\partial f_1}{\partial T}\right| = 0 \leqslant M_{15}$。

通过类似的方法，可得下列式子：

$$\left\{ \begin{array}{l} \dfrac{\partial f_2}{\partial \alpha_g} = \dfrac{v_1}{1-\alpha_g}\dfrac{\partial f_1}{\partial \alpha_g} + \dfrac{v_1 f_1}{(1-\alpha_g)^2} \\[4mm] \dfrac{\partial f_2}{\partial v_1} = \dfrac{f_1 + v_1\dfrac{\partial f_1}{\partial v_1}}{1-\alpha_g} \\[4mm] \dfrac{\partial f_2}{\partial P} = \dfrac{v_1}{1-\alpha_g}\dfrac{\partial f_1}{\partial P} \\[4mm] \dfrac{\partial f_2}{\partial v_g} = \dfrac{v_1}{1-\alpha_g}\dfrac{\partial f_1}{\partial v_g} \\[4mm] \dfrac{\partial f_2}{\partial T} = 0 \end{array} \right.$$

因此，$\left|\dfrac{\partial f_2}{\partial \alpha_g}\right| \leqslant \dfrac{|v_1|}{|1-\alpha_g|}M_{11} + \dfrac{|v_1|N_1}{|(1-\alpha_g)^2|}$。令

$$M_{21} = \sup\left\{\frac{|v_1|}{|1-\alpha_g|}M_{11} + \frac{|v_1|N_1}{|(1-\alpha_g)^2|}\right\}$$

那么 $\left|\dfrac{\partial f_2}{\partial \alpha_g}\right| \leqslant M_{21}$。$\left|\dfrac{\partial f_2}{\partial v_1}\right| \leqslant \dfrac{N_1+|v_1|M_{12}}{|1-\alpha_g|}$。令 $M_{22} = \sup\left\{\dfrac{N_1+|v_1|M_{12}}{|1-\alpha_g|}\right\}$，那么 $\left|\dfrac{\partial f_2}{\partial v_1}\right| \leqslant M_{22}$。$\left|\dfrac{\partial f_2}{\partial P}\right| \leqslant \dfrac{|v_1|M_{13}}{|1-\alpha_g|}$。令 $M_{23} = \sup\left\{\dfrac{|v_1|M_{13}}{|1-\alpha_g|}\right\}$，那么 $\left|\dfrac{\partial f_2}{\partial P}\right| \leqslant$

M_{23}。$\left| \dfrac{\partial f_2}{\partial v_g} \right| \leqslant \dfrac{|v_l| M_{14}}{|1 - \alpha_g|}$。令 $M_{24} = \sup \left\{ \dfrac{|v_l| M_{14}}{|1 - \alpha_g|} \right\}$，那么 $\left| \dfrac{\partial f_2}{\partial v_g} \right| \leqslant M_{24}$ 和 $\left| \dfrac{\partial f_2}{\partial T} \right| = 0 \leqslant M_{25}$。

f_3, f_4, f_5 关于 α_g, v_l, P, v_g, T 的微分方程可以分别写作如下形式：

$$
\begin{cases}
\dfrac{\partial f_3}{\partial \alpha_g} = \dfrac{\rho_l g \cos\theta + 2\rho_l v_l f_2 - 2\rho_l(1 - \alpha_g)v_l \dfrac{\partial f_2}{\partial \alpha_g}}{1 - \alpha_g} \\[4mm]
\qquad + \dfrac{\rho_l g \cos\theta(1 - \alpha_g) + \dfrac{f \rho_l v_l^2}{2d} + 2\rho_l(1 - \alpha_g)v_l f_2}{(1 - \alpha_g)^2} \\[4mm]
\dfrac{\partial f_3}{\partial v_l} = \dfrac{\dfrac{-f \rho_l v_l}{d} - 2\rho_l(1 - \alpha_g)f_2 - 2\rho_l(1 - \alpha_g)v_l \dfrac{\partial f_2}{\partial v_l}}{1 - \alpha_g} \\[4mm]
\dfrac{\partial f_3}{\partial P} = \dfrac{-2\rho_l(1 - \alpha_g)v_l}{1 - \alpha_g} \dfrac{\partial f_2}{\partial P} \\[4mm]
\dfrac{\partial f_3}{\partial v_g} = \dfrac{-2\rho_l(1 - \alpha_g)v_l}{1 - \alpha_g} \dfrac{\partial f_2}{\partial v_g} \\[4mm]
\dfrac{\partial f_3}{\partial T} = 0
\end{cases}
$$

$$
\begin{cases}
\dfrac{\partial f_4}{\partial \alpha_g} = \dfrac{v_g P f_3 + \alpha_g v_g P \dfrac{\partial f_3}{\partial \alpha_g} + \rho_g^2 v_g \dfrac{\partial f_1}{\partial \alpha_g}}{\rho_g^2 \alpha_g} - \dfrac{\rho_g^2(\alpha_g v_g P f_3 + \rho_g^2 v_g f_1)}{\rho_g^4 \alpha_g^2} \\[4mm]
\dfrac{\partial f_4}{\partial v_l} = \dfrac{\alpha_g v_g P \dfrac{\partial f_3}{\partial v_l} + \rho_g^2 v_g \dfrac{\partial f_1}{\partial v_l}}{\rho_g^2 \alpha_g} \\[4mm]
\dfrac{\partial f_4}{\partial P} = \dfrac{\alpha_g P f_3 + \alpha_g v_g P \dfrac{\partial f_3}{\partial v_g} + \rho_g^2 f_1 + \rho_g^2 v_g \dfrac{\partial f_1}{\partial v_g}}{\rho_g^2 \alpha_g} \\[4mm]
\dfrac{\partial f_4}{\partial v_g} = \dfrac{\alpha_g v_g f_3 + \alpha_g v_g P \dfrac{\partial f_3}{\partial P} + \rho_g^2 v_g \dfrac{\partial f_1}{\partial P}}{\rho_g^2 \alpha_g} \\[4mm]
\dfrac{\partial f_4}{\partial T} = 0
\end{cases}
$$

和

$$\begin{cases} \dfrac{\partial f_5}{\partial \alpha_{\mathrm{g}}} = \dfrac{-\dfrac{\partial f_3}{\partial \alpha_{\mathrm{g}}} - \rho_1 v_1 \dfrac{\partial f_2}{\partial \alpha_{\mathrm{g}}}}{\rho_1 C_{P1}} \\[4mm] \dfrac{\partial f_5}{\partial v_1} = \dfrac{-\dfrac{\partial f_3}{\partial v_1} - \rho_1 f_2 - \rho_1 v_1 \dfrac{\partial f_2}{\partial v_1}}{\rho_1 C_{P1}} \\[4mm] \dfrac{\partial f_5}{\partial P} = \dfrac{-\dfrac{\partial f_3}{\partial P} - \rho_1 v_1 \dfrac{\partial f_2}{\partial P}}{\rho_1 C_{P1}} - \dfrac{[\rho_1 \dfrac{\partial C_{P1}}{\partial P}][\rho_1 g \cos\theta - a(T - T_{\mathrm{e}}) - f_3 - \rho_1 v_1 f_2]}{\rho_1^2 C_{P1}^2} \\[4mm] \dfrac{\partial f_5}{\partial v_{\mathrm{g}}} = \dfrac{-\dfrac{\partial f_3}{\partial v_{\mathrm{g}}} - \rho_1 v_1 \dfrac{\partial f_2}{\partial v_{\mathrm{g}}}}{\rho_1 C_{P1}} \\[4mm] \dfrac{\partial f_5}{\partial T} = \dfrac{a - \dfrac{\partial f_3}{\partial T} - \rho_1 v_1 \dfrac{\partial f_2}{\partial T}}{\rho_1 C_{P1}} - \dfrac{\rho_1 \dfrac{\partial C_{P1}}{\partial T}\left(\rho_1 g \cos\theta - \alpha(T - T_{\mathrm{e}}) - \dfrac{\mathrm{d}P}{\mathrm{d}z} - \rho_1 v_1 \dfrac{\mathrm{d}v_1}{\mathrm{d}z}\right)}{\rho_1^2 C_{P1}^2} \end{cases}$$

重复以上方法，下列条件可得

$$\left|\dfrac{\partial f_3}{\partial \alpha_{\mathrm{g}}}\right| \leqslant M_{31}, \quad \left|\dfrac{\partial f_3}{\partial v_1}\right| \leqslant M_{32}, \quad \left|\dfrac{\partial f_3}{\partial P}\right| \leqslant M_{33}, \quad \left|\dfrac{\partial f_3}{\partial v_{\mathrm{g}}}\right| \leqslant M_{34}, \quad \left|\dfrac{\partial f_3}{\partial T}\right| \leqslant M_{35}$$

$$\left|\dfrac{\partial f_4}{\partial \alpha_{\mathrm{g}}}\right| \leqslant M_{41}, \quad \left|\dfrac{\partial f_4}{\partial v_1}\right| \leqslant M_{42}, \quad \left|\dfrac{\partial f_4}{\partial P}\right| \leqslant M_{43}, \quad \left|\dfrac{\partial f_4}{\partial v_{\mathrm{g}}}\right| \leqslant M_{44}, \quad \left|\dfrac{\partial f_4}{\partial T}\right| \leqslant M_{45}$$

$$\left|\dfrac{\partial f_5}{\partial \alpha_{\mathrm{g}}}\right| \leqslant M_{51}, \quad \left|\dfrac{\partial f_5}{\partial v_1}\right| \leqslant M_{52}, \quad \left|\dfrac{\partial f_5}{\partial P}\right| \leqslant M_{53}, \quad \left|\dfrac{\partial f_5}{\partial v_{\mathrm{g}}}\right| \leqslant M_{54}, \quad \left|\dfrac{\partial f_5}{\partial T}\right| \leqslant M_{55}$$

在讨论微分方程组解的过程中，Lipschitz 条件是非常重要的，因此首先讨论 $F(z; y)$ 的 Lipschitz 条件。又一次写出原始问题如下：$\dfrac{\mathrm{d}\alpha_{\mathrm{g}}}{\mathrm{d}z} = f_1(z; \alpha_{\mathrm{g}}, v_1, P, v_{\mathrm{g}}, T)$，$\dfrac{\mathrm{d}v_1}{\mathrm{d}z} = f_2(z; \alpha_{\mathrm{g}}, v_1, P, v_{\mathrm{g}}, T)$，$\dfrac{\mathrm{d}P}{\mathrm{d}z} = f_3(z; \alpha_{\mathrm{g}}, v_1, P, v_{\mathrm{g}}, T)$，$\dfrac{\mathrm{d}v_{\mathrm{g}}}{\mathrm{d}z} = f_4(z; \alpha_{\mathrm{g}}, v_1, P, v_{\mathrm{g}}, T)$，$\dfrac{\mathrm{d}T}{\mathrm{d}z} = f_5(z; \alpha_{\mathrm{g}}, v_1, P, v_{\mathrm{g}}, T)$。

能够写为 $\alpha_{\mathrm{g}}' = f_1(z; \alpha_{\mathrm{g}}, v_1, P, v_{\mathrm{g}}, T)$，$v_1' = f_2(z; \alpha_{\mathrm{g}}, v_1, P, v_{\mathrm{g}}, T)$，$P' = f_3(z; \alpha_{\mathrm{g}}, v_1, P, v_{\mathrm{g}}, T)$，$v_{\mathrm{g}}' = f_4(z; \alpha_{\mathrm{g}}, v_1, P, v_{\mathrm{g}}, T)$，$T' = f_5(z; \alpha_{\mathrm{g}}, v_1, P, v_{\mathrm{g}}, T)$。

初始条件为 $\alpha_{\mathrm{g}}(z_0) = \alpha_{\mathrm{g}0}$，$v_1(z_0) = v_{10}$，$P(z_0) = P_0$，$v_{\mathrm{g}}(z_0) = v_{\mathrm{g}0}$，$T(z_0) = T_0$。

利用欧拉多边形，对于 $i = 0, 1, 2, \cdots$，有

$$\alpha_{\mathrm{g}(i+1)} = \alpha_{\mathrm{g}}i + (z_{i+1} - z_i)f_1(z_i; \alpha_{\mathrm{g}i}, v_{1i}, P_i, v_{\mathrm{g}i}, T_i)$$

$$v_{1(i+1)} = v_{1i} + (z_{i+1} - z_i)f_2(z_i; \alpha_{\mathrm{g}i}, v_{1i}, P_i, v_{\mathrm{g}i}, T_i)$$

$$P_{i+1} = P_i + (z_{i+1} - z_i)f_3(z_i; \alpha_{\mathrm{g}i}, v_{1i}, P_i, v_{\mathrm{g}i}, T_i)$$

$$v_{g(i+1)} = v_{gi} + (z_{i+1} - z_i)f_4(z_i; \alpha_{gi}, v_{li}, P_i, v_{gi}, T_i)$$

$$T_{g(i+1)} = T_i + (z_{i+1} - z_i)f_5(z_i; \alpha_{gi}, v_{li}, P_i, v_{gi}, T_i)$$

式中，$\alpha_{gi}, v_{li}, P_i, v_{gi}, T_i$ 近似于 $\alpha_g(z_i), v_l(z_i), P(z_i), v_g(z_i), T(z_i)$，其中 $z_0 < z_1 < z_2 < \cdots$ 是积分细分区间。令 $y_i = (\alpha_{gi}, v_{li}, P_i, v_{gi}, T_i)^T$，则

$$y_{i+1} = y_i + (z_{i+1} - z_i)F(z_i; y_i), \quad i = 0, 1, 2, \cdots, n-1$$

如果令 $h_i = z_{i+1} - z_i$，则对细分区间可写为

$$h = (h_0, h_1, \cdots, h_{n-1})$$

若用直线将 $y_0, y_1, \cdots, y_n$ 连接，则可得 Euler 多边形：

$$y_h(z) = y_i + (z - z_i)f(z_i; y_i), z_i \leqslant z \leqslant z_{i+1}$$

定理 A.4　对于 $\|F(z; y)\| \leqslant N = \max\{N_1, N_2, N_3, N_4, N_5\}$，那么按上面定义的方法对 $\alpha_{gi}, v_{li}, P_i, v_{gi}, T_i$，有估计式：

$$\|y_i - y_0\| \leqslant N|z_i - z_0|$$

式中，$y_i = (\alpha_{gi}, v_{li}, P_i, v_{gi}, T_i)^T$。

对于 $\left|\dfrac{\partial f_k}{\partial \alpha_g}\right| \leqslant M_{k1}, \left|\dfrac{\partial f_k}{\partial v_l}\right| \leqslant M_{k2}, \left|\dfrac{\partial f_k}{\partial P}\right| \leqslant M_{k3}, \left|\dfrac{\partial f_k}{\partial v_g}\right| \leqslant M_{k4}, \left|\dfrac{\partial f_k}{\partial T}\right| \leqslant M_{k5}$，那么，

$$\|F(z; y) - F(z; \hat{y})\| \leqslant L\|y - \hat{y}\|$$

式中，$k = 1, 2, 3, 4, 5; L = \max\limits_k \left(\sum\limits_{i=1}^{5} M_{ki}\right)$。

证明　(1) 由 $\alpha_{g(i+1)} = \alpha_{gi} + (z_{i+1} - z_i)f_1(z_i; \alpha_{gi}, v_{li}, P_i, v_{gi}, T_i)$，定义 $\|F(z; \alpha_g, v_l, P, v_g, T)\|$，

$$|\alpha_{g(i+1)} - \alpha_{gi}| = |z_{i+1} - z_i||f_1(z_i; \alpha_{gi}, v_{li}, P_i, v_{gi}, T_i)| \leqslant N(z_{i+1} - z_i)$$

所以，

$$|\alpha_{gi} - \alpha_{g(i-1)}| \leqslant N(z_i - z_{i-1}), \quad \cdots, \quad |\alpha_{g2} - \alpha_{g1}| \leqslant N(z_2 - z_1), \quad |\alpha_{g1} - \alpha_{g0}| \leqslant N(z_1 - z_0)$$

因此，

$$|\alpha_{gi} - \alpha_{g(i-1)}| + \cdots + |\alpha_{g2} - \alpha_{g1}| + |\alpha_{g1} - \alpha_{g0}| \leqslant N(z_i - z_0)$$

因为

$$|\alpha_{gi} - \alpha_{g(i-1)} + \cdots + \alpha_{g2} - \alpha_{g1} + \alpha_{g1} - \alpha_{g0}| \leqslant |\alpha_{gi} - \alpha_{g(i-1)}| + \cdots + |\alpha_{g2} - \alpha_{g1}| + |\alpha_{g1} - \alpha_{g0}|$$

所以，

$$|\alpha_{gi} - \alpha_{g0}| \leqslant N(z_i - z_0)$$

类似地，$|v_{li} - v_{l0}| \leqslant N(z_i - z_0)$，$|P_i - P_0| \leqslant N(z_i - z_0)$，$|v_{gi} - v_{g0}| \leqslant N(z_i - z_0)$，$|T_i - T_0| \leqslant N(z_i - z_0)$。

从定义 $\|y_i - y_0\|$，有

$$\|y_i - y_0\| \leqslant N(z_i - z_0)$$

(2) 对于 $f_1(z; y), f_2(z; y), f_3(z; y), f_4(z; y), f_5(z; y), y = (\alpha_g, v_l, P, v_g, T)^{\mathrm{T}}$，有

$$f_1(z; \hat{y}) - f_1(z; y) = \frac{\partial f_1}{\partial \alpha_g}(\hat{\alpha_g} - \alpha_g) + \frac{\partial f_1}{\partial v_l}(\hat{v_l} - v_l) + \frac{\partial f_1}{\partial P}(\hat{P} - P)$$
$$+ \frac{\partial f_1}{\partial v_g}(\hat{v_g} - v_g) + \frac{\partial f_1}{\partial T}(\hat{T} - T)$$

所以，

$$|f_1(z; \hat{y}) - f_1(z; y)| \leqslant |\frac{\partial f_1}{\partial \alpha_g}||\hat{\alpha_g} - \alpha_g| + |\frac{\partial f_1}{\partial v_l}||\hat{v_l} - v_l| + |\frac{\partial f_1}{\partial P}||\hat{P} - P|$$
$$+ |\frac{\partial f_1}{\partial v_g}||\hat{v_g} - v_g| + |\frac{\partial f_1}{\partial T}||\hat{T} - T|$$

令 $\Delta y = \max\{|\hat{\alpha_g} - \alpha_g|, |\hat{v_l} - v_l|, |\hat{P} - P|, |\hat{v_g} - v_g|, |\hat{T} - T|\}$，那么

$$|f_1(z; \hat{y}) - f_1(z; y)| \leqslant \left(\left|\frac{\partial f_1}{\partial \alpha_g}\right| + \left|\frac{\partial f_1}{\partial v_l}\right| + \left|\frac{\partial f_1}{\partial P}\right| + \left|\frac{\partial f_1}{\partial v_g}\right| + \left|\frac{\partial f_1}{\partial T}\right|\right)\Delta y$$

类似地，有

$$|f_2(z; \hat{y}) - f_2(z; y)| \leqslant \left(\left|\frac{\partial f_2}{\partial \alpha_g}\right| + \left|\frac{\partial f_2}{\partial v_l}\right| + \left|\frac{\partial f_2}{\partial P}\right| + \left|\frac{\partial f_2}{\partial v_g}\right| + \left|\frac{\partial f_2}{\partial T}\right|\right)\Delta y$$

$$|f_3(z; \hat{y}) - f_3(z; y)| \leqslant \left(\left|\frac{\partial f_3}{\partial \alpha_g}\right| + \left|\frac{\partial f_3}{\partial v_l}\right| + \left|\frac{\partial f_3}{\partial P}\right| + \left|\frac{\partial f_3}{\partial v_g}\right| + \left|\frac{\partial f_3}{\partial T}\right|\right)\Delta y$$

$$|f_4(z; \hat{y}) - f_4(z; y)| \leqslant \left(\left|\frac{\partial f_4}{\partial \alpha_g}\right| + \left|\frac{\partial f_4}{\partial v_l}\right| + \left|\frac{\partial f_4}{\partial P}\right| + \left|\frac{\partial f_4}{\partial v_g}\right| + \left|\frac{\partial f_4}{\partial T}\right|\right)\Delta y$$

$$|f_5(z; \hat{y}) - f_5(z; y)| \leqslant \left(\left|\frac{\partial f_5}{\partial \alpha_g}\right| + \left|\frac{\partial f_5}{\partial v_l}\right| + \left|\frac{\partial f_5}{\partial P}\right| + \left|\frac{\partial f_5}{\partial v_g}\right| + \left|\frac{\partial f_5}{\partial T}\right|\right)\Delta y$$

由范数的定义，有

$$\|F(z; \hat{y}) - F(z; y)\|$$
$$= \max\{|f_1(z; \hat{y}) - f_1(z; y)|, |f_2(z; \hat{y}) - f_2(z; y)|, |f_3(z; \hat{y}) - f_3(z; y)|,$$

$$|f_4(z;\hat{y}) - f_4(z;y)|, |f_5(z;\hat{y}) - f_5(z;y)|\}$$

令 $L = \max\limits_{k} \left(\sum\limits_{i=1}^{5} M_{ki} \right)$ 和 $\|\hat{y} - y\| = \Delta y$，那么有

$$\|F(z;\hat{y}) - F(z;y)\| \leqslant L\|\hat{y} - y\|$$

所以，微分方程系统 F 是连续的且满足 Lipschitz 条件。这个解是存在且唯一的。

A.3.2 Runge-Kutta 法的合理步长分析

由 6.2.3 节的算法设计过程，在每个计算深度上的模型实际上是一个初始条件下的线性一阶常微分方程组。方程很难得到解析解，所以往往采用数值方法获得近似解。有很多方法可以获得数值解，如 Euler 方法、梯形图解法、θ 法、Adams 方法、Runge-Kutta 法等。龙格–库塔法是应用最广的获得常微分方程近似解的方法。RK4 方法具有计算量小、进度快、效率高等优点。但是，它对稳定性有严格的限制条件，所以讨论其收敛步长。

为了简化，方程依然考虑油水混合液体。仅仅是考虑稳定性，这样的假设是合理的。方程可以转化为以下形式：

$$D\frac{\mathrm{d}U}{\mathrm{d}z} = FU + G$$

式中，

$$D = \begin{bmatrix} v_g\alpha_g P & \rho_g^2 v_g & \rho_g^2 v_g & 0 & 0 \\ 0 & -v_l & 0 & 1-\alpha_g & 0 \\ 1-\alpha_g & 0 & 0 & 2\alpha_l\rho_l v_l & 0 \\ \alpha_g(v_g^2 P + \rho_g) & \rho_g^2 v_g^2 & \rho_g^2 v_g^2 & 0 & 0 \\ 1 & 0 & 0 & v_l\rho_l & \rho_l C_{Pl} \end{bmatrix}, \quad G = \begin{bmatrix} 0 \\ 0 \\ -g\cos\theta\rho_l \\ 0 \\ g\cos\theta + a\rho_l T_e \end{bmatrix}$$

$$F = \begin{bmatrix} 0 & 0 & 0 & 0 & 0 \\ 0 & 0 & 0 & 0 & 0 \\ 0 & g\cos\theta\rho_l & 0 & f\rho_l/(2d) & 0 \\ 0 & -g\rho_g^2\cos\theta & 0 & 0 & 0 \\ 0 & 0 & 0 & 0 & -a\rho_l \end{bmatrix}, \quad U = \begin{bmatrix} P \\ \alpha_g \\ v_g \\ v_l \\ T \end{bmatrix}$$

考虑特征方程，常微分方程组的数学特征可以通过下列特征值方程得出：

$$\det[\lambda D - F] = 0$$

$$\lambda_1 = \lambda_2 = \lambda_3 = 0, \quad \lambda_4 = -\frac{a}{C_{Pl}}$$

$$\lambda_5 = \frac{2\rho_g^2 g \cos\theta d(1-2\alpha_g) + 2\alpha_g^2 \rho_g g \cos\theta d(\rho_g - \rho_l) + \alpha_g \rho_g f v_l(\rho_g - Pv_g^2)}{2d\rho_g[\rho_g v_g^2(\alpha_g - 1) - 2\alpha_g^2 \rho_l v_l^2] + 4P\rho_l d\alpha_g(\alpha_g - 1)v_g^2 v_l^2 + 4d\alpha_g \rho_g(\rho_l v_l^2 - \rho_g v_g^2)}$$
$$+ \frac{2\alpha_g \rho_l g \cos\theta d(\rho_g - Pv_g^2 + P\alpha_g v_g^2)}{2d\rho_g[\rho_g v_g^2(\alpha_g - 1) - 2\alpha_g^2 \rho_l v_l^2] + 4P\rho_l d\alpha_g(\alpha_g - 1)v_g^2 v_l^2 + 4d\alpha_g \rho_g(\rho_l v_l^2 - \rho_g v_g^2)}$$

从工程实践来讲，$\lambda_4 < 0$ 和 $\lambda_5 > 0$。所以，微分系统容易出现发散。但是，正特征值的数值非常小（0.009~0.1）。对于一个循环，近似解影响非常小。模型还是一个适定性系统。负特征值的绝对值区间对 RK4 方法非常重要。对于常微分方程组，稳定的步长 λ 和 h 必须满足稳定区间。RK4 绝对稳定区间是 $[-2.78, 0]$[266]。所以，系统在步长 $\lambda < 28$ 是稳定的。

附录B 程序设计

1. 瞬态模型主程序

```
clc;
L=721;                          %时间步c
K=710;                          %测深步
h=10;                           %测深差分空间长度
%tau=120;
r=60;                           %差分时间长度
Pc=35;                          %临界压力(MPa);
%rto=44.45*10^(-3);             %油管管外半径;
rti=34.92*10^(-3);              %油管管内半径;
A=pi*rti^2;                     %油管内管面积m^2;
%rco=73.05*10^(-3);             %套管管外半径
%rci=60.71*10^(-3);             %套管管内半径
%rcem=0.8;                      %水泥环半径,具体数字?
%Ke=2.06;                       %地层导热系数（W/m·K）
%rwb=1.8*146.1*10^(-3);         %井眼外径
%alpha=0.00000103;              %底层热扩散系数（m^2/s）
%qsc=500000;                    %产气量（m^3/d）
e=0.00001524;                   %绝对粗糙度(m)
R=8.314;
rho_l=0.95*10^(3);              %液相密度(kg/m^3)
d=88.9*10^(-3);                 %管径(m)
Re=2000;                        %雷诺数
g=9.8;                          %重力加速度(m/s^2)
P=zeros(L,K);                   %压力
vl=zeros(L,K);                  %液相速度(m/s)
vg=zeros(L,K);                  %气相速度(m/s)
a_l=zeros(L,K);                 %含液率
a_ll=zeros(L,K);
```

```
xxfinal=zeros(3*(K-1));          %方程组解矩阵
Pfinal=zeros(L,K);               %压力存储矩阵
vgfinal=zeros(L,K);              %气相速度矩阵
vlfinal=zeros(L,K);              %液相速度矩阵
a_tconf=zeros(3,3);              %时间偏微系数矩阵3*3
a_xconf=zeros(3,3);              %空间偏微系数矩阵3*3
b_conf=zeros(3,6);               %线性方程组系数矩阵
D=zeros(3,1);                    %中间变量b矩阵
d_conf=zeros(3,1);               %中间变量b矩阵
A_conf=zeros(3*(K-1),3*(K-1));   %高斯消去法解线性方程组系数矩阵
D_conf=zeros(3*(K-1),1);         %高斯消去法解线性方程组b矩阵
                                 %初始条件
load P0;                         %初始时刻的井柱各点压力
load a_lt0;                      %初始时刻的井柱各点含液率
load v_l0;                       %初始时刻的井柱各点液相速度
load v_g0;                       %初始时刻的井柱各点气相速度
load theta;                      %初始时刻的井柱各点井斜角
load rhog; a_l(1,:)=a_lt0; a_l(1,:)=a_lt0; P(1,:)=P0*10^6;
vg(1,:)=vg0; vl(1,:)=vl0;
%v(1,:)=zeros(1,K);              %边界条件
vg(:,1)=7; vl(:,1)=7; P(:,K)=Pc*10^6; a_l(:,1)=0.4; a_ll(:,1)=0.4;
%Re=0.354*(qsc*rho1)/(24*d*mu)   %参考文献
f=friction(d,e,Re);             %摩阻系数
for l=2:100                      %时间
  for k=1:K-1                    %深度
    kk=k-1;
    ll=l-1;
    a_tconf(1,1)=a_l(ll,k)/P(ll,k);
    a_tconf(2,2)=rho_g(k)*a_l(ll,k)*A;
    a_tconf(3,3)=rho_l*(1-a_l(ll,k))*A;
    a_xconf(1,1)=vg(ll,k)*a_l(ll,k)/P(ll,k);
    a_xconf(1,2)=a_l(ll,k);
    a_xconf(1,3)=1-a_l(ll,k);
    a_xconf(2,1)=A*a_l(ll,k);
    a_xconf(2,2)=rho_g(k)*a_l(ll,k)*A*vg(ll,k);
```

```
a_xconf(3,1)=A*(1-a_1(11,k));
a_xconf(3,3)=rho_1*(1-a_1(11,k))*v1(11,k)*A;
D(1)=-(vg(11,k)-v1(11,k))*(a_1(11,k+1)-a_1(11,k))/h;
D(2)=-rho_g(k)*g*a_1(1,k)*cos(theta(k))*A-A*P(11,k)*(a_1(11,k+1)
    -a_1(11,k))/h;
D(3)=-f*rho_1*v1(11,k)^2/(2*d)-rho_1*g*(1-a_1(11,k))
    *cos(theta(k))*A+A*P(11,k)*(a_1(11,k+1)-a_1(11,k))/h;
b_conf(1,1)=a_tconf(1,1)/(2*r)-a_xconf(1,1)/h;
b_conf(1,2)=-a_xconf(1,2)/h;
b_conf(1,3)=-a_xconf(1,3)/h;
b_conf(1,4)=a_tconf(1,1)/(2*r)+a_xconf(1,1)/h;
b_conf(1,5)=a_xconf(1,2)/h;
b_conf(1,6)=a_xconf(1,3)/h;
b_conf(2,1)=-a_xconf(2,1)/h;
b_conf(2,2)=a_tconf(2,2)/(2*r)-a_xconf(2,2)/h;
b_conf(2,4)=a_xconf(2,1)/h;
b_conf(2,5)=a_tconf(2,2)/(2*r)+a_xconf(2,2)/h;
b_conf(3,1)=-a_xconf(3,1)/h;
b_conf(3,3)=a_tconf(3,3)/(2*r)-a_xconf(3,3)/h;
b_conf(3,4)=a_xconf(3,1)/h;
b_conf(3,6)=a_tconf(3,3)/(2*r)+a_xconf(3,3)/h;
d_conf(1)=D(1)+a_tconf(1,1)*(P(11,k+1)+P(11,k))/(2*r);
d_conf(2)=D(2)+a_tconf(2,2)*(vg(11,k+1)+vg(11,k))/(2*r);
d_conf(3)=D(3)+a_tconf(3,3)*(v1(11,k+1)+v1(11,k))/(2*r);
 if k==1
  A_conf(1,1)=b_conf(1,1);
  A_conf(1,2)=b_conf(1,4);
  A_conf(1,3)=b_conf(1,5);
  A_conf(1,4)=b_conf(1,6);
  A_conf(2,1)=b_conf(2,1);
  A_conf(2,2)=b_conf(2,4);
  A_conf(2,3)=b_conf(2,5);
  A_conf(3,1)=b_conf(3,1);
  A_conf(3,2)=b_conf(3,4);
  A_conf(3,4)=b_conf(3,6);
```

```
D_conf(1)=d_conf(1)-b_conf(1,2)*vg(ll,k)-b_conf(1,3)*vl(ll,k);
D_conf(2)=d_conf(2)-b_conf(2,2)*vg(ll,k);
D_conf(3)=d_conf(3)-b_conf(3,3)*vl(ll,k);
elseif k==2
A_conf(3*(k-1)+1,kk+1)=b_conf(1,1);
A_conf(3*(k-1)+1,kk+2)=b_conf(1,2);
A_conf(3*(k-1)+1,kk+3)=b_conf(1,3);
A_conf(3*(k-1)+1,kk+4)=b_conf(1,4);
A_conf(3*(k-1)+1,kk+5)=b_conf(1,5);
A_conf(3*(k-1)+1,kk+6)=b_conf(1,6);
A_conf(3*(k-1)+2,kk+1)=b_conf(2,1);
A_conf(3*(k-1)+2,kk+2)=b_conf(2,2);
A_conf(3*(k-1)+2,kk+4)=b_conf(2,4);
A_conf(3*(k-1)+2,kk+5)=b_conf(2,5);
A_conf(3*(k-1)+3,kk+1)=b_conf(3,1);
A_conf(3*(k-1)+3,kk+3)=b_conf(3,3);
A_conf(3*(k-1)+3,kk+4)=b_conf(3,4);
A_conf(3*(k-1)+3,kk+6)=b_conf(3,6);
D_conf(3*(k-1)+1)=d_conf(1);
D_conf(3*(k-1)+2)=d_conf(2);
D_conf(3*(k-1)+3)=d_conf(3);
elseif k==K-1
A_conf(3*(k-1)+1,3*k-4)=b_conf(1,1);
A_conf(3*(k-1)+1,3*k-3)=b_conf(1,2);
A_conf(3*(k-1)+1,3*k-2)=b_conf(1,3);
A_conf(3*(k-1)+1,3*k-1)=b_conf(1,5);
A_conf(3*(k-1)+1,3*k)=b_conf(1,6);
A_conf(3*(k-1)+2,3*k-4)=b_conf(2,1);
A_conf(3*(k-1)+2,3*k-3)=b_conf(2,2);
A_conf(3*(k-1)+2,3*k-1)=b_conf(2,5);
A_conf(3*(k-1)+3,3*k-4)=b_conf(3,1);
A_conf(3*(k-1)+3,3*k-2)=b_conf(3,3);
A_conf(3*(k-1)+3,3*k)=b_conf(3,6);
D_conf(3*(k-1)+1)=d_conf(1)-b_conf(1,4)*P(ll,K);
D_conf(3*(k-1)+2)=d_conf(2)-b_conf(2,4)*P(ll,K);
```

```
        D_conf(3*(k-1)+3)=d_conf(3)-b_conf(3,4)*P(11,K);
    else
        A_conf(3*(k-1)+1,3*k-4)=b_conf(1,1);
        A_conf(3*(k-1)+1,3*k-3)=b_conf(1,2);
        A_conf(3*(k-1)+1,3*k-2)=b_conf(1,3);
        A_conf(3*(k-1)+1,3*k-1)=b_conf(1,4);
        A_conf(3*(k-1)+1,3*k)=b_conf(1,5);
        A_conf(3*(k-1)+1,3*k+1)=b_conf(1,6);
        A_conf(3*(k-1)+2,3*k-4)=b_conf(2,1);
        A_conf(3*(k-1)+2,3*k-3)=b_conf(2,2);
        A_conf(3*(k-1)+2,3*k-1)=b_conf(2,4);
        A_conf(3*(k-1)+2,3*k)=b_conf(2,5);
        A_conf(3*(k-1)+3,3*k-4)=b_conf(3,1);
        A_conf(3*(k-1)+3,3*k-2)=b_conf(3,3);
        A_conf(3*(k-1)+3,3*k-1)=b_conf(3,4);
        A_conf(3*(k-1)+3,3*k+1)=b_conf(3,6);
        D_conf(3*(k-1)+1)=d_conf(1);
        D_conf(3*(k-1)+2)=d_conf(2);
        D_conf(3*(k-1)+3)=d_conf(3);
    end
end xxfinal=SVD_equation(A_conf,D_conf); P(1,1)=xxfinal(1);
P(1,2)=xxfinal(2); P(1,K)=Pc*10^6; for c=1:K-3
P(1,c+2)=xxfinal(3*c+2); vg(1,c+1)=xxfinal(3*c);
vl(1,c+1)=xxfinal(3*c+1); end vg(1,K-1)=xxfinal(3*K-6);
vl(1,K-1)=xxfinal(3*K-5); vg(1,K)=xxfinal(3*K-4);
vl(1,K)=xxfinal(3*K-3); for c=2:K-1
x1=(a_l(1,c-1)-a_l(1-1,c)-a_l(1-1,c-1))/(2*r);
x2=(1/(2*r)+(vg(1,c)-vg(1,c-1))+vg(1,c)/h);
x3=-vg(1,c)*a_l(1,c-1)/h; a_ll(1,c)=(-x1-x3)/x2;
x4=(1/(2*r)+(vl(1,c)-vl(1,c-1))+vl(1,c)/h);
x5=-vl(1,c)*a_l(1,c-1)/h; a_lg(1,c)=(-x1-x5)/x4;
 a_wl=-r*vl(1,c);
 a_pl=h+r*vl(1,c+1);
 a_ll(1,c)=(h*a_l(1-1,c)-a_wl*a_ll(1,c-1))/a_pl;
 a_wg=-r*vg(1,c);
```

```
  a_pg=(h+r*vg(l,c+1));
  a_lg(l-1,c)=((1-a_l(l-1,c))*h-a_wg*(1-a_l(l,c-1)))/a_pg;
end
  a_l(l,K)=a_l(l,K-1);
end
```

2. 异值分解求解病态线性议程组

```
function x=SVD_equation(A,b)
%A为系数矩阵,b为右向量
n=length(A); epsilon=1e-10; x=zeros(n,1); [U,S,V]=svd(A);
sdiag=diag(S); for i=1:n
    if sdiag(i)>epsilon
        x=x+U(:,i)'*b/sdiag(i)*V(:,i);
    end
end
```

3. 稳态模型主程序

```
clc; clear all;
load JS_data.mat;          %载入井斜角和井深
load ag.mat;               %载入含液率初值
%load rhog.mat;            %载入气体密度
%load Te.mat;
Te1; Te=Te+273;
%rho_g=rho_g*10^(-3);
d=7100;                    %井深
h_d=1;                     %关于深度的步长
deep=d/h_d;                %计算维数
%Tc=202;                   %临界温度, 参考博士论文, 单位K;
%Pc=4.968;                 %临界压力(MPa);
rto=44.45*10^(-3);         %油管管外半径;
rti=34.92*10^(-3);         %油管管内半径;
rco=73.05*10^(-3);         %套管管外半径
rci=60.71*10^(-3);         %套管管内半径
rcem=0.8;                  %水泥环半径, 具体数字?
t=24*60*60;                %整体注入时间(s)
rh=0.8;                    %水泥环半径, 具体数字?
hf=0.03;
```

```
hr=0.08;                        %环空辐射传热系数
hc=0.1;                         %套管内流体传热系数
ktub=43.26; kcas=43.26;
kcem=0.52;                      %水泥层导热系数
Ke=2.06;                        %地层导热系数（W/m·K）
%rwb=1.8*146.1*10^(-3);         %井眼外径
%alpha=0.00000103;              %底层热扩散系数（m^2/s）
%gammag=0.6434;                 %气体相对密度
%qsc=500000;                    %产气量(m^3/d)
%e=0.00001524;                  %绝对粗糙度(m)
%M=20;                          %气体相对分子量(g/mol)
%R=8.314;
rhow=1000;                      %液体密度（kg/m^3）
rhoo=890;
de=88.9;
g=9.8;
%mu=0.02;                       %气体黏度(MPa·s)采气工程29页
%Pi=70;                         %地层原始压力(MPa)
%s1=110;                        %地层渗透率
%qsc=500000;                    %产气量（m^3/d）
%Tbh=130;                       %井底温度(℃)
%s2=1.5;                        %地层有效厚度（m)？
%phi=20;                        %孔隙度
%Ct=2*10^(-3);                  %综合压缩系数 参考文献
P=zeros(deep,1); T=zeros(deep,1); vg=zeros(deep,1);
vw=zeros(deep,1); vo=zeros(deep,1); aw=zeros(deep,1);
ao=zeros(deep,1); rho_g=zeros(deep,1);
A_conf=zeros(7,7);              %方程系数矩阵
B_conf=zeros(7,1);              %方程组常量矩阵
answer=zeros(5,7);              %解矩阵
                                %初始条件
P(1)=27*10^6; T(1)=160+273; vw(1)=7; vg(1)=12; vo(1)=7;
rho_g(1)=rhog(27,T(1)); aw(1)=0.2; ao(1)=0.2;
cpw=4.2;                        %水的定压比热
cpo=3.8;                        %油的定压比热
```

```
for i=1:100
 a=crxs(rto,rti,rco,rci,rcem,T(i),Te(i),t);
  for j=1:3
   A_conf(1,1)=(vg(i)+answer(j,4)*h_d/2)*(1-(aw(i)
               +answer(j,5)*h_d/2)-(ao(i)+answer(j,6)*h_d/2));
   A_conf(1,4)=(P(i)+answer(j,1)*h_d/2)*(1-(aw(i)
               +answer(j,5)*h_d/2)-(ao(i)+answer(j,6)*h_d/2));
   A_conf(1,5)=-(P(i)+answer(j,1)*h_d/2)*(vg(i)+answer(j,4)*h_d/2);
   A_conf(1,5)=-(P(i)+answer(j,1)*h_d/2)*(vg(i)+answer(j,4)*h_d/2);
   A_conf(2,2)=aw(i)+answer(j,5)*h_d/2;
   A_conf(2,5)=vw(i)+answer(j,2)*h_d/2;
   A_conf(3,3)=ao(i)+answer(j,6)*h_d/2;
   A_conf(3,6)=vo(i)+answer(j,3)*h_d/2;
   A_conf(4,1)=aw(i)+answer(j,5)*h_d/2+ao(i)+answer(j,6)*h_d/2;
   A_conf(4,2)=rhow*(vw(i)+answer(j,2)*h_d/2)*(aw(i)
               +answer(j,5)*h_d/2);
   A_conf(4,3)=rhoo*(vo(i)+answer(j,3)*h_d/2)*(ao(i)
               +answer(j,6)*h_d/2);
   A_conf(4,5)=P(i)+answer(j,1)*h_d/2;
   A_conf(4,6)=P(i)+answer(j,1)*h_d/2;
   A_conf(5,1)=1-(aw(i)+answer(j,5)*h_d/2)-(ao(i)+answer(j,6)*h_d/2);
   A_conf(5,4)=rho_g(i)*(vg(i)+answer(j,4)*h_d/2)*(1
               -(aw(i)+answer(j,5)*h_d/2)-(ao(i)+answer(j,6)*h_d/2));
   A_conf(5,5)=-P(i)-answer(j,1)*h_d/2;
   A_conf(5,6)=-P(i)-answer(j,1)*h_d/2;
   A_conf(6,1)=1;
   A_conf(6,2)=rhow*(vw(i)+answer(j,2)*h_d/2);
   A_conf(6,7)=rhow*cpw;
   A_conf(7,1)=1;
   A_conf(7,3)=rhoo*(vo(i)+answer(j,3)*h_d/2);
   A_conf(7,7)=rhoo*cpo;
   fw=frction(rhow,T(i)+answer(j,7)*h_d/2,vw(i)+answer(j,2)*h_d/2);
   fo=frction(rhoo,T(i)+answer(j,7)*h_d/2,vo(i)+answer(j,3)*h_d/2);
   B_conf(4,1)=-rhow*g*(aw(i)
               +answer(j,5)*h_d/2*cos(JS_data(i,1)*pi/2)
```

```
                -rhoo*g*(ao(i)+answer(j,6)*h_d/2)
                *cos(JS_data(i,1)*pi/2)-fw-fo;
  B_conf(5,1)=-rho_g(i)*g*(1-(aw(i)+answer(j,5)*h_d/2)-(ao(i)
                +answer(j,6)*h_d/2))*cos(JS_data(i,1)*pi/2);
  B_conf(6,1)=rhow*g*cos(JS_data(i,1)*pi/2)-a*((T(i)
                +answer(j,7)*h_d/2)-Te(i));
  B_conf(7,1)=rhoo*g*cos(JS_data(i,1)*pi/2)-a*((T(i)
                +answer(j,7)*h_d/2)-Te(i));
  B_conf=B_conf';
  answer(j+1,:)=SVD_equation(A_conf,B_conf);
end
j=j+1;
  A_conf(1,1)=(vg(i)+answer(j,4)*h_d)*(1-(aw(i)+answer(j,5)*h_d)
                -(ao(i)+answer(j,6)*h_d));
  A_conf(1,4)=(P(i)+answer(j,1)*h_d)*(1-(aw(i)+answer(j,5)*h_d)
                -(ao(i)+answer(j,6)*h_d));
  A_conf(1,5)=-(P(i)+answer(j,1)*h_d)*(vg(i)+answer(j,4)*h_d);
  A_conf(1,5)=-(P(i)+answer(j,1)*h_d)*(vg(i)+answer(j,4)*h_d);
  A_conf(2,2)=aw(i)+answer(j,5)*h_d;
  A_conf(2,5)=vw(i)+answer(j,2)*h_d;
  A_conf(3,3)=ao(i)+answer(j,6)*h_d;
  A_conf(3,6)=vo(i)+answer(j,3)*h_d;
  A_conf(4,1)=aw(i)+answer(j,5)*h_d+ao(i)+answer(j,6)*h_d;
  A_conf(4,2)=rhow*(vw(i)+answer(j,2)*h_d)*(aw(i)+answer(j,5)*h_d);
  A_conf(4,3)=rhoo*(vo(i)+answer(j,3)*h_d)*(ao(i)+answer(j,6)*h_d);
  A_conf(4,5)=P(i)+answer(j,1)*h_d;
  A_conf(4,6)=P(i)+answer(j,1)*h_d;
  A_conf(5,1)=1-(aw(i)+answer(j,5)*h_d)-(ao(i)+answer(j,6)*h_d);
  A_conf(5,4)=rho_g(i)*(vg(i)+answer(j,4)*h_d)
                *(1-(aw(i)+answer(j,5)*h_d)
                -(ao(i)+answer(j,6)*h_d));
  A_conf(5,5)=-P(i)-answer(j,1)*h_d;
  A_conf(5,6)=-P(i)-answer(j,1)*h_d;
  A_conf(6,1)=1;
  A_conf(6,2)=rhow*(vw(i)+answer(j,2)*h_d);
```

```
    A_conf(6,7)=rhow*cpw;
    A_conf(7,1)=1;
    A_conf(7,3)=rhoo*(vo(i)+answer(j,3)*h_d);
    A_conf(7,7)=rhoo*cpo;
    fw=frction(rhow,T(i)+answer(j,7)*h_d,vw(i)+answer(j,2)*h_d);
    fo=frction(rhoo,T(i)+answer(j,7)*h_d,vo(i)+answer(j,3)*h_d);
    B_conf(4,1)=-rhow*g*(aw(i)+answer(j,5)*h_d)
              *cos(JS_data(i,1)*pi/2)-rhoo*g*(ao(i)+answer(j,6)*h_d)
              *cos(JS_data(i,1)*pi/2)-fw-fo;
    B_conf(5,1)=-rho_g(i)*g*(1-(aw(i)+answer(j,5)*h_d)
              -(ao(i)+answer(j,6)*h_d))*cos(JS_data(i,1)*pi/2);
    B_conf(6,1)=rhow*g*cos(JS_data(i,1)*pi/2)
              -a*((T(i)+answer(j,7)*h_d)-Te(i));
    B_conf(7,1)=rhoo*g*cos(JS_data(i,1)*pi/2)
              -a*((T(i)+answer(j,7)*h_d)-Te(i));
    answer(j+1,:)=SVD_equation(A_conf,B_conf);
    P(i+1)=P(i)+(answer(2,1)+2*answer(3,1)+2*answer(4,1)
          +answer(5,1))*h_d/6;
    vw(i+1)=vw(i)+(answer(2,2)+2*answer(3,2)+2*answer(4,2)
          +answer(5,2))*h_d/6;
    vo(i+1)=vo(i)+(answer(2,3)+2*answer(3,3)+2*answer(4,3)
          +answer(5,3))*h_d/6;
    vg(i+1)=vg(i)+(answer(2,4)+2*answer(3,4)+2*answer(4,4)
          +answer(5,4))*h_d/6;
    aw(i+1)=aw(i)+(answer(2,5)+2*answer(3,5)+2*answer(4,5)
          +answer(5,5))*h_d/6;
    ao(i+1)=ao(i)+(answer(2,6)+2*answer(3,6)+2*answer(4,6)
          +answer(5,6))*h_d/6;
    T(i+1)=T(i)+(answer(2,7)+2*answer(3,7)+2*answer(4,7)
          +answer(5,7))*h_d/6;
    rho_g(i+1)=rhog(P(i+1)/10^6,T(i+1));
end
```

3. 单相流生产仿真C#代码

```csharp
using System; using System.Collections.Generic; using
System.ComponentModel; using System.Data; using System.Drawing;
using System.Text; using System.Windows.Forms;

using System.Data.OleDb; using System.IO; using
System.Data.SqlClient;

namespace 受力分析软件 {public partial class Shengchanjieguo:Form
    {
public static Shengchanjieguo shengchanjieguo = null;
public  Xuanzeshengchanwendu xuanzeshengchanwendu; public
Shengchanbaobiao shengchanbaobiao;
public Shengchanjieguo()
 {
 InitializeComponent();
 shengchanjieguo = this;
 }
 //定义计算井斜所需变量
 public double buchang;
 public int rows3;
 public int colums3;
 public int n;
 public double jingshen;
 public double[] faibianhua = new double[100000];
 public double[] kuosaibianhua = new double[100000];
 public int[] jiange3 = new int[10000];
 public double[] fai = new double[100000];
 public double[] h = new double[100000];

 //定义计算油管所需变量
 public int rows1;
 public int colums1;
 public int[] jiange1 = new int[100000];
 public double[] mizhong = new double[100000];
 public double[] repengzhang = new double[100000];
```

```java
public double[] tanxingmoliang = new double[100000];
public double[] bosongbi = new double[100000];
public double[] waijing = new double[100000];
public double[] neijing = new double[100000];
public double[] Ao = new double[100000];
public double[] Ai = new double[100000];
public double[] guanxingju = new double[100000];
public double[] qufujixian = new double[100000];
public double[] kangjiqiangdu = new double[10000];
public double[] neiqufuqiangdu = new double[10000];
public double[] lianjieqiangdu = new double[10000];

//定义计算套管所需变量
public int rows2;
public int colums2;
public int[] jiange2 = new int[100000];
public double[] tongjing = new double[100000];
public double[] rc = new double[100000];
public double[] youxiajianxi = new double[100000];
public double[] Ah = new double[100000];

//定义其他所需变量
public double zhouxiangkulun;
public double jingkouwendu;
public double ditiwendu;
public double dicengdaorexishu;
public double dicengrekuosanxishu;

//定义计算下管柱所需的变量
public double pin;
public double pout;

//定义座封所需的变量
public int zuofengfangshi;
public double jingkouyali;
```

```
public double linjieyali;
public double fenggeqi;

//定义射孔所需的变量
public double Pshe;
public double pin_shekong;
public double pout_shekong;

//定义注入所需的变量
public double Pnei;
public double Pwai;
public double Q;
public double Q_shangxian;
public double Q_chuandi1;
public double Q_chuandi2;
public double Kh;
public double time;
public double K;
public double pin_zhuru;
public double pout_zhuru;
public double zhuru_yali;
public double zhuru_wendu;
public double Qgsc_zhuru;
public double x_ganduzhuru;


//定义生产所需的变量
public double Tpc;
public double Ppc;
public double jingdiyali;
public double rg;
public double Mg;
public double Cci;
public double Cto;
public double qitidaorexishu;
```

```
public double Qgsc;
public double shuinihuandaorexishu;
public double shengchanshijian;

//定义关井所需的变量
public double Tpc6;
public double Ppc6;
public double jingkouyalig;

//定义解封所需的变量
public double shangtili;
public double jiefengyali;
public int shangtifangshi;

//定义注入温度修正变量
public double ts_zhuru;
public double tf_zhuru;
public double[] t_zhuru = new double[10000];
public int n_wendu;
public double[] Ftaoe_4_zhuru = new double[10000];
public double[] zhengyali4_zhuru = new double[10000];
public double[] guanbimozu4_zhuru = new double[10000];
public double[] Ut4_zhuru = new double[10000];
public double[] Uf4_zhuru = new double[10000];
public double[] Up4_zhuru = new double[10000];
public double[] Um4_zhuru = new double[10000];
public double[] Uzong4_zhuru = new double[10000];
public string[] ququzhuangtai4_zhuru = new string[10000];

//定义生产温度修正变量
public double ts_shengchan;
public double tf_shengchan;
public double[] t_shengchan = new double[10000];
public double[] Ftaoe_5_shengchan = new double[10000];
public double[] P5_shengchan = new double[10000];
```

```
public double[] Ut5_shengchan = new double[10000];
public double[] Up5_shengchan = new double[10000];
public double[] Uf5_shengchan = new double[10000];
public double[] Um5_shengchan = new double[10000];
public double[] Uzong5_shengchan = new double[10000];
public string[] ququzhuangtai5_shengchan = new string[10000];


public void method_longgandu(int i, int geshu, ref double[,]
Bg, ref double[] z, double T5, double P5,
ref double[,] Vt, double GWR, ref double[,] ruom,
double Mt, ref double[,] qt_moxing,
double qe_moxing, ref double[,] Vm, ref double[] Ao,
 ref double[,] ruog, double Vg_midu,
ref double[,] B_moxing, double G_moxing, double ruoe, ref double[,]
C_moxing,  ref double[,] x_gandu, ref double[] Rou, double rg,
double Mg, ref double[,]
qitiniandu, ref double[,] leinuoshu, double Qgsc, double[] neijing,
ref double[,] f,
ref double[,] Cpg, ref double[,] Cjg, double Cje, double Cpe,
double Tpc,
double Ppc, double Tb, double[] wendu, double dicengdaorexishu,
double[] tongjing, ref double[,] chuanrexishu,
double wuyincishijianhanshu,
double[] fai, double b, double[] waijing, double Cci,
double Cto, ref double[,] hr,
ref double[,] rongjipengzhangxishu, ref double[,] hc,
double qitidaorexishu,
double shuinihuanwaibanjing, double shuinihuandaorexishu,
ref double[] longgandu)
 {

//计算Bg
Bg[geshu, i] = 0.0003458 * z[i] * T5 / (P5);


//计算GWR
```

```
double Ve_midu = 1;

GWR = 829.88 * Ve_midu * x_gandu[geshu, i]
/ (Vg_midu * (1 - x_gandu[geshu, i]));
Mt = 1000 * Ve_midu + 1.205 * GWR * Vg_midu;
qe_moxing = Qgsc * 1.0 / GWR;

//计算Vt
Vt[geshu, i] = 1 + Bg[geshu, i] * GWR;

//计算ruom
ruom[geshu, i] = Mt * 1.0 / Vt[geshu, i];

//计算Vm
qt_moxing[geshu, i] = Vt[geshu, i] * qe_moxing;
//Vm[geshu, i] = qt_moxing[geshu, i] * 1.0 / Ao[i];

//计算 B 和 C
//ruog[geshu, i] = 12;
ruog[geshu, i] = 3484.48 * Vg_midu * P5 * 0.000001 / (z[i] * T5);
B_moxing[geshu, i] = G_moxing * (1.0 / ruog[geshu, i]
- 1 / ruoe) / Ao[i];
C_moxing[geshu, i] = G_moxing * x_gandu[geshu, i]
* 3484.48 * Vg_midu * 1.0
/ (Ao[i] * ruog[geshu, i] * ruog[geshu, i] * z[i] * T5);

//新的计算Vm
Vm[geshu, i] = G_moxing * x_gandu[geshu, i]
/ (ruog[geshu, i] * Ao[i])
+ G_moxing * (1 - x_gandu[geshu, i]) / (ruoe * Ao[i]);

//计算气体黏度

double K11 = (9.4 + 0.02 * Mg) * Math.Pow((1.8 * T5), 1.5)
/ (209 + 19 * Mg + 1.8 * T5);
```

```
double X1 = 3.5 + 986 / (1.8 * T5) + 0.01 * Mg;
double Y1 = 2.4 - 0.2 * X1;
double t1 = X1 * Math.Pow(Rou[i] / 1000, Y1);
qitiniandu[geshu, i] = 0.0001 * K11 * Math.Exp(t1);


//计算摩阻系数f
leinuoshu[geshu, i] = 1.776 * 0.01 * rg * Qgsc /
(neijing[i] * qitiniandu[geshu, i]);
double t2 = 1.14 - 2 * Math.Log10(0.00001524 /
neijing[i] + 21.25 / Math.Pow(leinuoshu[geshu, i], 0.9));
f[geshu, i] = 1.0 / Math.Pow(t2, 2);

//计算hr
double t3 = (Math.Pow(T5, 2) + Math.Pow(b, 2)) * (T5 + b);
double t4 = 0.5 * waijing[i] * (1 / Cci - 1)
/ (0.5 * tongjing[i]);
double t5 = 1 / Cto;
double t6 = 0.0000000567;
hr[geshu, i] = t6 * t3 / (t4 + t5);

//计算hc
rongjipengzhangxishu[geshu, i] = 1 / T5;
double t7 = Math.Pow((0.5 * tongjing[i] - 0.5
* waijing[i]), 3)
* 9.8 * Math.Pow(Rou[i], 2)
* rongjipengzhangxishu[geshu, i]
* (T5 - b) / (Math.Pow(qitiniandu[geshu, i], 2));
hc[geshu, i] = 0.049 * Math.Pow(t7, 1 / 3)
* qitidaorexishu
/ (0.5 * waijing[i] * Math.Log(tongjing[i] / waijing[i]));

//计算传热系数
double t8 = 1 / (hr[geshu, i] + hc[geshu, i])
+ 0.5 * waijing[i]
```

```
* Math.Log(shuinihuanwaibanjing / (0.5 * rc[i]))
/ shuinihuandaorexishu;
chuanrexishu[geshu, i] = 1 / t8;

//计算Cpg, Cjg, Cje
Cpg[geshu, i] = 1697.5107 * Math.Pow(P5, 0.0661)
* Math.Pow(T5, 0.0776);
Cjg[geshu, i] = T5 / (Cpg[geshu, i]
* ruog[geshu, i] * z[i]);

//计算q
double q;
double Tbr;
Tbr = Tb * 1.0 / Tpc;
q = 8.3143 * Tpc * Tbr * (3.978 * Tbr - 3.938 + 1.555
* Math.Log(10 * Ppc)) / (1.07 - Tbr);
//计算方程
double M;

M = (x_gandu[geshu, i] * Cpg[geshu, i] +
(1 - x_gandu[geshu, i]) * Cpe) * 44.15
* Math.Pow(P5, -0.79) - x_gandu[geshu, i]
* Cjg[geshu, i] * Cpg[geshu, i]
+ (1 - x_gandu[geshu, i]) /
ruoe - Vm[geshu, i] * C_moxing[geshu, i];

double linshi1 = (T5 - wendu[i] - 273) * 1.0
/ (wuyincishijianhanshu
+ dicengdaorexishu / (0.5 * tongjing[i]
* chuanrexishu[geshu, i]));

double linshi2 = -2 * Math.PI * dicengdaorexishu
* linshi1 / G_moxing;

double linshi3 = (ruom[geshu, i] * 9.8
```

```
* Math.Cos(fai[i] * Math.PI / 180)
+ f[geshu, i] * Vm[geshu, i] * G_moxing
/ Ao[i] * tongjing[i])
/ (1 - G_moxing * C_moxing[geshu, i]
/ Ao[i]);

double linshi4 = linshi2 + M * linshi3 - 9.8
* Math.Cos(fai[i] * Math.PI / 180);

double linshi5 = q + Vm[geshu, i]
* B_moxing[geshu, i]
+ M * G_moxing * B_moxing[geshu, i]
/ (Ao[i] - G_moxing * C_moxing[geshu, i]);

double linshi6 = linshi4 * 1.0 / linshi5;

longgandu[i] = linshi6;

}

public void method_longya(int i, int geshu, ref double[,] Bg,
ref double[] z, double T5,
double P5, ref double[,] Vt, double GWR, ref double[,]
ruom, double Mt, ref double[,] qt_moxing,
double qe_moxing, ref double[,] Vm, ref double[] Ao,
ref double[,]
ruog, double Vg_midu, ref double[,] B_moxing,
double G_moxing,
double ruoe, ref double[,] C_moxing,
ref double[,] x_gandu, ref double[] Rou,
double rg, double Mg,
ref double[,] qitiniandu, ref double[,]
leinuoshu, double Qgsc,
double[] neijing, ref double[,] f,
ref double[,] Cpg, ref double[,] Cjg,
```

```
double Cje, double Cpe,
double Tpc, double Ppc, double Tb, double[] wendu,
 double dicengdaorexishu,
double[] tongjing, ref double[,] chuanrexishu,
double wuyincishijianhanshu,
double[] fai, double b, double[] waijing,
double Cci, double Cto, ref double[,] hr,
ref double[,] rongjipengzhangxishu,
ref double[,] hc, double qitidaorexishu,
double shuinihuanwaibanjing, double
shuinihuandaorexishu, ref double[] longya)
{

//计算Bg
Bg[geshu, i] = 0.0003458 * z[i] * T5 / (P5);

//计算GWR
double Ve_midu = 1;

GWR = 829.88 * Ve_midu * x_gandu[geshu, i] /
(Vg_midu * (1 - x_gandu[geshu, i]));
Mt = 1000 * Ve_midu + 1.205 * GWR * Vg_midu;
qe_moxing = Qgsc * 1.0 / GWR;

//计算Vt
Vt[geshu, i] = 1 + Bg[geshu, i] * GWR;

//计算ruom
ruom[geshu, i] = Mt * 1.0 / Vt[geshu, i];

//计算Vm
qt_moxing[geshu, i] = Vt[geshu, i] * qe_moxing;
//Vm[geshu, i] = qt_moxing[geshu, i] * 1.0 / Ao[i];

//计算 B 和 C
```

```
//ruog[geshu, i] = 12;
ruog[geshu, i] = 3484.48 * Vg_midu * P5
* 0.000001 * 1.0 / (z[i] * T5);
B_moxing[geshu, i] = G_moxing * (1.0 /
ruog[geshu, i] - 1 / ruoe) / Ao[i];
C_moxing[geshu, i] = G_moxing * x_gandu[geshu, i]
* 3484.48 * Vg_midu * 1.0
/ (Ao[i] * ruog[geshu, i] * ruog[geshu, i]
* z[i] * T5);

//新的计算Vm
Vm[geshu, i] = G_moxing * x_gandu[geshu, i]
/ (ruog[geshu, i] * Ao[i])
+ G_moxing * (1 - x_gandu[geshu, i])
/ (ruoe * Ao[i]);

//计算气体黏度

double K11 = (9.4 + 0.02 * Mg)
* Math.Pow((1.8 * T5), 1.5)
/ (209 + 19 * Mg + 1.8 * T5);
double X1 = 3.5 + 986 / (1.8 * T5) + 0.01 * Mg;
double Y1 = 2.4 - 0.2 * X1;
double t1 = X1 * Math.Pow(Rou[i] / 1000, Y1);
qitiniandu[geshu, i] = 0.0001 * K11 * Math.Exp(t1);

//计算摩阻系数f
leinuoshu[geshu, i] = 1.776 * 0.01 * rg
* Qgsc / (neijing[i]
* qitiniandu[geshu, i]);
double t2 = 1.14 - 2 * Math.Log10
(0.00001524 / neijing[i]
+ 21.25 / Math.Pow(leinuoshu[geshu, i], 0.9));
```

```
f[geshu, i] = 1.0 / Math.Pow(t2, 2);

//计算hr
double t3 = (Math.Pow(T5, 2)
+ Math.Pow(b, 2)) * (T5 + b);
double t4 = 0.5 * waijing[i] * (1 / Cci - 1)
 / (0.5 * tongjing[i]);
double t5 = 1 / Cto;
double t6 = 0.0000000567;
hr[geshu, i] = t6 * t3 / (t4 + t5);

//计算hc
rongjipengzhangxishu[geshu, i] = 1 / T5;

double t7 = Math.Pow((0.5 *
tongjing[i] - 0.5 * waijing[i]), 3)
* 9.8 * Math.Pow(Rou[i], 2)
* rongjipengzhangxishu[geshu, i]
* (T5 - b) / (Math.Pow(qitiniandu[geshu, i], 2));

hc[geshu, i] = 0.049 * Math.Pow(t7, 1 / 3)
* qitidaorexishu / (0.5 * waijing[i]
* Math.Log(tongjing[i] / waijing[i]));

//计算传热系数
double t8 = 1 / (hr[geshu, i]
+ hc[geshu, i]) + 0.5 * waijing[i]
* Math.Log(shuinihuanwaibanjing / (0.5
* rc[i])) / shuinihuandaorexishu;

chuanrexishu[geshu, i] = 1 / t8;

//计算Cpg, Cjg, Cje
Cpg[geshu, i] = 1697.5107 * Math.Pow(P5, 0.0661)
* Math.Pow(T5, 0.0776);
```

```
Cjg[geshu, i] = T5 / (Cpg[geshu, i]
* ruog[geshu, i] * z[i]);

//计算q
double q;
double Tbr;
Tbr = Tb * 1.0 / Tpc;
q = 8.3143 * Tpc * Tbr * (3.978 * Tbr - 3.938
+ 1.555 * Math.Log(10 * Ppc)) / (1.07 - Tbr);
//计算方程
double M;

M = (x_gandu[geshu, i] * Cpg[geshu, i]
+ (1 - x_gandu[geshu, i])
* Cpe) * 44.15 * Math.Pow(P5, -0.79)
- x_gandu[geshu, i] * Cjg[geshu, i]
* Cpg[geshu, i] + (1 - x_gandu[geshu, i])
/ ruoe - Vm[geshu, i] * C_moxing[geshu, i];

double linshi1 = (T5 - wendu[i] - 273) * 1.0 /
(wuyincishijianhanshu + dicengdaorexishu
/ (0.5 * tongjing[i]
* chuanrexishu[geshu, i]));

double linshi2 = -2 * Math.PI *
dicengdaorexishu * linshi1 / G_moxing;

double linshi3 = (ruom[geshu, i] * 9.8
* Math.Cos(fai[i] * Math.PI / 180)
+ f[geshu, i] * Vm[geshu, i] * G_moxing
/ Ao[i] * tongjing[i])
/ (1 - G_moxing * C_moxing[geshu, i]
/ Ao[i]);

double linshi4 = linshi2 + M * linshi3 -
```

```
9.8 * Math.Cos(fai[i] * Math.PI / 180);

double linshi5 = q + Vm[geshu, i]
* B_moxing[geshu, i]
+ M * G_moxing * B_moxing[geshu, i] / (Ao[i]
- G_moxing * C_moxing[geshu, i]);

double linshi6 = linshi4 * 1.0 / linshi5;

double linshi7 = ruom[geshu, i] * 9.8
* Math.Cos(fai[i] * Math.PI / 180)
+ f[geshu, i] * ruom[geshu, i] * Vm[geshu, i]
* Vm[geshu, i] / tongjing[i]
+ G_moxing * B_moxing[geshu, i] * linshi6 / Ao[i];

double linshi8 = 1 - G_moxing
* C_moxing[geshu, i] / Ao[i];

longya[i] = -linshi7 * 1.0 / linshi8;


}


public void shengchanmethod_longwen(int i,
int geshu, ref double[,]
Bg, ref double[] z, double T5, double P5,
ref double[,] Vt,
double GWR, ref double[,] ruom, double Mt,
ref double[,] qt_moxing,
double qe_moxing, ref double[,] Vm, ref d
ouble[] Ao, ref double[,] x_gandu,
ref double[] Rou, double rg, double Mg,
ref double[,] qitiniandu,
ref double[,] leinuoshu, double Qgsc,
double[] neijing, ref double[,] f, double b,
ref double[,] Cpg, ref double[,] Cjg,
```

```
double Cje, double Cpe,
double Tpc, double Ppc, double Tb,
double[] wendu, double dicengdaorexishu,
double[] tongjing, ref double[,]
chuanrexishu, ref double[,] Cpm, ref double[,]
Cjm, double ruoe, double wuyincishijianhanshu,
double[] fai, double[]
waijing, double Cci, double Cto, ref double[,] hr,
ref double[,] rongjipengzhangxishu, ref double[,]
hc, double qitidaorexishu,
double shuinihuanwaibanjing, double
shuinihuandaorexishu, ref double[] longwen,
ref double[,]
ruog, double Vg_midu, ref double G_moxing,
ref double fenmu, ref double fenzi, ref double zuo,
ref double you)
{

//计算GWR
Qgsc = Qgsc / (86400 * 1.0);
double Ve_midu = 1;
GWR = 50000;
x_gandu[geshu, i] = 1.205 * Vg_midu
/ (1000 * Ve_midu / GWR + 1.205 * Vg_midu);

//计算Bg
Bg[geshu, i] = 0.0003458 * z[i] * T5 / (P5);



//GWR = 829.88 * Ve_midu * x_gandu[geshu, i]
/ (Vg_midu * (1 - x_gandu[geshu, i]));
Mt = 1000 * Ve_midu + 1.205 * GWR * Vg_midu;
qe_moxing = Qgsc * 1.0 / GWR;


//计算Vt
```

```
Vt[geshu, i] = 1 + Bg[geshu, i] * GWR;


//计算ruom
ruom[geshu, i] = 0.001 * Mt * 1.0 / Vt[geshu, i];
ruog[geshu, i] = 0.001 * 3484.48 * Vg_midu
* P5 * 1.0 / (z[i] * T5);


//计算Vm
qt_moxing[geshu, i] = Vt[geshu, i] * qe_moxing;
Vm[geshu, i] = qt_moxing[geshu, i] * 1.0 / Ao[i];
//Vm[geshu, i] = G_moxing * x_gandu[geshu, i]
/ (ruog[geshu, i]
* Ao[i]) + G_moxing * (1 - x_gandu[geshu, i])
 / (ruoe * Ao[i]);



//计算气体黏度

double K11 = (9.4 + 0.02 * Mg) * Math.
Pow((1.8 * T5), 1.5)
/ (209 + 19 * Mg + 1.8 * T5);
double X1 = 3.5 + 986 / (1.8 * T5) + 0.01 * Mg;
double Y1 = 2.4 - 0.2 * X1;
double t1 = X1 * Math.Pow(Rou[i] / 1000, Y1);
qitiniandu[geshu, i] = 0.0001 * K11 * Math.Exp(t1);



//计算摩阻系数f
leinuoshu[geshu, i] = 1.776 * 0.01 * rg * Qgsc
/ (neijing[i] * qitiniandu[geshu, i]);
double t2 = 1.14 - 2 * Math.Log10(0.00001524
/ neijing[i] + 21.25 / Math.Pow(leinuoshu[geshu, i], 0.9));


f[geshu, i] = 1.0 / Math.Pow(t2, 2);
```

```
//计算hr
double t3 = (Math.Pow(T5, 2) + Math.Pow(b, 2))
* (T5 + b);
double t4 = 0.5 * waijing[i] * (1 / Cci - 1)
/ (0.5 * tongjing[i]);
double t5 = 1 / Cto;
double t6 = 0.0000000567;
hr[geshu, i] = t6 * t3 / (t4 + t5);


//计算hc
rongjipengzhangxishu[geshu, i] = 1 / T5;
double t7 = Math.Pow((0.5 * tongjing[i] -
0.5 * waijing[i]), 3) * 9.8
* Math.Pow(Rou[i], 2)
* rongjipengzhangxishu[geshu, i] * (T5 - b)
/ (Math.Pow(qitiniandu[geshu, i], 2));
hc[geshu, i] = 0.049 * Math.Pow(t7, 1 / 3)
* qitidaorexishu
/ (0.5 * waijing[i] * Math.Log(tongjing[i]
/ waijing[i]));


//计算传热系数
double t8 = 1 / (hr[geshu, i] + hc[geshu, i])
+ 0.5 * waijing[i]
* Math.Log(shuinihuanwaibanjing / (0.5 * rc[i]))
/ shuinihuandaorexishu;
chuanrexishu[geshu, i] = 1 / t8;


//计算Cpg, Cjg, Cjm,Cpm

Cpg[geshu, i] = 1697.5107 * Math.Pow(P5, 0.0661)
 * Math.Pow(T5, 0.0776);
Cjg[geshu, i] = T5 / (Cpg[geshu, i]
* ruog[geshu, i] * z[i]);
Cpm[geshu, i] = Cpg[geshu, i] * x_gandu[geshu, i]
```

```
+ Cpe * (1 - x_gandu[geshu, i]);
Cjm[geshu, i] = -x_gandu[geshu, i] * Cpg[geshu, i]
 * Cjg[geshu, i] / Cpm[geshu, i]
+ (1 - x_gandu[geshu, i]) / (ruoe * Cpm[geshu, i]);

//计算P,T
G_moxing = (1000 + 1.205 * GWR * 0.65
* Qgsc) / GWR;

double a = 2 * Math.PI * waijing[i]
* chuanrexishu[geshu, i]
* dicengdaorexishu / (G_moxing * (waijing[i]
* chuanrexishu[geshu, i]
* wuyincishijianhanshu + dicengdaorexishu));

double linshi1 = (Vm[geshu, i]
* Vm[geshu, i] - Cjm[geshu, i]
* Cpm[geshu, i] * P5) / (P5);

double linshi2 = (ruom[geshu, i] * 9.8
* Math.Cos(fai[i]
* Math.PI / 180) - f[geshu, i] * Vm[geshu, i]
* G_moxing / (tongjing[i]
* Ao[i])) / (1 - Vm[geshu, i] * G_moxing
/ (P5 * Ao[i]));

double linshi3 = linshi1 * linshi2;

double linshi4 = 9.8 * Math.Cos(fai[i]
* Math.PI / 180) + linshi3 - a
* (T5 - wendu[i] - 273);

double linshi5 = (Vm[geshu, i]
* Vm[geshu, i] / (P5)
- Cjm[geshu, i] * Cpm[geshu, i])
```

```
* Vm[geshu, i] * G_moxing
/ (T5 * Ao[i] * (1 - G_moxing
* Vm[geshu, i] / (P5 * Ao[i])));

double linshi6 = Cpm[geshu, i]
+ Vm[geshu, i] * Vm[geshu, i] / T5 + linshi5;

fenmu = Vm[geshu, i] * G_moxing
/ (P5 * Ao[i]);

fenzi = f[geshu, i] * Vm[geshu, i]
* G_moxing / (tongjing[i] * Ao[i]);

zuo = linshi1;

you = linshi2;

longwen[i] = linshi4 * 1.0 / linshi6;
}


//计算P,T
G_moxing = (1000 + 1.205 * GWR * 0.65 * Qgsc)
/ GWR;
double a = 2 * Math.PI * waijing[i]
 * chuanrexishu[geshu, i]
* dicengdaorexishu / (G_moxing * (waijing[i]
* chuanrexishu[geshu, i]
* wuyincishijianhanshu + dicengdaorexishu));

double linshi1 = (Vm[geshu, i]
* Vm[geshu, i] - Cjm[geshu, i]
* Cpm[geshu, i] * P5) / (P5);
double linshi2 = (ruom[geshu, i] * 9.8
* Math.Cos(fai[i] * Math.PI / 180)
```

```
    - f[geshu, i] * Vm[geshu, i] * G_moxing
    / (tongjing[i] * Ao[i])) / (1
    - Vm[geshu, i] * G_moxing / (P5 * Ao[i]));
    double linshi3 = linshi1 * linshi2;
    double linshi4 = 9.8 * Math.Cos(fai[i]
    * Math.PI / 180)
     + linshi3 - a * (T5 - wendu[i] - 273);

    double linshi5 = (Vm[geshu, i]
    * Vm[geshu, i] / (P5)
    - Cjm[geshu, i] * Cpm[geshu, i])
    * Vm[geshu, i] * G_moxing / (T5 * Ao[i]
    * (1 - G_moxing * Vm[geshu, i]
     / (P5 * Ao[i])));
    double linshi6 = Cpm[geshu, i]
    + Vm[geshu, i]
    * Vm[geshu, i] / T5 + linshi5;
    double linshi7 = linshi4 * 1.0
    / linshi6;

    double linshi8 = ruom[geshu, i]
    * 9.8 * Math.Cos(fai[i] * Math.PI / 180)
     - f[geshu, i] * Vm[geshu, i]
     * G_moxing / tongjing[i] - Vm[geshu, i] * G_moxing / T5 * linshi7;
    double linshi9 = 1 - Vm[geshu, i]
     * G_moxing / (P5 * Ao[i]);
    longya[i] = linshi8 / linshi9;
}


//计算生产工况
 double shuinihuanwaibanjing
 = 0.1; double g = 9.8;
 double R = 8314d;
 double[,] A = new double[10, 10000];
```

```
double[,] B = new double[10, 10000];
double[,] C = new double[10, 10000];
double[,] D = new double[10, 10000];
double[,] Cp = new double[10, 10000];
double[,] f = new double[10, 10000];
double[,] qitiniandu = new double[10, 10000];
double[,] leinuoshu = new double[10, 10000];
double[,] hr = new double[10, 10000];
double[,] hc = new double[10, 10000];
double[,] VT = new double[10, 10000];
double[,] W = new double[10, 10000];
double[,] a = new double[10, 10000];
double[,] rongjipengzhangxishu
= new double[10, 10000];
double[,] Uto = new double[10, 10000];
double[] z = new double[10000];
double[] VS = new double[10000000];
double[] Rou = new double[10000];
double[] P5 = new double[10000];
double[] T5 = new double[10000];
double b = wendu[n] + 273;


P5[n] = jingdiyali;
T5[n] = wendu[n] + 273;
VS[n] = 101000d * T5[n]
/ (P5[n] * 293 * 86400 * Ai[n]) * Qgsc;



for (int i = n; i >= 1; i--)
{

shengchandanxiang(i, ref z, ref P5
, ref  T5, Ppc, Tpc);
Rou[n] = 0.000001 * 3484.4 * rg
* P5[n] / (z[n] * T5[n]);
```

```
//计算CP1
Cp[1, i] = 1243 + 3.14 * T5[i]
+ 7.931 * 0.0001 * Math.Pow(T5[i], 2)
- 6.881 * 0.0000001 * Math.Pow(T5[i], 3);
```

```
//计算气体黏度qitiniandu1
double K11 = (9.4 + 0.02 * Mg)
* Math.Pow((1.8 * T5[i]), 1.5) / (209 + 19
* Mg + 1.8 * T5[i]);
double X1 = 3.5 + 986
/ (1.8 * T5[i]) + 0.01 * Mg;
double Y1 = 2.4 - 0.2 * X1;
double t1 = X1 * Math.Pow(Rou[i] / 1000, Y1);
qitiniandu[1, i] = 0.0001 * K11 * Math.Exp(t1);
```

```
//计算摩阻系数f1
leinuoshu[1, i] = 1.776 * 0.01 * rg * Qgsc
/ (neijing[i] * qitiniandu[1, i]);
double t2 = 1.14 - 2 * Math.Log10(0.00001524
/ neijing[i] + 21.25 / Math.Pow(leinuoshu[1, i], 0.9));

f[1, i] = 1.0 / Math.Pow(t2, 2);
```

```
//计算hr1
double t3 = (Math.Pow(T5[i], 2)
+ Math.Pow(b, 2)) * (T5[i] + b);
double t4 = 0.5 * waijing[i]
* (1 / Cci - 1) / (0.5 * tongjing[i]);
double t5 = 1 / Cto;
double t6 = 0.0000000567;
hr[1, i] = t6 * t3 / (t4 + t5);
```

```
//计算hc1
rongjipengzhangxishu[1, i] = 1 / T5[i];
double t7 = Math.Pow((0.5
* tongjing[i] - 0.5 * waijing[i]), 3) * g
* Math.Pow(Rou[i], 2)
* rongjipengzhangxishu[1, i]*(T5[i]-b)/(Math.Pow(qitiniandu[1,i],2));

hc[1, i] = 0.049 * Math.Pow(t7, 1 / 3)
* qitidaorexishu
/ (0.5 * waijing[i]
* Math.Log(tongjing[i] / waijing[i]));

//计算Uto

double t8 = 1 / (hr[1, i]
+ hc[1, i]) + 0.5 * waijing[i]
* Math.Log(shuinihuanwaibanjing
/ (0.5 * rc[i])) / shuinihuandaorexishu;
Uto[1, i] = 1 / t8;

//计算VT1
double t9 = 101000;
double t10 = 293;
double shijian = 86400;
double t11 = Qgsc / shijian;
VT[1, i] = t9 * T5[i] * t11 / (P5[i] * t10);


//计算W1
W[1, i] = Rou[i] * VT[1, i];

//计算无因次时间函数
double tD = dicengrekuosanxishu
* shengchanshijian / Math.Pow(0.4445, 2);
double wuyincishijianhanshu;
```

```
if (tD <= 1.5)
{
wuyincishijianhanshu = 1.128
* Math.Pow(tD, 0.5) * (1 - 0.3 * Math.Pow(tD, 0.5));
}
else
{
wuyincishijianhanshu = (0.4063 + 0.5
* Math.Log(tD)) * (1 + 0.6 / tD);
}


//计算a1
a[1, i] = Math.PI * 0.5 * neijing[i]
* Uto[1, i] * dicengdaorexishu
/ (W[1, i] * (0.5
* neijing[i] * Uto[1, i]
* wuyincishijianhanshu + dicengdaorexishu));


//计算A1
double t12 = -R * z[i] * Rou[i]
/ (Cp[1, i] * Mg);
double t13 = 2 * a[1, i]
 * (T5[i] - b) - g
* Math.Cos(fai[i] * Math.PI / 180);
double t14 = t12 * t13
 - f[1, i] * Rou[i] * Math.Pow(VS[i], 2)
/ (2 * neijing[i])
- Rou[i] * g * Math.Sin(fai[i] * Math.PI / 180);
double t15 = Math.Pow(VS[i], 2)
- (R * z[i] * Math.Pow(VS[i], 2)
/ (Cp[1, i] * Mg) + R * z[i] * T5[i] / Mg);
```

```
A[1, i] = t14 / t15;


//计算A2
A[2, i] = -VS[i] * A[1, i] / Rou[i];
//计算A3
A[3, i] = Rou[i]
* g * Math.Cos(fai[i] * Math.PI / 180) + f[1, i]
* Rou[i] * Math.Pow(VS[i], 2)
/ (2 * neijing[i]) + Math.Pow(VS[i], 2) * A[1, i];
//计算A4
A[4, i] = (Math.Pow(VS[i], 2)
* A[1, i] / Rou[i] + g
* Math.Cos(fai[i] * Math.PI / 180)
 - 2 * a[1, i] * (T5[i] - b)) / Cp[1, i];


//计算Cp2
Cp[2, i] = 1243 + 3.14 * (T5[i] + 0.5
* A[4, i]) + 7.931 * 0.0001
* Math.Pow((T5[i] + 0.5 * A[4, i]), 2)
- 6.881 * 0.0000001 * Math.Pow((T5[i] + 0.5 * A[4, i]), 3);
//计算气体黏度qitiniandu2
double K22 = (9.4 + 0.02 * Mg)
* Math.Pow((1.8 * (T5[i] + 0.5
 * A[4, i])), 1.5) / (209 + 19
 * Mg + 1.8 * (T5[i] + 0.5 * A[4, i]));
double X2 = 3.5 + 986
/ (1.8 * (T5[i] + 0.5 * A[4, i])) + 0.01 * Mg;
double Y2 = 2.4 - 0.2 * X2;
double t16 = X2 * Math.Pow((Rou[i] + 0.5 * A[1, i]) / 1000, Y2);
qitiniandu[2, i] = 0.0001 * K22 * Math.Exp(t16);


//计算摩阻系数f2
leinuoshu[2, i] = 1.776
* 0.01 * rg * Qgsc / (neijing[i]
```

```
* qitiniandu[2, i]);
double t17 = 1.14 - 2
* Math.Log10(0.00001524 / neijing[i]
+ 21.25 / Math.Pow(leinuoshu[2, i], 0.9));
f[2, i] = 1.0 / Math.Pow(t17, 2);
//计算hr2
double t18 = (Math.Pow((T5[i] + 0.5 * A[4, i]), 2)
+ Math.Pow(b, 2)) * (T5[i] + 0.5 * A[4, i] + b);


hr[2, i] = t6 * t18 / (t4 + t5);


//计算hc2
rongjipengzhangxishu[2, i] = 1 / (T5[i] + 0.5 * A[4, i]);
double t19 = Math.Pow((0.5 * tongjing[i]
- 0.5 * waijing[i]), 3)
* g * Math.Pow((Rou[i] + 0.5 * A[1, i]), 2)
* rongjipengzhangxishu[2, i] * ((T5[i]
+ 0.5 * A[4, i]) - b) / (Math.Pow(qitiniandu[2, i], 2));
hc[2, i] = 0.049 * Math.Pow(t19, 1 / 3) * qitidaorexishu
/ (0.5 * waijing[i] * Math.Log(tongjing[i] / waijing[i]));
//计算Uto2


double t20 = 1 / (hr[2, i] + hc[2, i]) + 0.5 * waijing[i]
* Math.Log(shuinihuanwaibanjing /
(0.5 * rc[i])) / shuinihuandaorexishu;
Uto[2, i] = 1 / t20;


//计算VT2



VT[2, i] = t9 * (T5[i] + 0.5 * A[4, i])
* t11 / ((P5[i] + 0.5 * A[3, i]) * t10);



//计算W2
```

```
W[2, i] = (Rou[i] + 0.5 * A[1, i]) * VT[2, i];


//计算a2
a[2, i] = Math.PI * 0.5 * neijing[i]
* Uto[2, i] * dicengdaorexishu
/ (W[2, i] * (0.5 * neijing[i]
* Uto[2, i] * wuyincishijianhanshu + dicengdaorexishu));


//计算B1
double t21 = -R * z[i] * (Rou[i]
+ 0.5 * A[1, i]) / (Cp[2, i] * Mg);
double t22 = 2 * a[2, i] * (T5[i] + 0.5 * A[4, i] - b) - g
* Math.Cos(fai[i] * Math.PI / 180);
double t23 = t21 * t22 - f[2, i] * (Rou[i] + 0.5 * A[1, i])
* Math.Pow((VS[i] + 0.5 * A[2, i]), 2)
 / (2 * neijing[i]) - (Rou[i]
+ 0.5 * A[1, i]) * g * Math.Sin(fai[i] * Math.PI / 180);
double t24 = Math.Pow((VS[i] + 0.5 * A[2, i]), 2) - (R * z[i]
* Math.Pow((VS[i] + 0.5 * A[2, i]), 2) / (Cp[2, i] * Mg)
+ R * z[i] * (T5[i] + 0.5 * A[4, i]) / Mg);
B[1, i] = t23 / t24;


//计算B2
B[2, i] = -(VS[i] + 0.5 * A[2, i]) * B[1, i]
 / (Rou[i] + 0.5 * A[1, i]);


//计算B3
B[3, i] = (Rou[i] + 0.5 * A[1, i]) * g * Math.Cos(fai[i]
* Math.PI / 180) + f[2, i] * (Rou[i] + 0.5 * A[1, i])
* Math.Pow((VS[i] + 0.5 * A[2, i]), 2) / (2 * neijing[i])
+ Math.Pow((VS[i] + 0.5 * A[2, i]), 2) * B[1, i];


//计算B4
B[4, i] = (Math.Pow((VS[i] + 0.5 * A[2, i]), 2) * B[1, i]
/ (Rou[i] + 0.5 * A[1, i]) + g * Math.Cos(fai[i]
```

```
* Math.PI / 180)
- 2 * a[2, i] * (T5[i] + 0.5 * A[4, i] - b)) / Cp[2, i];


//计算Cp3
Cp[3, i] = 1243 + 3.14 * (T5[i] + 0.5 * B[4, i])
+ 7.931 * 0.0001
* Math.Pow((T5[i] + 0.5 * B[4, i]), 2) - 6.881 * 0.0000001
* Math.Pow((T5[i] + 0.5 * B[4, i]), 3);


//计算气体黏度qitiniandu3
double K33 = (9.4 + 0.02 * Mg) * Math.Pow((1.8
* (T5[i] + 0.5 * B[4, i])), 1.5)
/ (209 + 19 * Mg + 1.8 * (T5[i] + 0.5 * B[4, i]));
double X3 = 3.5 + 986 / (1.8
* (T5[i] + 0.5 * B[4, i])) + 0.01 * Mg;
double Y3 = 2.4 - 0.2 * X3;
double t25 = X3 * Math.Pow((Rou[i] + 0.5 * B[1, i])
 / 1000, Y3);
qitiniandu[3, i] = 0.0001 * K33 * Math.Exp(t25);


//计算摩阻系数f3
leinuoshu[3, i] = 1.776 * 0.01 * rg * Qgsc
/ (neijing[i] * qitiniandu[3, i]);
double t26 = 1.14 - 2 * Math.Log10(0.00001524
/ neijing[i] + 21.25 / Math.Pow(leinuoshu[3, i], 0.9));
f[3, i] = 1.0 / Math.Pow(t26, 2);


//计算hr3
double t27 = (Math.Pow((T5[i] + 0.5 * B[4, i]), 2)
+ Math.Pow(b, 2)) * (T5[i] + 0.5 * B[4, i] + b);


hr[3, i] = t6 * t27 / (t4 + t5);


//计算hc3
rongjipengzhangxishu[3, i] = 1 / (T5[i] + 0.5 * B[4, i]);
```

```
double t28 = Math.Pow((0.5 * tongjing[i]
 - 0.5 * waijing[i]), 3)
* g * Math.Pow((Rou[i] + 0.5 * B[1, i]), 2)
* rongjipengzhangxishu[3, i] * ((T5[i] + 0.5
* B[4, i]) - b) / (Math.Pow(qitiniandu[3, i], 2));
hc[3, i] = 0.049 * Math.Pow(t28, 1 / 3)
* qitidaorexishu / (0.5 * waijing[i]
* Math.Log(tongjing[i] / waijing[i]));

//计算Uto3
double t29 = 1 / (hr[3, i] + hc[3, i]) + 0.5
* waijing[i] * Math.Log(shuinihuanwaibanjing
/ (0.5 * rc[i])) / shuinihuandaorexishu;
Uto[3, i] = 1 / t29;

//计算VT3
VT[3, i] = t9 * (T5[i] + 0.5 * B[4, i])
 * t11 / ((P5[i] + 0.5 * B[3, i]) * t10);
//计算W3
W[3, i] = (Rou[i] + 0.5 * B[1, i]) * VT[3, i];

//计算a3
a[3, i] = Math.PI * 0.5 * neijing[i] * Uto[3, i]
* dicengdaorexishu / (W[3, i] * (0.5 * neijing[i]
* Uto[3, i] * wuyincishijianhanshu + dicengdaorexishu));

//计算C1
double t30 = -R * z[i] * (Rou[i]
+ 0.5 * B[1, i]) / (Cp[3, i] * Mg);
double t31 = 2 * a[3, i] * (T5[i] + 0.5 * B[4, i] - b) - g
* Math.Cos(fai[i] * Math.PI / 180);
double t32 = t30 * t31 - f[3, i] * (Rou[i] + 0.5 * B[1, i])
 * Math.Pow((VS[i] + 0.5 * B[2, i]), 2) / (2 * neijing[i])
 - (Rou[i] + 0.5 * B[1, i]) * g
  * Math.Sin(fai[i] * Math.PI / 180);
```

```
double t33 = Math.Pow((VS[i] + 0.5 * B[2, i]), 2) - (R * z[i]
* Math.Pow((VS[i] + 0.5 * B[2, i]), 2)
/ (Cp[3, i] * Mg) + R * z[i]
* (T5[i] + 0.5 * B[4, i]) / Mg);
C[1, i] = t32 / t33;


//计算C2
C[2, i] = -(VS[i] + 0.5 * B[2, i]) * C[1, i]
 / (Rou[i] + 0.5 * B[1, i]);


//计算C3
C[3, i] = (Rou[i] + 0.5 * B[1, i]) * g
* Math.Cos(fai[i] * Math.PI
/ 180) + f[3, i]
* (Rou[i] + 0.5 * B[1, i])
 * Math.Pow((VS[i] + 0.5 * B[2, i]), 2)
/ (2 * neijing[i]) + Math.Pow((VS[i]
+ 0.5 * B[2, i]), 2) * C[1, i];


//计算C4
C[4, i] = (Math.Pow((VS[i] + 0.5 * B[2, i]), 2)
* C[1, i] / (Rou[i] + 0.5
* B[1, i]) + g * Math.Cos(fai[i] * Math.PI
 / 180) - 2 * a[3, i]
* (T5[i] + 0.5 * B[4, i] - b)) / Cp[3, i];


//计算Cp4
Cp[4, i] = 1243 + 3.14 * (T5[i] + C[4, i])
+ 7.931 * 0.0001
* Math.Pow((T5[i] + C[4, i]), 2)
- 6.881 * 0.0000001
* Math.Pow((T5[i] + C[4, i]), 3);


//计算气体黏度qitiniandu4
double K44 = (9.4 + 0.02 * Mg)
```

```
* Math.Pow((1.8 * (T5[i]
+ C[4, i])), 1.5) / (209 + 19 * Mg
+ 1.8 * (T5[i] + C[4, i]));
double X4 = 3.5 + 986 / (1.8 * (T5[i]
+ C[4, i])) + 0.01 * Mg;
double Y4 = 2.4 - 0.2 * X4;
double t34 = X4
* Math.Pow((Rou[i] + C[1, i]) / 1000, Y4);
 qitiniandu[4, i] = 0.0001 * K44 * Math.Exp(t34);
```

```
//计算摩阻系数f4
leinuoshu[4, i] = 1.776 * 0.01 * rg * Qgsc
/ (neijing[i] * qitiniandu[4, i]);
double t35 = 1.14 - 2 * Math.Log10(0.00001524
/ neijing[i] + 21.25 / Math.Pow(leinuoshu[4, i], 0.9));
f[4, i] = 1.0 / Math.Pow(t35, 2);
```

```
//计算hr4
double t36 = (Math.Pow((T5[i] + C[4, i]), 2)
+ Math.Pow(b, 2)) * (T5[i] + C[4, i] + b);
hr[4, i] = t6 * t36 / (t4 + t5);
```

```
//计算hc4
rongjipengzhangxishu[4, i] = 1 / (T5[i] + C[4, i]);
double t37 = Math.Pow((0.5 * tongjing[i] -
0.5 * waijing[i]), 3) * g * Math.Pow((Rou[i] + C[1, i]), 2)
* rongjipengzhangxishu[4, i]
* ((T5[i] + C[4, i]) - b) / (Math.Pow(qitiniandu[4, i], 2));
hc[4, i] = 0.049 * Math.Pow(t37, 1 / 3)
* qitidaorexishu / (0.5 * waijing[i]
 * Math.Log(tongjing[i] / waijing[i]));
```

```
//计算Uto4
double t38 = 1 / (hr[4, i] + hc[4, i]) + 0.5
* waijing[i] * Math.Log(shuinihuanwaibanjing /
```

```
(0.5 * rc[i])) / shuinihuandaorexishu;
Uto[4, i] = 1 / t38;



//计算VT4
VT[4, i] = t9 * (T5[i] + C[4, i]) * t11
/ ((P5[i] + C[3, i]) * t10);



//计算W4
W[4, i] = (Rou[i] + C[1, i]) * VT[4, i];

//计算a4
a[4, i] = Math.PI * 0.5 * neijing[i]
* Uto[4, i] * dicengdaorexishu
/ (W[4, i] * (0.5 * neijing[i]
* Uto[4, i] * wuyincishijianhanshu + dicengdaorexishu));

//计算D1
double t39 = -R * z[i]
* (Rou[i] + C[1, i]) / (Cp[4, i] * Mg);
double t40 = 2 * a[4, i]
* (T5[i] + C[4, i] - b) - g
* Math.Cos(fai[i] * Math.PI / 180);
double t41 = t39 * t40 - f[4, i] * (Rou[i] + C[1, i])
* Math.Pow((VS[i] + C[2, i]), 2) / (2 * neijing[i])
- (Rou[i] + C[1, i]) * g * Math.Sin(fai[i] * Math.PI / 180);
double t42 = Math.Pow((VS[i] + C[2, i]), 2) - (R * z[i]
* Math.Pow((VS[i] + C[2, i]), 2) / (Cp[4, i]
 * Mg) + R * z[i] * (T5[i] + C[4, i]) / Mg);
D[1, i] = t41 / t42;


//计算D2
D[2, i] = -(VS[i] + C[2, i]) * D[1, i] / (Rou[i] + C[1, i]);
```

```
//计算D3
D[3, i] = (Rou[i] + 0.5 * C[1, i]) * g * Math.Cos(fai[i]
* Math.PI / 180) + f[4, i] * (Rou[i] + C[1, i])
* Math.Pow((VS[i] + C[2, i]), 2) / (2 * neijing[i])
+ Math.Pow((VS[i] + C[2, i]), 2) * D[1, i];

//计算D4
D[4, i] = (Math.Pow((VS[i] + C[2, i]), 2) * C[1, i]
/ (Rou[i] + C[1, i]) + g * Math.Cos(fai[i] * Math.PI / 180)
- 2 * a[4, i] * (T5[i] + C[4, i] - b)) / Cp[4, i];
double t43 = 1d / 6;
Rou[i - 1] = Rou[i] - t43 * (A[1, i]
+ 2 * B[1, i] + 2 * C[1, i] + D[1, i]);
VS[i - 1] = VS[i] - t43 * (A[2, i]
+ 2 * B[2, i] + 2 * C[2, i] + D[2, i]);
P5[i - i] = P5[i] - t43 * (A[3, i]
+ 2 * B[3, i] + 2 * C[3, i] + D[3, i]);
T5[i - 1] = T5[i] - t43 * (A[4, i]
+ 2 * B[4, i] + 2 * C[4, i] + D[4, i]);
}
P5_shengchan = P5;
if (comboBox1.SelectedIndex == 0)
{
 }
}
```

参 考 文 献

[1] 高德利. 油气井管柱力学与工程. 北京：中国石油大学出版社, 2006.

[2] 李晓兰. 6 项重大技术提速未来 20 年油气勘探. 海洋石油, 2008, 4: 69.

[3] 汪海阁, 刘岩生. 高温高压井中温度和压力对钻井液密度的影响. 钻采工艺, 2000, 23(1): 56-60.

[4] 毛伟. 高温高压气井完井测试井筒压力、温度预测模型与计算方法的应用基础理论研究. 成都: 西南石油学院, 1999.

[5] Clowes J, McInnes J, Zervas M, et al. Effects of high temperature and pressure on silica optical fiber sensors. Photonics Technology Letters, IEEE, 1998, 10(3): 403-405.

[6] Kersey A. Optical fiber sensors for permanent downwell monitoring applications in the oil and gas industry. IEICE Transactions on Electronics, 2000, 83(3): 400-404.

[7] Kluth E, Varnham M, Clowes J, et al. Advanced sensor infrastructure for real time reservoir monitoring//SPE European Petroleum Conference, 2000.

[8] 郭春秋, 李颖川. 气井压力温度预测综合数值模拟. 石油学报, 2001, 22(3): 100-104.

[9] Sukkar Y K, Cornell D. Direct calculation of bottom-hole pressures in natural gas wells. Trans. AIME, 1955, 204: 43-48.

[10] Cullender M, Smith R. Practical solution of gas-flow equations for wells and pipelines with large temperature gradients. Trans. AIME, 1956, 207: 281.

[11] Oden R, Jennings J. Modification of the cullender and smith equation for more accurate bottomhole pressure calculations in gas wells//Permian Basin Oil and Gas Recovery Conference, 1988.

[12] Aziz K. Calculation of bottom-hole pressure in gas wells. Journal of Petroleum Technology, 1967, 19(7): 897-899.

[13] Stapelberg H H, Mewes D. The pressure loss and slug frequency of liquid-liquid-gas slug flow in horizontal pipes. International Journal of Multiphase Flow, 1994, 20(2): 285-303.

[14] 韩炜. 管道气液双相流动技术研究. 成都: 西南石油学院, 2004.

[15] Jabbour C, Quintard M, Bertin H, et al. Oil recovery by steam injection: Three-phase flow effects. Journal of Petroleum Science and Engineering, 1996, 16(1): 109-130.

[16] Schlumberger M, Perebinossoff A, Doll H. Temperature measurements in oil wells. Journal of Institutional Petroleum Technology, 1936, 23(159): 1-20.

[17] Willman B, Valleroy V, Runberg G, et al. 1537-g-laboratory studies of oil recovery by steam injection. Journal of Petroleum Technology, 1961, 13(7): 681-690.

[18] Ramey Jr H. Wellbore heat transmission. Journal of Petroleum Technology, 1962, 14(4): 427-435.

[19] Satter A. Heat losses during flow of steam down a wellbore. Journal of Petroleum

Technology, 1965, 17(7): 845-851.

[20] Holst P, Flock D. Wellbore behaviour during saturated steam injection. Journal of Canadian Petroleum Technology, 1966, 5(4): 184-193.

[21] Willhite G, Dietrich W. Design criteria for completion of steam injection wells. Journal of Petroleum Technology, 1967, 19(1): 15-21.

[22] Shutler N. Numerical three-phase model of the two-dimensional steamflood process. Old SPE Journal, 1970, 10(4): 405-417.

[23] Pacheco E. Wellbore heat losses and pressure drop in steam injection. Journal of Petroleum Technology, 1972, 24(2): 139-144.

[24] Ali S F. A comprehensive wellbore steam/water flow model for steam injection and geothermal applications. Society of petroleum Engineers, 1981, 21(5): 527-534.

[25] Fontanilla J, Aziz K. Prediction of bottom-hole conditions for wet steam injection wells. Journal of Canadian Petroleum Technology, 1982, 21(2): 82-88.

[26] Hasan A, Kabir C. Two-phase flow in vertical and inclined annuli. International Journal of Multiphase Flow, 1992, 18(2): 279-293.

[27] Hagoort J. Ramey's wellbore heat transmission revisited. SPE Journal, 2004, 9(4): 465-474.

[28] Hasan A, Kabir C, Sarica C. Fluid flow and heat transfer in wellbores. Richardson: Society of Petroleum Engineers, 2002.

[29] Hasan A, Kabir C, Lin D. Analytic wellbore temperature model for transient gas-well testing//SPE Annual Technical Conference and Exhibition, 2003.

[30] Hasan A, Kabir C, Sayarpour M. Simplified two-phase flow modeling in wellbores. Journal of Petroleum Science and Engineering, 2010, 72(1): 42-49.

[31] Livescu S, Durlofsky L, Aziz K. A semianalytical thermal multiphase wellbore-flow model for use in reservoir simulation. SPE Journal, 2010, 15(3): 794-804.

[32] 刘慧卿, 周波. 洼 38 断块蒸汽吞吐优化设计研究. 石油大学学报: 自然科学版, 1995, 19(1): 47-50.

[33] 林日亿, 梁金国. 稠油热采井筒注汽优化设计方法. 石油大学学报: 自然科学版, 1999, 23(3): 51-52.

[34] 施晓蓉, 崔清宝, 白国斌. 高 3 块蒸汽吞吐阶段储量动用程度研究及挖潜措施. 特种油气藏, 1996, (S1): 49-53.

[35] 周兴武, 李树山. 高升油田高 3 块蒸汽吞吐开发后期管理策略. 特种油气藏, 2003, 10(B09): 151-154.

[36] Bahonar M, Azaiez J, Chen Z. A semi-unsteady-state wellbore steam/water flow model for prediction of sandface conditions in steam injection wells. Journal of Canadian Petroleum Technology, 2010, 49(9): 13-21.

[37] Bahonar M, Azaiez J, Chen Z. Two issues in wellbore heat flow modelling along with the prediction of casing temperature in the steam injection wells. Journal of

Canadian Petroleum Technology, 2011, 50(1): 43-63.

[38] Rzasa M, Katz D. Calculation of static pressure gradients in gas wells. Trans. AIME, 1945, 160(2): 100-113.

[39] Messer P, Raghavan R. Calculation of bottom-hole pressures for deep, hot, sour gas wells. Journal of Petroleum Technology, 1974, 26(1): 85-92.

[40] Shiu K, Beggs H. Predicting temperatures in flowing oil wells. Journal of Energy Resources Technology, 1980, 102: 2.

[41] Takacs G, Guffey C. Prediction of flowing bottomhole pressures in gas wells//SPE Gas Technology Symposium, 1989.

[42] Duns Jr H, Ros N C J. Vertical flow of gas and liquid mixtures in wells//6th World Petroleum Congress, 1963.

[43] Hagedorn A, Brown K. Experimental study of pressure gradients occurring during continuous two-phase flow in small-diameter vertical conduits. Journal of Petroleum Technology, 1965, 17(4): 475-484.

[44] Aziz K, Govier G-G. Pressure drop in wells producing oil and gas. Journal of Canadian Petroleum Technology, 1972, 11(3): 38-48.

[45] Beggs D, Brill J. A study of two-phase flow in inclined pipes. Journal of Petroleum Technology, 1973, 25(5): 607-617.

[46] Mukherjee H, Brill J. Pressure drop correlations for inclined two-phase flow. Journal of Energy Resources Technology, 1985, 107(4): 549-554.

[47] Herrera Jr J O, George W, Birdwell B, et al. Wellbore heat losses in deep steam injection wells s1-b zone, cat canyon field//SPE California Regional Meeting, 1978.

[48] Dikken B. Pressure drop in horizontal wells and its effect on production performance. Journal of Petroleum Technology, 1990, 42(11): 1426-1433.

[49] Ozkan E, Sarica C, Haciislamoglu M, et al. Effect of conductivity on horizontal well pressure behavior. SPE Advanced Technology Series, 1995, 3(1): 85-94.

[50] Marett B, Landman M. Optimal perforation design for horizontal wells in reservoirs with boundaries//SPE Asia Pacific Oil and Gas Conference, 1993.

[51] Su Z, Gudmundsson J. Pressure drop in perforated pipes: Experiments and analysis//SPE Asia Pacific Oil and Gas Conference, 1994.

[52] 王鸿勋, 李平. 水力压裂过程中井筒温度的数值计算方法. 石油学报, 1987, 8(2): 91-99.

[53] Cazarez-Candia O, Vásquez-Cruz M. Prediction of pressure, temperature, and velocity distribution of two-phase flow in oil wells. Journal of Petroleum Science and Engineering, 2005, 46(3): 195-208.

[54] Grolman E, Fortuin J. Gas-liquid flow in slightly inclined pipes. Chemical Engineering Science, 1997, 52(24): 4461-4471.

[55] Ouyang L, Aziz K. A homogeneous model for gas-liquid flow in horizontal wells. Journal of Petroleum Science and Engineering, 2000, 27(3): 119-128.

[56] Wu Z, Xu J, Wang X, et al. Predicting temperature and pressure in high-temperature-high-pressure gas wells. Petroleum Science and Technology, 2011, 29(2): 132-148.

[57] Valle A. Multiphase pipeline flows in hydrocarbon recovery. Multiphase Science and Technology, 1998, 10(1): 1-139.

[58] Oglesby K D. An experimental study on the effect of oil viscosity viscosity, mixture, velocity and water fraction on horizontal oil-water flow. Tulsa: University of Tulsa, 1979.

[59] Malinowsky M. An experimental study of oil-water and air-oil-water flowing mixtures in horizontal pipes. Tulsa: University of Tulsa, 1975.

[60] Russell T, Hodgson G, Govier G. Horizontal pipeline flow of mixtures of oil and water. The Canadian Journal of Chemical Engineering, 1959, 37(1): 9-17.

[61] Angeli P, Hewitt G. Pressure gradient in horizontal liquid-liquid flows. International Journal of Multiphase Flow, 1999, 24(7): 1183-1203.

[62] Nädler M, Mewes D. Flow induced emulsification in the flow of two immiscible liquids in horizontal pipes. International Journal of Multiphase Flow, 1997, 23(1): 55-68.

[63] Shi H. A study of oil-water flows in large diameter horizontal pipelines. Ohio: Ohio University, 2001.

[64] Shi H, Cai J, Jepson W P. The effect of surfactants on flow characteristics in oil/water flows in large diameter horizontal pipelines. Professional Engineering Publishing, 1999, 35: 181-200.

[65] Trallero J. Oil-water flow patterns in horizontal pipes. Tulsa: University of Tulsa, 1995.

[66] Trallero J, Sarica C, Brill J. A study of oil-water flow patterns in horizontal pipes. Old Production & Facilities, 1997, 12(3): 165-172.

[67] 陈振瑜, 何利民. 段塞流试验研究进展. 油气储运, 2000, 19(12): 32-38.

[68] Caussade B, Fabre J, Jean C, et al. Unsteady phenomena in horizontal gas-liquid slug flow//4th International Conference on Multi-Phase Flow, 1989.

[69] Fuchs P. The pressure limit for terrain slugging//Paper B4 Presented at the 3rd International Conference on Multiphase Flow, The Hague, Netherlands, 1987: 65-71.

[70] Gates D. An experimental investigation of the effect of upstream conditions on the downstream characteristics of compressible turbulent boundary layers(using supersonic half nozzle and conventional flat plate). Journal of Fluid Mechanics, 1973, 356: 25-64.

[71] Minami K, Shoham O. Transient two-phase flow behavior in pipelines-experiment and modeling. International Journal of Multiphase Flow, 1994, 20(4): 739-752.

[72] 王树众, 庄贵涛. 油气两相混输的稳态计算程序——STPHD. 油气田地面工程, 1997, 16(6): 6-10.

[73] Ansari A, Sylvester N, Sarica C, et al. A comprehensive mechanistic model for upward

two-phase flow in wellbores. Old Production & Facilities, 1994, 9(2): 143-151.

[74] Hasan A, Kabir C. A study of multiphase flow behavior in vertical wells. SPE Production Engineering, 1988, 3(2): 263-272.

[75] Orkiszewski J. Predicting two-phase pressure drops in vertical pipe. Journal of Petroleum Technology, 1967, 19(6): 829-838.

[76] Taitel Y, Bornea D, Dukler A. Modelling flow pattern transitions for steady upward gas-liquid flow in vertical tubes. AIChE Journal, 2004, 26(3): 345-354.

[77] Markatos N, Singhal A. Numerical analysis of one-dimensional, two-phase flow in a vertical cylindrical passage. Advances in Engineering Software (1978), 1982, 4(3): 99-106.

[78] Nenes A, Assimacopoulos D, Markatos N, et al. Simulation of airlift pumps for deep water wells. The Canadian Journal of Chemical Engineering, 1996, 74(4): 448-456.

[79] Latsa M, Assimacopoulos D, Stamou A, et al. Two-phase modeling of batch sedimentation. Applied Mathematical Modelling, 1999, 23(12): 881-897.

[80] Markatos N, Kirkcaldy D. Analysis and computation of three-dimensional, transient flow and combustion through granulated propellants. International Journal of Heat and Mass Transfer, 1983, 26(7): 1037-1053.

[81] Markatos N, Pericleous K. Laminar and turbulent natural convection in an enclosed cavity. International Journal of Heat and Mass Transfer, 1984, 27(5): 755-772.

[82] Markatos N. Modelling of two-phase transient flow and combustion of granular propellants. International Journal of Multiphase Flow, 1986, 12(6): 913-933.

[83] Hoffman N, Galea E, Markatos N. Mathematical modelling of fire sprinkler systems. Applied Mathematical Modelling, 1989, 13(5): 298-306.

[84] Kabir C, Hasan A, Jordan D, et al. A wellbore/reservoir simulator for testing gas wells in high-temperature reservoirs. SPE Formation Evaluation, 1996, 11(2): 128-134.

[85] Hasan A, Kabir C, Wang X. Development and application of a wellbore/reservoir simulator for testing oil wells. SPE Formation Evaluation, 1997, 12(3): 182-188.

[86] Ransom V. Relap5/mod2: For PWR transient analysis. Tech. Rep., EG and G Idaho, Inc., Idaho Falls (USA), 1983.

[87] Richards D, Hanna B, Hobson N, et al. Athena: A two-fluid code for candu loca analysis//Proceedings of the Third International Topical Meeting on Reactor Thermalhydraulics, Newport, Rhode Island, 1985: 15-18.

[88] Bendiksen K, Maines D, Moe R, et al. The dynamic two-fluid model olga: Theory and application. SPE Production Engineering, 1991, 6(2): 171-180.

[89] de Henau V, Raithby G. A transient two-fluid model for the simulation of slug flow in pipelines- I . Theory. International Journal of Multiphase Flow, 1995, 21(3): 335-349.

[90] Fairuzov Y. Numerical simulation of transient flow of two immiscible liquids in pipeline. AIChE Journal, 2004, 46(7): 1332-1339.

[91] Lopez D, Duchet-Suchaux P. Performances of transient two-phase flow models//International Petroleum Conference and Exhibition of Mexico, 1998.

[92] Masella J, Tran Q, Ferre D, et al. Transient simulation of two-phase flows in pipes. International Journal of Multiphase Flow, 1998, 24(5): 739-755.

[93] Pauchon C, Dhulesia H. Tacite: A transient tool for multiphase pipeline and well simulation//SPE Annual Technical Conference and Exhibition, 1994.

[94] Tran Q, Ferre D, Pauchon C, et al. Transient simulation of two-phase flows in pipes. Oil & Gas Science and Technology, 1998, 53(6): 801-811.

[95] Sobocinski D. Horizontal, co-current flow of water, gas-oil and air. Norman: University of Oklahoma, 1955.

[96] Açikgöz M, Franca F, Lahey R. An experimental study of three-phase flow regimes. International Journal of Multiphase Flow, 1992, 18(3): 327-336.

[97] Lee A, Sun J, Jepson W. Study of flow regime transitions of oil-water-gas mixtures in horizontal pipelines//Proc. 5th Int. Offshore and Polar Eng. Conf., Singapore, 1993: 64.

[98] Neogi S, Lee A, Jepson W. A model for multiphase (gas-water-oil) stratified flow in horizontal pipelines//SPE Asia Pacific Oil and Gas Conference, 1994.

[99] Taitel Y, Dukler A. A model for predicting flow regime transitions in horizontal and near horizontal gas-liquid flow. AIChE Journal, 2004, 22(1): 47-55.

[100] 周云龙, 蔡辉. 水平管内油—气—水三相流流型特性研究. 东北电力学院学报, 2000, 20(2): 1-5.

[101] Xu J, Wu Z, Wang S, et al. Prediction of temperature, pressure, density, velocity distribution in h-t-h-p gas wells. The Canadian Journal of Chemical Engineering, 2011, 2013, 91(1): 111-121.

[102] Cazarez O, Montoya D, Vital A, et al. Modeling of three-phase heavy oil-water-gas bubbly flow in upward vertical pipes. International Journal of Multiphase Flow, 2010, 36(6): 439-448.

[103] Shi H, Holmes J, Diaz L, et al. Drift-flux parameters for three-phase steady-state flow in wellbores//SPE Annual Technical Conference and Exhibition, 2004.

[104] Zhang H, Sarica C. Unified modeling of gas/oil/water pipe flow-basic approaches and preliminary validation//SPE Annual Technical Conference and Exhibition, 2005.

[105] Taitel Y, Barnea D, Brill J. Stratified three phase flow in pipes. International Journal of Multiphase Flow, 1995, 21(1): 53-60.

[106] Bonizzi M, Issa R. On the simulation of three-phase slug flow in nearly horizontal pipes using the multi-fluid model. International Journal of Multiphase Flow, 2003, 29(11): 1719-1747.

[107] Shames I H, Shames I H. Mechanics of Fluids. New York: McGraw-Hill, 1982.

[108] Munson B R, Young D F, Okiishi T H, et al. Fundamentals of Fluid Mechanics. New York: Wiley, 1998.

[109] Lahey Jr R, Drew D. The three-dimensional time and volume averaged conservation equations of two-phase flow. Advances in Nuclear Science and Technology, 1988: 20.

[110] Dugas R. A History of Mechanics. New York: Dover Publications, 2011.

[111] 张芷芬. 微分方程定性理论. 北京: 科学出版社, 2003.

[112] Runge C. Über die numerische auflösung von differentialgleichungen. Mathematische Annalen, 1895, 46(2): 167-178.

[113] 余德浩, 汤华中. 微分方程数值解法. 北京: 科学出版社, 2003.

[114] Atkinson K E. An Introduction to Numerical Analysis. New York: John Wiley & Sons, 2008.

[115] 杨德伟, 马冬岚. 注蒸汽井井筒双相流流动模型的选择. 石油大学学报: 自然科学版, 1999, 23(2): 44-46.

[116] 陈月明. 注蒸汽热力采油. 青岛: 石油大学出版社, 1996.

[117] Stone T, Edmunds N, Kristoff B. A comprehensive wellbore/reservoir simulator//SPE Symposium on Reservoir Simulation, 1989.

[118] Wu Z, Xu J, Wang S, et al. Prediction of the dryness fraction of gas, pressure, and temperature in high temperature-high pressure injection wells. Petroleum Science and Technology, 2012, 30(7): 720-736.

[119] Xu J, Liu Y, Wang S, et al. Numerical modelling of steam quality in deviated wells with variable (t, p) fields. Chemical Engineering Science, 2012, 84: 242-254.

[120] Xu J, Yao L, Wu Z, et al. Predicting the dryness fraction of gas, pressure, and temperature for steam injection based on unsteady heat transmission. Petroleum Science and Technology, 2012, 30(18): 1893-1906.

[121] Wang J, Ross M, Zhang Y. Well bore heat loss-options and challenges for steam injector of thermal eor project in oman//SPE EOR Conference at Oil & Gas West Asia, 2010.

[122] Clausius R. Ueber die bewegende Kraft der Wärme und die Gesetze, welche sich daraus für die Wärmelehre selbst ableiten lassen. Annalen der Physik, 2006, 155(3): 368-397.

[123] Planck M. Vorlesungen über die Theorie dar Wärmestrahlung. Annalen der physik, 1906, 30: 211.

[124] Gould T. Vertical two-phase steam-water flow in geothermal wells. Journal of Petroleum Technology, 1974, 26(8): 833-842.

[125] Howell E, Seth M, Perkins T. Temperature calculations for wells which are completed through permafrost//Fall Meeting of the Society of Petroleum Engineers of AIME, 1972.

[126] 李辉. 稠油热采注蒸汽地面管线与井筒水力热力学耦合模型研究. 成都: 西南石油学院, 2005.

[127] Pedlosky J. Geophysical Fluid Dynamics. New York: Springer-Verlag, 1982.

[128] Pomper P. Lomonosov and the discovery of the law of the conservation of matter in chemical transformations. Ambix, 1962, 10(3): 119-127.

[129] Serway R A, Jewett J W. Principles of Physics: A Calculus-based Text. Paoific Grove: Brooks/Cole Publishing Company, 2012.

[130] Kolev N I. Multiphase Flow Dynamics: Fundamentals. Berlin: Springer, 2012.

[131] Guggenheim E A. Thermodynamics-An Advanced Treatment for Chemists and Physicists. Amsterdam: North-Holland, 1985.

[132] Kundu P K, Cohen I M, Hu H H. Fluid mechanics. Google Scholar, 2008: 157-158.

[133] Dekker K, Verwer J. Stability of Runge-Kutta Methods for Stiff Nonlinear Differential Equations. Amsterdam: North-Holland, 1984.

[134] Tortike W. Saturated-steam-property functional correlations for fully implicit thermal reservoir simulation. SPE Reservoir Engineering, 1989, 4(4): 471-474.

[135] 徐明海, 陈延. 注汽井的注汽动态计算. 石油大学学报: 自然科学版, 1996, 20(3): 32-35.

[136] Elmasry M, Allen J, Bellaouar B A, et al. Low-Power Digital VLSI Design Circuits and Systems. Dordrecht: Kluwer Academic Publishers, 1995.

[137] Kirkpatrick C. Advances in gas-lift technology. Drilling and Production Practice, 1959, 7(2): 42-50.

[138] Hoberock L, Stanbery S. Pressure dynamics in wells during gas kicks: Part 2-Component models and results. Journal of Petroleum Technology, 1981, 33(8): 1367-1378.

[139] Chen N. An explicit equation for friction factor in pipe. Industrial & Engineering Chemistry Fundamentals, 1979, 18(3): 296-297.

[140] Hasan A, Kabir C. Heat transfer during two-phase flow in wellbores: Part I - Formation temperature//SPE Annual Technical Conference and Exhibition, 1991.

[141] Jain A. Accurate explicit equation for friction factor. Journal of the Hydraulics Division, 1976, 102(5): 674-677.

[142] Anderson D A, Tannehill J C, Pletcher R H. Computational Fluid Mechanics and Heat Transfer. Boca Rato: CRC Press 2016.

[143] Pan V, Schreiber R. An improved newton iteration for the generalized inverse of a matrix, with applications. SIAM Journal on Scientific and Statistical Computing, 1991, 12(5): 1109-1130.

[144] Ouyang L, Aziz K. Transient gas-liquid two-phase flow in pipes with radial influx or efflux. Journal of Petroleum Science and Engineering, 2001, 30(3): 167-179.

[145] Taitel Y, Shoham O, Brill J. Simplified transient solution and simulation of two-phase flow in pipelines. Chemical Engineering Science, 1989, 44(6): 1353-1359.

[146] Tek M, Gould T, Katz D. Steady and unsteady-state lifting performance of gas wells unloading produced or accumulated liquids//Fall Meeting of the Society of Petroleum Engineers of AIME, 1969.

[147] Xiao Z. The calculation of oil temperature in a well. SEP, 1987, 17125: 1-14.

[148] Tao Z, Xu J, Wu Z, et al. Predicting on distribution of temperature, pressure, velocity, and density of gas liquid two-phase transient flow in high temperature-high pressure wells. Petroleum Science and Technology, 2013, 31(2): 148-163.

[149] Xu J, Luo M, Wu Z, et al. Pressure and temperature prediction of transient flow in hthp injection wells by lax-friedrichs method. Petroleum Science and Technology, 2013, 31(9): 960-976.

[150] Xu J, Wu Z, Wang S, et al. Prediction of temperature, pressure, density, velocity distribution in h-t-h-p gas wells. The Canadian Journal of Chemical Engineering, 2013, 91(1): 111-121.

[151] Smith G. Numerical Solution of Partial Differential Equations: Finite Difference Methods. London: Oxford University Press, 1986.

[152] Mitchell A, Wait R. The Finite Element Method in Partial Differential Equations. London: Wiley-Interscience, 1977.

[153] Chen G, Zhou J. Boundary Element Methods. London: Academic Press, 1992.

[154] Struwe M. Variational Methods: Applications to Nonlinear Partial Differential Equations and Hamiltonian Systems. Berlin: Springer, 2008.

[155] Qindao L. Pressure calculating method of static gas column on unitary gas. Drilling and Production Technology, 2003, 26: 40-43.

[156] 毛伟, 余碧君. 垂直气井内单相气体瞬变流动分析. 大庆石油地质与开发, 2001, 20(1): 37-39.

[157] 劳力云, 郑之初, 吴应湘, 等. 关于气液双相流流型及其判别的若干问题. 力学进展, 2002, 32: 2.

[158] Oshinowo T, Charles M. Vertical two-phase flow part I. Flow pattern correlations. The Canadian Journal of Chemical Engineering, 1974, 52(1): 25-35.

[159] Barnea D. A unified model for predicting flow-pattern transitions for the whole range of pipe inclinations. International Journal of Multiphase Flow, 1987, 13(1): 1-12.

[160] Spedding P, Woods G, Raghunathan R, et al. Flow pattern, holdup and pressure drop in vertical and near vertical two-and three-phase upflow. Chemical Engineering Research and Design, 2000, 78(3): 404-418.

[161] Baker O. Design of pipelines for the simultaneous flow of oil and gas//Fall Meeting of the Petroleum Branch of AIME, 1953.

[162] Mandhane J, Gregory G, Aziz K. A flow pattern map for gas-liquid flow in horizontal pipes. International Journal of Multiphase Flow, 1974, 1(4): 537-553.

[163] Weisman J, Duncan D, Gibson J, et al. Effects of fluid properties and pipe diameter

on two-phase flow patterns in horizontal lines. International Journal of Multiphase Flow, 1979, 5(6): 437-462.

[164] Lin P, Hanratty T. Effect of pipe diameter on flow patterns for air-water flow in horizontal pipes. International Journal of Multiphase Flow, 1987, 13(4): 549-563.

[165] Griffith P, Wallis G. Two-phase slug flow. Journal of Heat Transfer (US), 1961, 83(3): 307-318.

[166] Govier G, Aziz K. The Flow of Complex Mixtures in Pipes. Texas: Richardson Society of Petroleum Engineers, 2008.

[167] McQuillan K, Whalley P. Flow patterns in vertical two-phase flow. International Journal of Multiphase Flow, 1985, 11(2): 161-175.

[168] Barnea D, Shoham O, Taitel Y. Flow pattern transition for downward inclined two phase flow; horizontal to vertical. Chemical Engineering Sciences, 1982, 37(5): 735-740.

[169] Wambsganss M, Jendrzejczyk J, France D. Two-phase flow patterns and transitions in a small, horizontal, rectangular channel. International Journal of Multiphase Flow, 1991, 17(3): 327-342.

[170] 齐建波. 水平管油气水三相流动特性模拟和实验研究. 青岛: 中国石油大学, 2007.

[171] 章龙江. 油气水三相管流流型及水力计算方法研究. 青岛: 中国石油大学, 2000.

[172] 刘文红, 郭烈锦, 张西民, 等. 水平直圆管内油气双相流的压降. 化工学报, 2004, 55(6): 907-912.

[173] 张西民, 郭烈锦. 水平圆管内油气水三相流摩擦阻力的模型与结构关系式. 西安交通大学学报, 1999, 33(1): 59-63.

[174] 李玉星, 冯叔初. 油气水多相管流. 青岛: 中国石油大学, 2000.

[175] Soo L. Non-equilibrium fluid dynamics-laminar flow over a flat plate. Zeitschrift für Angewandte Mathematik und Physik (ZAMP), 1968, 19(4): 545-563.

[176] 李万平. 计算流体力学. 武汉: 华中科技大学出版社, 2004.

[177] Abbasbandy S. A numerical solution of blasius equation by adomian's decomposition method and comparison with homotopy perturbation method. Chaos, Solitons & Fractals, 2007, 31(1): 257-260.

[178] Wang F, Mao Z, Wang Y, et al. Measurement of phase holdups in liquid-liquid-solid three-phase stirred tanks and cfd simulation. Chemical Engineering Science, 2006, 61(22): 7535-7550.

[179] Wang L. A new algorithm for solving classical blasius equation. Applied Mathematics and Computation, 2004, 157(1): 1-9.

[180] Brauner N, Maron D M, Rovinsky J. A two-fluid model for stratified flows with curved interfaces. International Journal of Multiphase Flow, 1998, 24(6): 975-1004.

[181] Brauner N, Ullmann A. Modeling of phase inversion phenomenon in two-phase pipe flows. International Journal of Multiphase Flow, 2002, 28(7): 1177-1204.

[182] Brauner N. The prediction of dispersed flows boundaries in liquid-liquid and gas-liquid systems. International Journal of Multiphase Flow, 2001, 27(5): 885-910.

[183] 刘达林. 高温高压气藏深井测试合理工作参数研究. 成都: 西南石油学院, 2002.

[184] Ishii M. Thermo-fluid dynamic theory of two-phase flow. NASA STI/Recon Technical Report A, 1975, 752: 29657.

[185] Ishii M, Mishima K. Two-fluid model and hydrodynamic constitutive relations. Nuclear Engineering and Design, 1984, 82(2): 107-126.

[186] de Henau V, Raithby G. A transient two-fluid model for the simulation of slug flow in pipelines-Ⅱ. Validation. International Journal of Multiphase Flow, 1995, 21(3): 351-363.

[187] Issa R, Abrishami Y. Computer modelling of slugging flow. Technical Report, Mechanical Engineering Department, Imperial College, 1986.

[188] Issa R, Woodburn P. Numerical prediction of instabilities and slug formation in horizontal two-phase flows//3rd International Conference on Multiphase Flow, ICMF98, Lyon, France, 1998.

[189] 江延明, 李玉星, 冯叔初. 气液双相流瞬变流数值模拟研究. 油气储运, 2005, 24(11): 22-27.

[190] 李晓平, 宫敬. 气液双相流瞬态数值模拟. 油气储运, 2006, 25(8): 11-14.

[191] 王妍芃, 梁志鹏, 谢正武, 等. 一个简化的瞬态油气双相流模型. 西安交通大学学报, 1999, 33(3): 56-59.

[192] Black P, Daniels L, Hoyle N, et al. Studying transient multiphase flow using the pipeline analysis code (PLAC). Journal of Energy Resources Technology, 1990, 112(1): 25-29.

[193] Bendiksen K, Brandt I, Jacobsen K, et al. Dynamic simulation of multiphase transportation systems//Multiphase Technology and Consequences for Field Development Forum, Stavanger, Norway, 1987.

[194] Bendiksen K, Malnes D, Straume T, et al. A non-diffusive numerical model for transient simulation of oil-gas transportation systems//European Simulation Multi-conference, Nuremberg, 1990: 508-515.

[195] Mathers W, Ferch R, Hancox W, et al. Equations for transient flow-boiling in a duct//Invited Paper Presented at 2nd CSNI Specialists Meeting on Transient Two-Phase Flow, Paris, 1978.

[196] Hirsch C. Numerical Computation of Internal and External Flows: The Fundamentals of Computational Fluid Dynamics. Oxford: Butterworth-Heinemann, 2007.

[197] Harlow F, Welch J. Numerical calculation of time-dependent viscous incompressible flow of fluid with free surface. Physics of Fluids, 1965, 8: 2182.

[198] Boukadida T, LeRoux A. A new version of the two-dimensional lax-friedrichs scheme. Mathematics of Computation, 1994, 63(208): 541-553.

[199] Gourlay A. A multistep formulation of the optimized lax-wendroff method for non-linear hyperbolic systems in two space variables. Mathematics of Computation, 1968, 22(104): 715-719.

[200] Birkhoff G, Rota G. Ordinary Differential Equations. Boston: Ginn, 1978.

[201] 林宗虎. 气液双相流和沸腾传热. 西安: 西安交通大学出版社, 1987.

[202] 张昌艳. 垂直井筒油气水三相混合物流动规律研究. 青岛: 中国石油大学, 2008.

[203] Hall A R W. Flow patterns in three-phase flows of oil, water and gas. Proceedings of Multiphase (Cannes), 1997: 241-256.

[204] Woods G, Spedding P, Watterson J, et al. Three-phase oil/water/air vertical flow. Chemical Engineering Research and Design, 1998, 76(5): 571-584.

[205] Oddie G, Shi H, Durlofsky L, et al. Experimental study of two and three phase flows in large diameter inclined pipes. International Journal of Multiphase Flow, 2003, 29(4): 527-558.

[206] Vieira F. Escoamento trifásico vertical de óleos pesados aplicado à elevação artificial. Dissertação de mestrado. Campinas: Universidade estadual de Campinas, Brazil, 2004.

[207] Bannwart A, Vieira F, Carvalho C, et al. Water-assisted flow of heavy oil and gas in a vertical pipe//SPE/PS-CIM/CHOA International Thermal Operations and Heavy Oil Symposium, 2005.

[208] Holub R, Duduković M, Ramachandran P. Pressure drop, liquid holdup, and flow regime transition in trickle flow. AIChE Journal, 2004, 39(2): 302-321.

[209] Laflin G C, Oglesby K D. An experimental study on the effects of flow rate, water fraction and gas-liquid ratio on air-oil-water flow in horizontal pipes. Tulsa: University of Tulsa, 1976.

[210] Scott D. Properties of cocurrent gas-liquid flow. Advances in Chemical Engineering, 1964, 4: 199-277.

[211] Taitel Y, Dukler A. Effect of pipe length on the transition boundaries for high-viscosity liquids. International Journal of Multiphase Flow, 1987, 13(4): 577-581.

[212] Lin P, Hanratty T. Prediction of the initiation of slugs with linear stability theory. International Journal of Multiphase Flow, 1986, 12(1): 79-98.

[213] Saraf D, Batycky J, Jackson C, et al. An experimental investigation of three-phase flow of water-oil-gas mixtures through water-wet sandstones//SPE California Regional Meeting, 1982.

[214] 于立军, 蒋安众. 水平管内油气水三相流动特性研究. 上海交通大学学报, 2000, 34(9): 1171-1174.

[215] Falcone G, Hewitt G, Alimonti C. Multiphase Flow Metering. Amsterdam: Elsevier Science Limited, 2009.

[216] Larsen M, Hedne P. Three-phase slug tracking with petra. Professional Engineering

Publishing, 2000, 40: 173-192.

[217]　Larsen M, Hustvedt E, Hedne P, et al. Petra: A novel computer code for simulation of slug flow//SPE Annual Technical Conference and Exhibition, 1997.

[218]　Barnea D, Taitel Y. Stratified three phase flow in pipes-stability and transition. Chemical Engineering Communications, 1996, 141(1): 443-460.

[219]　Chung M, Lee S, Chang K. Effect of interfacial pressure jump and virtual mass terms on sound wave propagation in the two-phase flow. Journal of Sound and Vibration, 2001, 244(4): 717-728.

[220]　Hatta N, Fujimoto H, Isobe M, et al. Theoretical analysis of flow characteristics of multiphase mixtures in a vertical pipe. International Journal of Multiphase Flow, 1998, 24(4): 539-561.

[221]　Lahey R, Cheng L, Drew D, et al. The effect of virtual mass on the numerical stability of accelerating two-phase flows. International Journal of Multiphase Flow, 1980, 6(4): 281-294.

[222]　León-Becerril E, Liné A. Stability analysis of a bubble column. Chemical Engineering Science, 2001, 56(21): 6135-6141.

[223]　Michele V, Hempel D. Liquid flow and phase holdup-measurement and cfd modeling for two-and three-phase bubble columns. Chemical Engineering Science, 2002, 57(11): 1899-1908.

[224]　Mitra-Majumdar D, Farouk B, Shah Y. Hydrodynamic modeling of three-phase flows through a vertical column. Chemical Engineering Science, 1997, 52(24): 4485-4497.

[225]　Padial N, Vanderheyden W, Rauenzahn R, et al. Three-dimensional simulation of a three-phase draft-tube bubble column. Chemical Engineering Science, 2000, 55(16): 3261-3273.

[226]　Schallenberg J, Enß J, Hempel D. The important role of local dispersed phase hold-ups for the calculation of three-phase bubble columns. Chemical Engineering Science, 2005, 60(22): 6027-6033.

[227]　Landau L. Fluid mechanics: Volume 6 (course of theoretical physics) Oxford: Butterworth-Heinemann 1987.

[228]　Benin J, Smith M. Aerodynamics for Engineers. 1979.

[229]　Spalding D. Numerical simulation of transient two-phase flow. NASA STI/Recon Technical Report N, 1987, 881: 11077.

[230]　Liu H, Zhu D, Sun J. A single value decomposition method for the identification vibration loads. Journal of Vibration Engineering, 1990, 3(1): 24-33.

[231]　Mitra-Majumdar D, Farouk B, Shah Y, et al. Two-and three-phase flows in bubble columns: Numerical predictions and measurements. Industrial & Engineering Chemistry research, 1998, 37(6): 2284-2292.

[232]　Kishore B, Jayanti S. A multidimensional model for annular gas-liquid flow. Chemical

Engineering Science, 2004, 59(17): 3577-3589.

[233] Liu Y, Li W, Quan S. A self-standing two-fluid cfd model for vertical upward two-phase annular flow. Nuclear Engineering and Design, 2011, 241(5): 1636-1642.

[234] Chorin A J, Marsden J E. A Mathematical Introduction to Fluid Mechanics. New York: Springer, 1990.

[235] Alipchenkov V, Nigmatulin R, Soloviev S, et al. A three-fluid model of two-phase dispersed annular flow. International Journal of Heat and Mass Transfer, 2004, 47(24): 5323-5338.

[236] Bertin J, Smith M. Aerodynamics for Engineers. Upper saddle Ruver: Prentice Hall, 1998.

[237] Chung M, Lee S. A modified semi-implicit method for a hyperbolic two-fluid model. Applied Numerical Mathematics, 2009, 59(10): 2475-2488.

[238] Ansari M, Shokri V. Numerical modeling of slug flow initiation in a horizontal channels using a two-fluid model. International Journal of Heat and Fluid Flow, 2011, 32(1): 145-155.

[239] Carpenter W. On the solution of the real quartic. Mathematics Magazine, 1966: 28-30.

[240] Caetano E, Shoham O, Brill J P. Upward vertical two-phase flow through an annulus. Part I : Single-phase friction factor, Taylor bubble rise velocity, and flow pattern prediction. Journal of Energy Resources Technology, 1992, 114(1): 1-13.

[241] Furukawa T, Sekoguchi K. Phase distribution for air-water two-phase flow in annuli. Bulletin of JSME, 1986, 29(255): 3007-3014.

[242] Hewitt G. Experimental data set no. 3: Developing annular flow. Multiphase Science and Technology, 1987, 3(1-4): 163-183.

[243] Ishii M, Grolmes M. Inception criteria for droplet entrainment in two-phase concurrent film flow. AIChE Journal, 1975, 21(2): 308-318.

[244] Pan L, Hanratty T. Correlation of entrainment for annular flow in horizontal pipes. International Journal of Multiphase Flow, 2002, 28(3): 385-408.

[245] Sawant P, Ishii M, Mori M. Droplet entrainment correlation in vertical upward co-current annular two-phase flow. Nuclear Engineering and Design, 2008, 238(6): 1342-1352.

[246] Williams L, Dykhno L, Hanratty T. Droplet flux distributions and entrainment in horizontal gas-liquid flows. International Journal of Multiphase Flow, 1996, 22(1): 1-18.

[247] Khor S, Mendes-Tatsis M, Hewitt G. One-dimensional modelling of phase holdups in three-phase stratified flow. International Journal of Multiphase Flow, 1997, 23(5): 885-897.

[248] Cioncolini A, Thome J. Prediction of the entrained liquid fraction in vertical annular

gas-liquid two-phase flow. International Journal of Multiphase Flow, 2010, 36(4): 293-302.

[249] Cazarez-Candia O, Benítez-Centeno O, Espinosa-Paredes G. Two-fluid model for transient analysis of slug flow in oil wells. International Journal of Heat and Fluid Flow, 2011, 32(3): 762-770.

[250] Patankar S V, Spalding D B. A calculation procedure for heat, mass and momentum transfer in three-dimensional parabolic flows. International Journal of Heat and Mass Transfer, 1972, 15(10): 1787-1806.

[251] Issa R, Kempf M. Simulation of slug flow in horizontal and nearly horizontal pipes with the two-fluid model. International Journal of Multiphase Flow, 2003, 29(1): 69-95.

[252] Yao G, Ghiaasiaan S. Wall friction in annular-dispersed two-phase flow. Nuclear Engineering and Design, 1996, 163(1): 149-161.

[253] Kershaw D S. The incomplete cholesky-conjugate gradient method for the iterative solution of systems of linear equations. Journal of Computational Physics, 1978, 26(1): 43-65.

[254] Meijerink J, van der Vorst H. An iterative solution method for linear systems of which the coefficient matrix is a symmetric m-matrix. Mathematics of Computation, 1977, 31(137): 148-162.

[255] Lax P D. Numerical solution of partial differential equations. The American Mathematical Monthly, 1965, 72(2): 74-84.

[256] Morton K, Mayers D. Numerical solution of partial differential equations. Journal of Fluid Mechanics, 1998, 363: 349-349.

[257] Hughmark G. Film thichness, entrainment, and pressure drop in upward annular and dispersed flow. AIChE Journal, 1973, 19(5): 1062-1065.

[258] Zabaras G, Dukler A, Moalem-Maron D. Vertical upward cocurrent gas-liquid annular flow. AIChE Journal, 2004, 32(5): 829-843.

[259] Hasan A, Kabir C S. A simple model for annular two-phase flow in wellbores//SPE Annual Technical Conference and Exhibition, 2005.

[260] Yao S, Sylvester N. A mechanistic model for two-phase annular-mist flow in vertical pipes. AIChE Journal, 1987, 33(6): 1008-1012.

[261] Fukano T, Ousaka A. Prediction of the circumferential distribution of film thickness in horizontal and near-horizontal gas-liquid annular flows. International Journal of Multiphase Flow, 1989, 15(3): 403-419.

[262] Laurinat J, Hanratty T, Jepson W. Film thickness distribution for gas-liquid annular flow in a horizontal pipe. PhysicoChem. Hydrodynam, 1985, 6(1): 79-195.

[263] Schubring D, Shedd T. A model for pressure loss, film thickness, and entrained fraction for gas-liquid annular flow. International Journal of Heat and Fluid Flow,

2011, 32(3): 730-739.

[264] Tso C, Sugawara S. Film thickness prediction in a horizontal annular two-phase flow. International Journal of Multiphase Flow, 1990, 16(5): 867-884.

[265] 伍卓群, 李勇. 常微分方程. 北京: 高等教育出版社, 2004.

[266] Ghorai S, Suri V, Nigam K. Numerical modeling of three-phase stratified flow in pipes. Chemical Engineering Science, 2005, 60(23): 6637-6648.